English–Spanish, Spanish–English Dictionary of Communications and Electronic Terms

---

Diccionario de Terminología Electrónica y de Telecomunicaciones Inglés–Español, Español–Inglés

Roger L. Freeman

Cambridge at the University Press
1972

Published by the Syndics of the Cambridge University Press
Bentley House, 200 Euston Road, London NW1 2DB
American Branch: 32 East 57th Street, New York, N.Y.10022

Library of Congress Catalogue Card Number: 78–152639
ISBN: 0 521 08080 0

Composed in Great Britain
at the University Printing House, Cambridge
Printed in the United States of America

Contents – Indice

For
Paquita

Preface

This book is an outgrowth of nearly twelve years of experience as a telecommunications engineer in Spanish-speaking countries. During that period advances in electronics were so rapid, particularly in English-speaking countries, that the Spanish technical vocabulary was unable to keep abreast of what was taking place. The result was confusion and misunderstanding. To overcome or alleviate that situation, I began to compile, classify and arrange electronic terms and meanings in Spanish out of which grew this dictionary.

The work is divided into five sections.

The first is composed of English terms with their equivalents in Spanish.

The second is the inverse of the first.

The third and fourth contain English–Spanish and Spanish–English abbreviations and their meaning. These two, especially the part in English, are included because of the misunderstanding that exists among engineers, students and technicians of the abbreviations in common use today.

The fifth consists of words and abbreviations deriving from the word 'decibel'. Here each entry has a complete definition. This specialized section is included because the derivations of dB are often more ambiguous than any other category of word groupings in telecommunications.

The field covered by C & E (Communications and Electronics) is very extensive. C & E terminology included in this dictionary involves the following disciplines:

> Telephony, Telegraphy, Data transmission, Multiplex and carrier, Radio-transmission (High frequency (HF), Very high frequency (VHF), Ultra high frequency (UHF), Super high frequency (SHF), Microwaves, Millimetric waves, Earth stations (space communications)), Switching, Traffic engineering, Data processing, Inside plant, Outside plant, Radio navigation, Reliability, Video (tv), Solid state, Integrated circuits.

In the preparation of this work it was difficult not to include some words of a military character which are in general use such as 'electronic countermeasures' (ECM), 'link encryption', etc. Because it is impossible to separate data processing from any one of the other subjects mentioned above, a rather wide vocabulary on this subject is included. For example, today a filter is designed with all calculations being done by a computer; the extensive parameters dealing with tropospheric scatter path and equipment selection are now being done by means of programming a computer; and the fault and control subsystem of a wideband radiolink is programmed automatically by a computer.

Because usage dictated it, some examples of what might be called 'bad Spanish' are found such as 'celda' instead of 'célula' for its electrical meaning. In the most obvious cases I have placed 'Imperf.' after the word or term. Terms of regional origin are included only where it is completely unavoidable.

The book is provided with a 'key' to indicate in the most critical cases the specialized usage of some words and phrases. For example **axial ratio** has the key '*ant*' in parenthesis which means that the term is specialized in the field of antenna engineering. Without the key the reader may find the meaning confusing.

In conclusion I wish to express my gratitude to the many persons who have supplied help and advice while this work was being prepared, particularly Ing. Omar A. Posada of UTE (Uruguay) and now with the ITU in Quito, Ecuador; Ing. Gonzalo Dousdebés Piedra, of the National Telecommunication Council of Ecuador and now stationed in La Paz, Bolivia with the Interamerican Development Bank; Doctor Hediel Saavedra of the Ministry of Telecommunications, Bogotá, Colombia; Ing. Mario Pachajoa of the OAS (CITEL), Washington D.C.; and Mr Hector Rivera of the Philco Corporation and now with Frederick Electronics, Frederick Maryland. I am also grateful to Mr Dean Goldie, Mrs Elizabeth Scolnik, Mrs Diane Flesher and Dr Eitel Rizzoni all from Page Communications Engineers, Washington D.C. and especially to my father, who has been a source of encouragement throughout the years I spent on this project.

Prefacio

Este libro es el resultado de cerca de doce años de experiencia como ingeniero de telecomunicaciones en países de habla española. Durante este período de tiempo los avances en la electrónica han sido tan rápidos, particularmente en países de habla inglesa, que resulta difícil para el vocabulario técnico español mantenerse al nivel de los cambios producidos. Para superar o aliviar la situación empecé a recopilar, clasificar y adecuar los términos y significados electrónicos en Español de los cuales nació este diccionario.

El trabajo consta de cinco partes.

La primera parte se compone de términos en Inglés y sus equivalentes en Español.

La segunda es la inversa de la primera o sea, términos en Español y sus equivalentes en Inglés.

Las partes tercera y cuarta contienen abreviaturas y siglas Inglés–Español, Español–Inglés y sus significados. Estas dos partes, especialmente la parte en Inglés, han sido incluídas para evitar las erróneas interpretaciones existentes entre ingenieros, estudiantes y técnicos sobre las abreviaturas ampliamente usadas en la actualidad.

La quinta comprende palabras y abreviaturas derivadas de la palabra 'decibelio'. En este caso, cada entrada tiene una definición muy completa. Se incluyó esta sección especializada debido al hecho de que las derivaciones de *dB* confunden más que cualquier otra agrupación de palabras, abreviaturas o unidades usadas actualmente en telecomunicaciones.

El campo de Comunicaciones y Electrónica (C & E) es muy amplio actualmente. Hay vocabularios de las siguientes ramas:

> Telefonía, Telegrafía, Transmisión de datos, Multiplex y Onda portadora, Radiotransmisión (Alta frecuencia (HF), Frecuencias muy altas (VHF), Frecuencias ultra altas (UHF), Frecuencias super altas (SHF), Ondas milimétricas, Microondas, Estaciones Terrestres (Comunicaciones espaciales)), Conmutación, Ingeniería de Tráfico, Proceso (Elaboración) de datos, Planta Interna, Planta Externa, Radionavegación, Confiabilidad, Video (TV), Facsimil, Estado Sólido, Circuitos Integrados.

Ha habido que incluir algunas palabras de índole militar y uso general como 'contramedidas electrónicas' (ECM), 'criptografía de enlace' (link encryption), etc. También se ha incluído un vocabulario bastante amplio sobre proceso de datos, pues es imposible separar esta disciplina de casi cualquier otra indicada anteriormente. Por ejemplo, actualmente es normal diseñar un filtro con todos los cálculos hechos por un computador; o calcular los parámetros de trayecto de dispersión troposférica eligiendo el equipo por medio de programación en un computador; un sistema de radioenlace por ejemplo tiene un subsistema de control de fallos programado por computador.

En algunos casos hay ejemplos de 'mal español', como, 'celda' en vez de 'célula' en el significado eléctrico. En los casos más óbvios he puesto 'imperf.' después de esa palabra o término. He procurado dar más importancia al número de palabras en uso que a su exacta expresión gramatical. El diccionario ha sido preparado con un afán de 'comunicación' en su sentido más amplio.

En cambio, tengo la esperanza de que esta obra pueda servir como principio para normalizar la terminología electrónica que sufre de tanto regionalismo, no solamente entre los dos idiomas sino más aún entre los diversos países hispanos y los propios países anglo-americanos. Mi intención ha sido no incluir terminologías regionales excepto en los casos más imprescindibles.

El libro tiene una clave para indicar en casos críticos el uso o los usos particulares de algunas palabras. Por ejemplo **relación axial** tiene la clave '*ant*' entre paréntesis que significa que el término está bajo la especialización de antenas. Estas palabras son tales que la ausencia de dicha clave puede llevar al lector a confundir los términos.

Al terminar este prefacio deseo expresar mi agradecimiento a las muchas personas que me han proporcionado ayuda y consejo en la preparación de esta obra. Entre ellos particularmente quiero agradecer a Ing. Omar A. Posada de UTE, Uruguay y la UIT en Quito, Ecuador; Ing. Gonzalo Dousdebés Piedra, del Consejo Nacional de Telecomunicaciones, Quito, Ecuador y actualmente en el Banco Interamericano de Desarrollo en La Paz, Bolivia; Doctor Hediel Saavedra del Ministerio de Telecomunicaciones, Bogotá, Colombia; Ing. Mario Pachajoa de la OEA, Washington D.C.; Mr Hector Rivera de Philco actualmente en Frederick Electronics, Frederick Maryland; al Dr Dean Goldie, Mrs Elizabeth Scolnik, Mrs Diane Flesher, Dr Eitel Rizzoni, estos últimos de Page Communications Engineers, Washington D.C., y especialmente a mi padre, Mr Andrew A. Freeman, quién me animó durante el largo período de preparación del manuscrito.

Key – Clave

To indicate discipline or speciality of terminology
Para indicar la disciplina o especialidad de terminología

ABBREVIATION ABREVIATURA	ENGLISH	ESPAÑOL
ant	antennas	antena
bcst	broadcast	radiodifusión
crt, *trc*	cathode ray tube	tubo de rayos catódicos
catv	community antenna television	televisión con antena colectiva
cw	continuous wave	onda continua
data, *datos*	data	datos
ecm	electronic counter-measures	contramedidas electrónicas
elec, *eléc*	electrical	eléctrico
facs	facsimile	facsímil
fm	frequency modulation	modulación de frecuencia
fsk	frequency shift keying	manipulación por desplazamiento de frecuencia
ic (*ci*)	integrated circuit	circuito integrado
logic	logic	lógico
math	mathematics	matemática
mech, *mec*	mechanical	mecánico
mil	military	militar
m/w	microwave	microondas
nav	navigation	navegación
pcm	pulse code modulation	modulación por impulsos codificados
radar	radar	radar
rfi	radiofrequency interference	interferencia de radiofrecuencia
satcom	satellite communications	comunicaciones por satélite
switch, *conmut*	switching	conmutación
tel	telephone	teléfono
telm	telemetry	telemetría
transistor	transistor (solid state)	transistor (estado solido)
tfc	traffic engineering	ingeniería de tráfico
tropo	tropo-scatter	dispersión troposférica
tty	teleprinter-telegraphy	teleimpresor-telegrafía
tv	television	televisión
unit	unit	unidad, órgano
waveguide, *guía onda*	waveguide	guía onda

Note: 'pref.' indicates that a word or expression is preferred over others.
'S. A.' indicates the Latin American usage.

Nota: 'pref.' indica palabra preferida.
'S. A.' indica palabra o expresion usada mas en Latino-America.

Gender of Spanish Nouns – General Rules

Nouns in Spanish are either masculine or feminine.
There are no neuter nouns.

Nouns ending in *-o* are usually masculine; nouns ending in *-a* are usually feminine.
For example:

el impulso	pulse	la diafonía	crosstalk
el teclado	keyboard	la batería	battery
el filtro	filter	la rejilla	grid
el piloto	pilot	la compuerta	gate

Nouns ending in *-ad*, *-ud*, *-ie*, *-ión*, and *-umbre* are feminine and often are abstract or have a collective meaning.
For example:

la electricidad	electricity
la longitud	length; longitude
la serie	series
la polarización	polarization; bias
la realimentación	feedback
la cumbre	summit

Nouns ending in *-or* are usually masculine.
For example

el comparador	comparator
el agrupador	buncher
el programador	programmer (but la programadora is also a programmer (a woman))
el modulador	modulator
el conmutador	switch

Care should be taken with nouns of Greek origin ending in *-a* (usually *-ma*). Such nouns usually are masculine.
For example:

el telegrama	telegram
el problema	problem
el sistema	system
el axioma	axiom
el programa	program

English - Spanish

A-operator, operadora A, operadora de salida
A-position, cuadro de posiciones A, posición de salida, posición de operadora A
ac (alternating current), CA corriente alterna)
ac ammeter, amperímetro de CA (corriente alterna)
ac bridge, puente de CA (corriente alterna)
ac effective value, valor efectivo de CA (corriente alterna)
ac generator, generador de CA (corriente alterna)
ac mains, conductores principales de corriente alterna, redes de CA
ac meter, contador de CA, medidor de CA (corriente alterna)
ac motor, motor de CA (corriente alterna)
ac relay, relé (relevador) de CA (corriente alterna)
ac supply, alimentación de CA, fuente de CA (corriente alterna)
ac system, red de corriente alterna, instalación de CA
ac–dc, CA–CC
AF (audio frequency), audiofrecuencia
AF transformer, transformador AF (audio frecuencia)
AFC (automatic frequency control), CAF (control automático de frecuencia)
AFC pull-in range, margen de sincronización de CAF
AFC reference frequency, frecuencia de referencia de CAF
AFC response time, tiempo de respuesta de CAF
AFC threshold, umbral de CAF
AGC (automatic gain control), CAG (control automático de ganancia)
AH (ampere-hour), amperio-hora
AM (amplitude modulation), AM (modulación de amplitud)
'AND' circuit, circuito 'Y', compuerta 'Y', circuito por conjunción
'AND' gate, entrada de 'Y', compuerta 'Y', compuerta por conjunción
ASCII (American Standard Code for Information Interchange), código normal norteamericano para el intercambio de información (Es un código binario NRZ de 8 unidades: 7 de información, 1 de paridad)
ASR (automatic send–receive) (tty), (teleimpresor) transmisor–receptor automático
AT (ampere-turn), amperio vuelta
ATB (all trunks busy), ocupación total de los troncos o troncales
ATR tube, tubo ATR
AVC (automatic volume control), CAV (control automático de volumen)
AWG (American wire gauge), GAA (galga Americana para alambres)
abampere, abamperio
abbreviated dialing, seleccionando abreviado
aberration, aberración
abnormal reflections, reflexiones anormales
abohm, abohmio
abort (to), abortar
abscissa, abscisa
absolute address, dirección absoluta
absolute code, código absoluto
absolute drift, deriva absoluta, corrimiento absoluto
absolute electrical units, unidades eléctricas absolutas
absolute error, error absoluto
absolute humidity, humedad absoluta
absolute power, potencia absoluta
absolute speed, velocidad absoluta
absolute system, sistema absoluto
absolute temperature, temperatura absoluta
absolute unit, unidad absoluta
absolute zero, cero absoluto
absorption, absorción
absorption circuit, circuito de absorción
absorption coefficient, coeficiente de absorción
absorption current, corriente de absorción
absorption dynamometer, dinamómetro de absorción (friccional)
absorption loss, pérdida de (por) absorción
absorption peak, cresta de absorción, pico de absorción
absorption point, punto de absorción
absorption wavemeter, ondámetro de absorción
absorptivity, absorbencia
abstat unit, unidad (cgs) electrostática absoluta
abvolt, abvoltio
accelerating anode, ánodo acelerador
accelerating effect, efecto de aceleración
accelerating electrode, electrodo de aceleración
acceleration constant, constante de aceleración
acceleration space, espacio de aceleración

acceleration voltage, voltaje de aceleración
acceptance, recepción, aprobación
acceptance tests, trials, pruebas de recepción, pruebas de aprobación, pruebas de aceptación
acceptor (transistor), aceptador, receptor, aceptor
acceptor element, elemento aceptante o aceptador
acceptor level, nivel (de) aceptador
access, acceso
access code, código de acceso
access time, duración del acceso, tiempo de acceso
accessibility, accesibilidad
accessory apparatus, aparato accesorio
accountability, contabilidad
accounting, contabilidad
accumulator, acumulador
accuracy, precisión, exactitud
accurate, preciso, justo
achromatic, acromático
acknowledgement, acuse de recibo
acknowledgement signal, señal de acuse de recepción
acorn tube, tubo (de) bellota (válvula termiónica pequeña)
acoustic delay line, línea de retardo acústico
acquisition (of a frequency or signal), consecución
acquisition (of an item), adquisición
action, acción, movimiento
action period, período de acción, período de actuación
action phase, tiempo de exploración, fase de acción, fase de actuación
action signal, señal de acción
activate (to), activar
activation, activación
active balance, balance activo
active communications satellite, satélite de comunicaciones activo
active current, corriente variada, corriente activa
active electrode, electrodo activo
active element, elemento activo
active homing guidance, autodirección activa
active lines (tv), líneas activas (*tv*)
active network, red activa
active return loss, atenuación de las corrientes de eco, atenuación activa de equilibrado
active satellite, satélite activo
active transducer, transductor activo
actual height, altura real
actual range, campo de acción real
actual value, valor instantáneo, valor real
actuate (to), accionar
actuating, actuador
actuating coil, bobina actuadora
actuating signal, señal de actuación
actuating spring, resorte móvil
actuation, actuación
actuator, servomotor de accionamiento
actuator mechanism, mecanismo actuador
adapter, adaptador
adapter (unit), unidad adaptadora (*unit*)
adaptive communications, comunicaciones adaptivas
Adcock antenna, antena Adcock
add (to), sumar, adicionar
adder, sumador, circuito de adición
adding machine, máquina de sumar, sumador, sumadora
add-on unit, unidad de adición
address, dirección
address (absolute), dirección absoluta
address (relative), dirección relativa
address (symbolic), dirección flotante, dirección simbólica
address indicating group, grupo para indicar dirección, grupo indicativo de dirección
address routing indicator, indicador de dirección para enrutamiento
adjacent channel, canal adyacente
adjacent channel interference, interferencia del canal adyacente
adjust (to), ajustar, arreglar, corregir; graduar, regular
adjustable, ajustable, regulable, arreglable
adjustable current control, mando de corriente regulable
adjustable end wrench, llave ajustable, llave inglesa
adjustable resistor, resistor (resistencia) ajustable
adjustable voltage control, control de voltaje regulable
adjustable voltage divider, divisor de potencia regulable, divisor de tensión regulable
adjustable voltage rectifier, rectificador de voltaje regulable
adjusted decibels, decibelios ajustados
adjuster, mecanismo regulador
adjusting, ajuste, arreglo
adjusting bushing, buje de ajuste
adjusting control, mando de ajuste
adjusting screw, tornillo de ajuste
adjustment, arreglo, regulación, corrección, mando de ajuste, ajuste
admit (to), admitir
admittance, admitancia
aeolotropic, aelotrópico
aerial cable, cable aéreo
aeronautical chart, carta aeronáutica
aeronautical fixed service, servicio fijo aeronáutico
aeronautical station, estación aeronáutica
afterglow, luminiscencia residual, incandescencia residual
aggregate, agregado
aging, ageing, envejecimiento
Aguadag, Aguadag
air capacitor, condensador de aire
air compressor, compresor de aire

air cooled, enfriado por aire, aeroenfriado
air cooling, enfriamiento por aire, aerorrefrigeración
air core, núcleo de aire
air cylinder, cilindro de aire
air driven, accionada por aire comprimido, neumático
air gap, entrehierro
air operated, accionado por aire (comprimido)
air pressure switch, conmutador de accionamiento neumático
air spaced coax, cable coaxial con espaciamiento de aire
air tank, depósito de aire
air temperature, temperatura del aire
air tight, hermético
air-to-ground, tramo-aire–tierra
airborne early warning and control (mil), alerta temprana y control del fuego desde el aire (mil)
aircraft control and warning (AC & W), control y aviso de aviones
aircraft station, estación de avión, estación de aeronave
alarm, alarma, avisador, mecanismo de alarma
alarm automatic transmitter, avisador automático
alarm bell, timbre de alarma
alarm circuit, circuito de alarma
alarm device, dispositivo de alarma
alarm fuse, fusible de alarma
alarm inputs, entradas de los circuitos de alarma
alarm lamp, lámpara de alarma
alarm relay, relé (relevador) avisador
alarm signal, señal de alarma, señal avisadora
ALGOL (algorithmic oriented language), ALGOL (lenguaje de datos)
algorithmic language (data), signos algorítmicos, lenguaje algorítmico (*datos*)
algorithmic translation (data), traducción algorítmica (*datos*)
align (to), alinear
aligning, alineación
alignment, alineamiento
alive, con corriente
all diffused monolithic integrated circuit, circuito integrado monolítico todo difusado, circuito integrado monolítico por difusión
all pass network, red de todo paso, malla pasante, red pasante
all purpose, para todos los usos, universal, de empleo múltiple
all purpose meter, medidor universal
all trunks busy (ATB), ocupación total de los troncales
allocate (to), asignar, distribuir
allocated channel, canal asignado
allocated circuit, circuito asignado
allocation, asignación
allocation plan, scheme, esquema de utilización
allotter, selector distribuidor, distribuidor de llamadas
allowable, admisible, permisible
allowance, tolerancia de ajuste; concesión
alloy, aleación
alloyed junction, unión aleada, junta aleada, juntura de aleación, unión de aleación
alnico, álnico
alpha numeric data, datos alfa-numéricos
alpha numeric instruction (data), instrucción alfanumérica (*datos*)
alpha particles, partículas (de) alfa
alpha rays, rayos (de) alfa
alphabet, alfabeto
alphabet translation (data), traducción del alfabeto (*datos*)
alternate channel, canal alterno, canal alternativo
alternate route, vía auxiliar, vía supletoria, vía alternativa, ruta alternativa
alternating, alternante, alternativo
alternating current (ac), corriente alterna (CA)
alternating current bridge, puente para corriente alterna
alternating field, campo alternativo
alternating flux, flujo alterno
alternating quantity, cantidad alternativa
alternating voltage, tensión alterna
alternation, alternación, semiperíodo, alternativo, alternancia
alternative routing, encaminamiento alternativo, ruta alternativa
alternator, alternador
amber, ambar
ambient, ambiente
ambient noise, ruido ambiente
ambient temperature, temperatura ambiente, temperatura del aire ambiente
American wire gauge, galga americana para alambres o calibrador americano para alambres
ammeter, amperímetro, amperómetro
amount of charge (cost), importe de la tasa
ampere, amperio
ampere-hour (AH), amperio-hora, hora amperio
ampere-hour meter, amperihorímetro
ampere-turn (AT), amperio vuelta, amperivuelta
ampere-volt, voltio-amperio
amplidyne, amplidino
amplidyne generator, generador amplidino
amplification, amplificación, ganancia
amplification factor, factor de amplificación
amplification loss, pérdida de amplificación
amplifier, amplificador
amplifier chain, amplificadores en cadena
amplifier element, unidad amplificadora
amplifier–equalizer, amplificador/compensador
amplify (to), amplificar

amplifying stage, etapa amplificadora, fase de amplificación
amplitron, amplitrón
amplitude, amplitud
amplitude distortion characteristic, característica de distorsión de amplitud
amplitude fading, desvanecimiento de amplitud
amplitude *vs.* frequency distortion, distorsión de amplitud *vs.* frecuencia
amplitude modulation (AM), modulación de amplitud (AM)
amplitude noise (radar), ruido de amplitud
amplitude range, alcance de amplitud, rango de amplitud
amplitude resonance, resonancia de amplitud
amplitude response, respuesta de amplitud
amplitude separator (tv), separador de amplitud (*tv*)
amplitude suppression ratio (fm), relación de supresión de amplitud (*fm*)
analog(ue), analógico
analog(ue) amplifier, amplificador analógico
analog(ue) computation, cómputo analógico
analog(ue) computer, calculador analógico, computador analógico
analog(ue)-to-digital conversion, conversión de sistema analógico a sistema numérico
analog(ue)-to-digital converter, convertidor de sistema analógico a sistema numérico
analog(ue) multiplier, multiplicador analógico
analog(ue) shaft encoder, codificador analógico (de árbol)
analysis, análisis
analyze, analyse (to), analizar
analyzer, analyser, analizador, analizador dinámico
anchor (iron), ancla
anchor (wood), muerto
anchor (to) (to anchor a mast or tower) (in the sense of 'guying'), riostrar
anchor rod, barra de ancla
ancillary, anciliario, auxiliar
anechoic room (chamber), cámara silenciosa
angle, ángulo
angle of arrival, ángulo de llegada
angle of attack, ángulo de ataque
angle of azimuth, ángulo de azimut
angle bracket, ménsula de fijación
angle comparator, comparador de ángulos
angle of departure, ángulo de salida
angle of divergence, ángulo de divergencia
angle of incidence, ángulo de incidencia
angle modulation, modulación angular
angle noise (radar), ruido de ángulo (*radar*)
angström, angström
angstrom unit, unidad de angstrom
angular aperture, ángulo de abertura
angular deviation, desviación angular
angular displacement, desviación angular, ángulo teórico
angular frequency, frecuencia angular, pulsación angular
angular length, longitud angular
angular motion, movimiento angular
angular phase difference, diferencia de fase angular
angular rate, velocidad de cambio de ángulo
angular rotation, rotación angular
angular synchro-comparator, sincro-comparador angular
angular velocity, velocidad angular
Angus pen recorder, registrador de pluma Angus
annealed wire, hilo recocido
annoyance holding, retención de llamadas maliciosas
annual maintenance charge, cuota anual de mantenimiento
annular, anular
annular space, espacio anular
annular transistor, transistor anular
annulling network, anulador de impedancia, circuito de anulación
anode, ánodo
anode current (plate current), corriente anódica
anode dark space, espacio oscuro anódico, área oscura
anode drop, caída anódica
anode load (plate load), carga anódica
anode modulation (plate modulation), modulación de placa, modulación anódica
anode region, dominio anódico, región anódica
anode resistance (plate resistance), resistencia de la placa, resistencia anódica
anodizing, anodización
anomalous, anómalo
anomalous dispersion, dispersión anómala
answer, respuesta
answer (to), contestar, responder
answer back, emisor indicador, emisor indicativo
answer lamp, lámpara de respuesta
answer signal, señal de contestación
answering interval, demora de respuesta
answering jack, jack de respuesta, conjuntor de respuesta
antenna distributing (distribution) amplifier, amplificador colectivo de antena
antenna grounding switch, conmutador antena-tierra
antenna multicoupler, multiacoplador de antena, multicoplador de antena
antenna noise, ruido de antena
antenna radiation pattern, diagrama de irradiacion de la antena, diagrama de radiaciones de la antena, lóbulo de irradiación de la antena
antenna resistance, resistencia de antena
antenna terminal(s), borne(s) de antena, terminal(es) de antena

antenna tuning capacitor, condensador de sintonía de (la) antena
anticoincidence circuit, circuito de anticoincidencia
antifreeze, anticongelante
antihunt circuit, circuito de antifluctuación
antimony, antimonio
antinode, antinodo
antiresonant circuit, circuito de antirresonancia
antisidetone, antisonido local
aperiodic, aperiódico
aperiodic antenna, antena aperiódica
aperiodic circuit, circuito aperiódico
aperiodic galvanometer, galvanómetro aperiódico
aperture, abertura, ventana, (incorrect) apertura (apertura generally for opening of a meeting, not aperture of antenna)
aperture distortion, distorsión de abertura
aperture illumination, distribución del campo en la abertura
aperture-to-medium coupling loss, pérdida de acoplamiento abertura–medio ambiente
apex, ápice
apparatus, aparato, dispositivo
apparent horizon, horizonte natural
apparent power, potencia aparente
apparent resistance, resistencia aparente
applique circuit, circuito apliqué
apply (to), aplicar
approximate method, método aproximado
Aquadag, Aquadag
arbitrary function generator, generador de función arbitraria
arc, arco
arc back, retroceso de(l) arco
arc lamp, arcosoldadura, soldadura con arco eléctrico
argon, argón
argument (data), argumento (*datos*)
arithmetic check, verificación aritmética
arithmetical unit, unidad aritmética
arm, brazo
arm seat, asiento de la cruceta sobre el poste
armature (motor), inducido de motor
armature (relay, electromagnet), armadura
armature core, núcleo de inducido
armature main spring, muelle elástico móvil principal
armature restoring spring, muelle restaurador de la armadura
armature winding, devanado del inducido
armored, armoured, blindado
armored cable, cable armado
array (ant), conjunto, ordenamiento (*ant*)
arrester, supresor, chispero
arsenic, arsénico
articulation, inteligibilidad, nitidez, articulación
articulation reduction, reducción de inteligibilidad
articulation equivalent, equivalente de articulación
artificial intelligence, inteligencia artificial
artificial line, línea artificial
artificial load, carga artificial
asbestos, asbesto, amianto
ascertain (to), determinar, fijar, descubrir
aspect ratio, proporción de aspecto, relación de aspecto
asphalt, asfalto
assemble (to), armar, ensamblar
assembler (compiler) (data), ensamblador (*datos*)
assembling, montaje
assembly, montaje, conjunto, grupo, montura, ensamblado, conjunto de equipo, armadura
assign (to), asignar
assigned frequency, frecuencia asignada
astable multivibrator, multivibrador astable
asymmetrical conductivity, conductividad asimétrica
asynchronous, arrítmico, asincrónico
asynchronous machine, máquina asincrónica
asynchronous motor, motor asincrónico
atmospheric absorption, absorción atmosférica
atmospheric discharge, descarga atmosférica
atmospheric duct, ducto atmosférico, conducto atmosférico
atmospheric noise, ruido atmosférico
atmospherics, atmosféricos, interferencia atmosférica
atom, atomo
atomic battery, pila atómica
atomic number, número atómico
atomic weight, peso atómico
attachment, unión, accesorio, fijación
attendant's switchboard, cuadro personal de servicio
attended station, estación atendida
attenuate (to), atenuar
attenuation, atenuación
attenuation characteristic, característica de atenuación
attenuation distortion, distorsión de atenuación
attenuation equalizer, equilibrador de atenuación
attenuation frequency characteristic, característica de atenuación-frecuencia
attenuation ratio, relación de atenuación
attenuator, atenuador
audible range, zona de audibilidad
audible ringing signal, señal de conexión establecida, señal de llamada audible
audible warning, aviso audible
audio alarm system, sistema avisador audible
audio amplifier, amplificador de audio
audio band, banda de audio

audio component, componente de audio
audio frequency, audiofrecuencia, frecuencia vocal (FV)
audio frequency shift modulation (AFSK), modulación por desplazamiento de audiofrecuencia
audio oscillator, audiooscilador, oscilador de AF
audio patch bay, bastidor de transferencias de audio
aural, auditivo, de sonido, auricular
aural transmitter, transmisor de sonido, emisor de sonido
authenticator, signo autenticador
auto alarm device, aparato automático de alarma
autocorrelation, autocorrelación
autocorrelation function, función de autocorrelación
autocorrelator, autocorrelador
autodyne circuit, circuito autodino
autodyne receiver, receptor autodino
automatic alarm receiver, receptor automático de alarma
automatic brightness control, control automático de luminosidad
automatic changeover, conmutación automática
automatic check, verificación automática
automatic circuit breaker, disyuntor automático, interruptor automático
automatic clearing, señal automática de fin, borrado automático, limpieza automática
automatic control circuit, circuito de mando automático, circuito de control automático
automatic cutout, interruptor automático
automatic dialling system, instalación de selección automática, equipo a selección automática
automatic digital network (Autodin), red digital automática
automatic error correction, corrección automática de errores
automatic error detection, detección automática de errores
automatic exchange, central automática
automatic feed (tty, data), avance automático (*tty, datos*)
automatic frequency control (AFC), control automático de frecuencia (CAF)
automatic gain control (AGC), control automático de ganancia (CAG)
automatic holding device, dispositivo de retención automática
automatic message accounting, contabilidad automática de mensajes
automatic noise control, control automático de ruido
automatic numbering transmitter, transmisor numerador automático
automatic phase control (APC), control automático de fase
automatic programming, programación automática
automatic release, desenganche automático
automatic switch, conmutador automático
automatic switching equipment, equipo de conmutación automática
automatic tandem working, servicio automático de tránsito
automatic threshold variation, variación automática de umbral
automatic time stamp, fechador horario automático
automatic toll ticketing, contabilidad automática de mensajes
automatic tracking (satcom), seguimiento automático (*satcom*)
automatic transmitter, transmisor automático
automatic tripping, desembrague automático, desenganche automático
automatic tuning, sintonización automática
automatic voltage regulation, regulación automática de voltaje
automatic voltage regulator, regulador automático de voltaje
automatic volume control (AVC), control automático de volúmen (CAV)
automation, producción automática
autotransformer, autotransformador
auxiliary, auxiliar
auxiliary contacts, contactos auxiliares
auxiliary electrode, electrodo auxiliar
auxiliary jack, conjuntor auxiliar
auxiliary relay, relé auxiliar
auxiliary switch, interruptor o conmutador auxiliar
available, disponible
available gain, ganancia disponible
available line (facs), línea disponible (*facs*)
available noise power, potencia de ruido disponible
available power, potencia útil
available time, tiempo disponible
availability, disponibilidad, utilización
avalanche breakdown, descarga en alud, descarga en (de) avalancha
avalanche diode, diodo de avalancha
avalanche impedance, impedancia de avalancha
avalanche voltage, voltaje en alud, en avalancha
average, promedio
average (to), promediar
average noise figure, factor promedio (medio) de ruido
average power output, potencia media de salida
average traffic per working day (tfc), tráfico promedio (medio) de un día laborable (*tfc*)
average value, valor promedio (medio)
avionics, aviónico(s), aviónica
axial, axial

axial leads, guías axiales
axial ratio (ant), relación axial, razón axial (*ant*)
axial trolley, trole axial
axis of revolution, eje de revolución
azimuth, acimut, azimut
azimuth blanking, blanqueo de azimut
azimuth rate, velocidad de cambio de azimut
azimuthal angle, desviación azimutal

B and C digit selector, selector registrador de la 2a y 3a letras
B-board, cuadro de entrada, posiciones B, posiciones de llegada
BCI (broadcast interference), interferencia de radiodifusión
BCO relay (tel), relevador disyunto, relé de corte (*tel*)
B & S gauge (Brown and Sharpe gauge), galga o calibrador B & S (galga de Brown and Sharpe)
BWO tube, tubo BWO
B–Y signal, señal B–Y
BX cable, cable BX (cable con armadura flexible)
babble, diafonía múltiple, murmullo
back bias (inverse bias), polarización inversa
back contact, contacto de reposo o posterior
back lash, juego, contratensión; corriente inversa de rejilla
back plate, panel posterior, tablero posterior
back porch (tv), portal trasero (*tv*)
back porch tilt (tv), inclinación del portal trasero (*tv*)
back resistance, resistencia inversa
back scattering, retrodispersión
back stop, tope posterior, tope trasero
back-to-back, interconexión a espalda contra espalda
back-to-back method, método de oposición
back-to-back repeater, repetidor demodulador
backbone microwave network, red dorsal de microondas
background noise, ruido de fondo
background response, respuesta de fondo
backward-acting regulator, regulador de acción inversa
backward-wave tube, tubo de onda regresiva
backward-wave oscillator (BWO), oscilador de onda reflejada
baffle, pantalla
baffle deflector, desviador
Bakelite, Bakelita, baquelita
balance, equilibrio, balanza, balance
balance (to), equilibrar, balancear
balance control, control de balance
balanced amplifier, amplificador compensado
balanced bridge, puente balanceado
balanced circuit, circuito compensado, circuito equilibrado o balanceado
balanced currents, corrientes equilibradas o simétricas
balanced impedance, impedancia equilibrada o balanceada
balanced line, línea equilibrada o balanceada
balanced load, carga equilibrada o balanceada
balanced loop, bucle balanceado, lazo balanceado, bucle equilibrado, lazo equilibrado
balanced modulator, modulador en contrafase, modulador balanceado, modulador equilibrado
balanced phases, fases equilibradas
balanced transformer, transformador equilibrado, transformador compensado
balanced transmission line, línea equilibrada de transmisión
balancing circuit, circuito de balance (see **equilibrador**)
balancing network, unit, equilibrador, red compensadora
ball bearing, cojinete de bolas
ballast lamp, lámpara compensadora
ballast resistor, resistencia autorreguladora
ballast tube, tubo regulador
ballistic galvanometer, galvanómetro balístico
balun (balance to unbalance transformer), balún (transformador equilibrado a desequilibrado)
banana jack, clavija con punta cónica
banana plug, enchufe de banano
band, banda
band elimination filter (band stop filter), filtro supresor de banda, filtro de banda eliminada
band selector, selector de banda
band spread, ensanche de banda
band stop filter, filtro de supresión de banda, filtro de banda eliminada, filtro de banda de bloqueo
band switch, conmutador de bandas
bandpass, paso de banda, pasabanda
bandpass filter, filtro de paso de banda, filtro pasabanda
bandpass response, respuesta de pasabanda
bandwidth, ancho de banda, anchura de banda
bank, banco
bank (switching), banco, sector, campo
bank collar, collarín ensamblador de sector
bank comb, peine del sector o campo
bank of contacts, banco de contactos, campo de selección
bank winding, bobinado en bancos
bank and wiper switch, conmutador de banco y escobilla
bar (to), bloquear (una línea o aparato)
bar generator, generador de barras
bar magnet, imán de barra
bar waveform (tv), señal de barra (*tv*)
bare wire, hilo desnudo
barge, chalana
barium, bario

Barkhausen effect, efecto Barkhausen
barometric pressure, presión barométrica
barreter, barreter, detector
barrier layer, capa de barrera
barrier region, región de barrera
base, base, soporte, fondo, casquillo, zócalo
base address, dirección básica
base bias, polarización de base
base control, control de bajos
base current, corriente de base
base insulator, aislador de base
base lead (terminal), borne de base
base line, línea (de) base
base load, carga fundamental (generadores)
base loaded antenna, antena cargada de su base
base notation, notación de base o básica
base reflex, reflejo de bajos
base timing sequencing, secuencia de cronometración de base
baseband, banda de base, bandabase
baseboard, tabla de montaje
basegroup, grupo de base
basic group, grupo fundamental de base (60–108 kHz)
basic supergroup, grupo secundario de base, supergrupo fundamental (312–552 kHz)
bass, bajo
bass compensation, compensación de bajos
bass control, regulación de los bajos, regulación de los graves
bass response, respuesta de bajos
batch bookings (data), lista de pedidos de comunicaciones en serie (*datos*)
batch processing (data), elaboración por lotes (*datos*)
batch sampling (data), muestreo de lotes (*datos*)
battery, acumulador, pila eléctrica, batería
battery (storage), acumulador
battery charger, cargador de baterías
battery loop (loop battery) (tty), bucle de batería (*tty*)
battery rack, bancada de baterías, estante de baterías
battery terminal, borne de batería
baud (unit of modulation rate), baud (unidad de la velocidad de modulación), baudio
Baudot keyboard, manipulador Baudot, teclado Baudot
Baudot system, sistema Baudot
bay, bastidor, cuadro, entrepaño, nave, panel, sección de bastidores
bay (of registers or selectors), panel (de contadores, selectores)
bay (trunk), bastidor (de enlaces, troncos, o troncales)
bayonet base, base bayoneta, base de bayoneta, casquillo de bayoneta, zócalo de bayoneta
bazooka (véase balancing unit), bazooka
beacon, baliza
beacon (radio), baliza, radiobaliza, radiofaro
beacon delay, retardo de radiobaliza o radarbaliza
bead (coaxial transmission lines), cuenta a perla aisladora (líneas coaxiles)
beam, haz, rayo
beam alignment, alineamiento del haz
beam aperture, abertura de haz
beam bending, desviación de haz
beam current, corriente de haz, corriente de rayo
beam-deflection tube, tubo de deflexión de haz
beam-forming electrode, electrodo formadora de haz
beam-parametric amplifier, amplificador paramétrico de haz
beam-power tube, tubo de potencia de haces, tubo de fuerza de haces
beam voltage, tensión acelerante
beamwidth, ancho del haz, abertura del haz
bearing (angle), orientación, rumbo, marcación
bearing (ball), cojinete
bearing (radio position), marcación
beat, batido, frecuencia resultante, pulsación, pulsación resultante, batimiento
beat frequency, frecuencia diferencial, frecuencia de pulsación, frecuencia de batimiento, frequencia de batido
beat-frequency oscillator (BFO), oscilador de frecuencia de pulsación, oscilador de frecuencia de batido
beat note, sonido de batimiento
beat oscillator, oscilador heterodino
beating (mixing), batido, batimiento
behaviour, comportamiento, funcionamiento
bel, bel, belio
bench mark, punto de cota conocida, punto topográfico de referencia, cota fija
bend, codo, curvatura, curva, coca
bending moment, momento flexor o de flexión
beta (solid state), beta
beta particle, partícula beta
beta rays, rayos beta
bevel, bisel, chanfle
Beverage antenna, antena Beverage (una antena de onda)
bias, polarización
bias cell, pila de polarización
bias current, corriente de polarización
bias distortion, deformación asimétrica, deformación disimétrica, distorsión de polarización, distorsión disimétrica
bias resistor, resistencia de polarización
bias voltage, voltaje de polarización
bias winding, arrollamiento polarizador
biased relay, relé favorecido o polarizado
Biax, Biax
biconical antenna, antena bicónica

bifilar winding, devanado bifilar, arrollamiento bifilar
bill of lading, conocimiento de embarque
billboard antenna, antena billboard o de cartelera
binary, binario
binary cell, célula binaria
binary code, código binario
binary coded character, carácter codificado en binario
binary coded decimal system, sistema decimal de codificación en binario
binary coded octal system, sistema octal de codificación binaria
binary counter, contador binario, demultiplicador binario
binary decimal code, código decimal binario
binary decimal coded, codificado en decimal binario
binary-to-decimal converter, convertidor binario–decimal
binary digit (bit), dígito binario, bit, bitio
binary divider, desmultiplicador binario
binary notation, notación binaria
binary number, número binario
binary point, punto binario
binary representation, sistema numérico binario
binary scale, escala binaria
binary signalling, señalización binaria
binary variable, variable binaria
binaural, binaural
bind (to) (to stick or jam), adherirse, acuñar, pegar, rozar
binding post, borne
binistor, binistor
binit, binit, unidad binaria
bionics, biónicos
bipolar, bipolar
bipolar cam, leva bipolar
bipolar transistor, transistor bipolar
bismuth, bismuto
bistable, biestable, bistable
bistable multivibrator, multivibrador biestable (bistable)
bistable trigger circuit, circuito de disparo biestable (bistable)
bistable unit, unidad biestable (bistable)
bit (binary digit), dígito binario, bit (bites), bitio
bit (drill), broca
bit buffer unit, unidad separadora de bites
bit density, densidad de bites
bit rate, velocidad de transmisión de bites
bit synchronization, sincronización de bites
black body, cuerpo negro
black compression, compresión de negro(s)
black level, nivel de negro
black peak, cresta en la dirección de negro
black-to-white transition, transición de negro a blanco
blacker-than-black (tv), más negro que negro (*tv*)
blank, blanco
blank level, nivel de borrado
blank panel, panel blanco
blanketing, bloqueo de un receptor
blanking, supresión, blanqueo, borradora
blanking level, nivel de blanqueo
blanking pulse (tv), impulso de borrado (*tv*)
blanking signal, señal de blanqueo
blanks (terminal), terminales en blanco, libres de ocupación
bleeder current, corriente de drenaje
bleeder resistor, resistencia de drenaje, resistencia sangradora
bleeding whites (tv), sangrando los blancos (condición de sobrecarga en *tv*)
blip (radar), trazaeco (*radar*)
block, bloque, sección, cuadro
block and tackle, mufla, polipasto, trócola, aparejo, motón de aparejo
block diagram, esquema de bloques, diagrama sinóptico, diagrama esquemático, diagrama en bloque, diagrama de bloques
block of information (data), bloque de información (*datos*)
block protector, protector de bloque
block terminal, caja de distribución, caja de derivación
blocked impedance, resistance, impedancia bloqueada, resistencia bloqueada
blocking, bloqueo
blocking battery, batería de bloque
blocking capacitor, condensador de bloqueo
blocking circuit, circuito de bloqueo
blocking oscillator (BO), oscilador de bloqueo
blocking period, time, tiempo de bloqueo
blocking relay (element), relé de bloqueo
blocking signal, señal de seccionamiento, señal de bloque, bloqueo
blocking voltage, voltaje o tensión de bloqueo
blooming (tv), 'en flor' (luminosidad excesiva) (*tv*)
blow torch, lámpara de soldar
blower, soplador, fuelle
blueprint, copia heliográfica, heliografía, fotograbado
board, tabla, tablero
board signal, señal de disco
body capacitance, efecto de mano (capacidad)
bolometer, bolómetro
bolt, perno, tornillo, bulón
bombardment (electrons or ions), bombardeo
bonding strip, puente de continuidad eléctrica
bonding wire, hilo de unión
Boolean algebra, álgebra Booleán
boost (to), elevar el voltaje, amplificar, aumentar

booster, elevador de voltaje, sobrealimentado
boosting charge, carga parcial
boresight, simulador de satélite, punto de mira, punto de calibración, estación de prueba
boron, boro
bounce, rebote
bounce (to), rebotar
bound charge, carga residual, carga fija
boundary conditions, condiciones de contorno
bracket, ménsula, soporte
braided cable, cable con cubierta trenzada
branch, rama, derivación, ramal; acometida
branch (to), derivar, bifurcar
branch circuit, circuito derivado
branch instruction (data), instrucción de rama (*datos*)
branching, bifurcación, derivación, toma
branching (tap), bifurcación
branching repeater, repetidor de ramificación
brass, latón (en algunos sitios, bronce)
braze (to), soldar
breadboard, modelo de tablero
break, desconexión, corte, falta de continuidad, ruptura, separación
break (to), cortar (comunicación), desconectar
break-before-make contact, contactos escalonados en el orden reposo–trabajo
break contact, contacto de abertura, contacto de reposo
break-and-make switch, interruptor abertura–cierre
break impulse, impulso de abertura
break impulse (break pulse), impulsión de abertura, señal de arranque, impulso de abertura
break jack, jack de ocupación, conjuntor de transferencia, jack de ruptura
breakdown, falla, avería; descarga disruptiva; disruptiva
breakdown region, región disruptiva
breakdown voltage, tensión de cebado, tensión disruptiva, voltaje de ruptura, tensión de ruptura
break-in, escucha entre señales
breaking point, punto crítico
brevity code, código de condensación
Brewster angle, ángulo Brewster
bridge, puente
bridge arm, brazo de puente
bridge balance, equilibrado del puente
bridge circuit, circuito en puente
bridge current, corriente de puente
bridge method, método de puente
bridge rectifier, rectificador de puente
bridge T network, red en forma de T con puente
bridged tap, derivación de puente
bridging connection, puente
bridging jack, conjuntor sin contacto de ruptura
bridging loss, pérdida en circuito de puente
bridging plug, clavija de puente
bridle wire, alambre de distribución
brightness, luminosidad, brillo
brightness control, control de brillo, regulador de brillo
brightness level, valor de brillo, nivel de brillo
bring into phase (to), poner en fase
broad tuning, afinación ancha, sintonía gruesa, sintonía ancha
broadband amplifier, amplificador de banda ancha
broadcast (to), radiodifusar
broadcast reception, recepción de radiodifusión
broadcasting, radiodifusión
broadside array, red de radiación transversal
brush, escobilla, escoba, frotador de contacto, brazo porta-contactos
brute force filter, filtro no calculado
bucking coil, bobina de oposición o compensadora
buffer, tampón, circuito tampón, separador, tapón
buffer (data), un dispositivo de acumulación para la compensación en la velocidad de transmisión de datos o/y entregar bites (palabras) en demanda (*datos*)
buffer amplifier, amplificador tampón, amplificador separador
buffer battery, batería tapón
buffer capacitor, condensador separador
buffer stage, paso tampón, etapa de aislamiento, etapa tampón
buffer store (data), memoria intermedia (*datos*)
buffered computer (data), computador con separador (*datos*)
bug (semiautomatic telegraph key), vibro
build(ing) up time, duración de establecimiento, tiempo (período) de establecimiento
built-in, ensamblado, integral con, incorporado, integrado, empotrado
built integrally (with), de montaje integral
bulb, lámpara, lámpara eléctrica, bombilla, bombilla eléctrica
bulge, comba
bulk storage (data), almacenamiento a granel (*datos*)
bull gear (ant), engranaje de giro (*ant*)
buncher, agrupador
bunching, agrupación, agrupamiento
bunching voltage, tensión de agrupación
burden, carga
burned out, tostado, quemado
burst, ráfaga (wind), aumento brusco de nivel de señal
bus, barra(s) colectora(s)
bus bar, barra ómnibus, barra colectora, barra de distribución

bushing, buje, boquella, forro, casquillo de cojinete
business hours, horas de servicio, horas de trabajo ocupado
busy back, retorno de señal o tono ocupado
busy hour (tfc), hora cargada, hora punta, hora punto, hora de mayor tráfico, hora ocupada, hora activa (*tfc*)
busy line, línea ocupada
busy period, período de ocupación
busy signal, señal de ocupación
busy test, prueba de ocupación
busy tone, tono de ocupación
Butler oscillation, oscilación Butler
butt joint, unión a tope
butterfly resonator, resonador de mariposa
button, botón, pulsador
buzzer, zumbador
bypass, filtro, interruptor, camino de desviamiento, paso, derivación
bypass capacitor, capacitor o condensador de paso, condensador de fuga
byte (data), un grupo de dígitos binarios (p.e.: 6 bit byte, 8 bit byte) (*datos*)

CB (common battery), batería local
CCIR, Comité Consultivo Internacional de Radiocomunicaciones
CCITT, Comité Consultivo Internacional de Telégrafo y Teléfono
CGS system, sistema CGS
CRT (cathode-ray tube), TRC (tubo de rayos catódicos)
CW (continuous or carrier wave), OC (onda continua)
cabinet, pupitre, armario, caja
cable, cable
cable attenuation, atenuación de cable
cable brackets, ménsulas para suspensión de cables
cable capacitance, capacidad (capacitancia) de cable
cable core, alma de cable, núcleo de cable
cable drum, tambor de cable
cable end, cabeza de cable
cable fill, compuesto aislante de relleno (cable)
cable hangers, colgantes para cables
cable marker, ficha de cable; borne indicador
cable messenger, cable portador
cable rack, rastrillo portacables, soporte de cable, bastidor de cable, bastidor para cables
cable record, registro de cables
cable reel, tambor de cable
cable run, recorrido de cable, ruta de cable
cable running list, lista de tendidos de cables
cable splice, junta de cables, empalme
cable trench, zanja de cable(s)
cable and trunk schematic, esquema de cables y troncales
cable wrap(s) (satcom), envoltura de cables, giro de cables (*satcom*)
cabling, cableado, cableaje, conjunto de cables
cadmium, cadmio
cadmium cell, celda de cadmio (imperf.), célula de cadmio
caesium, *see* **cesium**
cage antenna, antena en jaula
calcium, calcio
calculating machine, calculador
calculation, cálculo, cómputo
calibrate (to), calibrar, graduar, tarar, verificar
calibrated dial, cuadrante graduado
calibrating signal, señal calibradora
calibration, calibración, comprobación, calibrado, contraste, tarado
calibration curve, curva de calibrado (calibración)
calibration scale, escala de calibración
caliper, calibrador, calibre
call, llamada; petición de comunicación telefónica
call (to), llamar
call attempt (switch), esfuerzo de llamada, tentativa de llamada (demanda para llamada) (*conmut*)
call circuit, circuito de transferencia, línea de transferencia
call congestion (tfc), aglomeración de llamadas (*tfc*)
call distributor, distribuidor de llamadas
call finder, buscador de llamada
call indicator, indicador de llamada
call letters, letras de identificación, distintivo de llamada, indicativo
call minute (tfc), comunicación minuto (*tfc*)
call number, número de llamada
call on hand, llamada diferida
call ticket, ficha de orden
called line, línea llamada
called subscriber, abonado solicitado, abonado llamado
calling frequencies, frecuencias de llamada
calling jack, conjuntor de llamada, jack de llamada
calling rate (tfc), densidad de llamadas (*tfc*)
calling sequence, secuencia de llamada(s)
calling subscriber, abonado peticionario, abonado solicitante
calorie, caloría
calorimeter, calorímetro
cam, álabe, excéntrico, leva, levador, excéntrica, retén
cam-actuated, accionado por leva
cam operated switch, interruptor accionado por leva, interruptor mandado por leva
cam shaft, eje de levas, árbol de levas
camera signal (tv), señal de video (*tv*)
cancel a call (to), anular una llamada
candelabra base, base (zócalo) de candelero
candlepower, potencia luminosa en bujías, intensidad luminosa en bujías
cannibalize, cannibalise, canibalizar, robar partes de un equipo para reparar otro

capacitance, capacidad, capacitancia
capacitive coupling, acoplamiento capacitivo
capacitive divider, divisor capacitivo
capacitive feedback, realimentación capacitiva
capacitive reactance, reactancia capacitiva
capacitive window (waveguide), ventana capacitiva (*guía onda*)
capacitor, condensador, capacitor
capacitor color code, código de colores para condensadores
capacitor input filter, filtro de entrada con condensador
capacity, capacidad
capacity coupling, acoplamiento por capacidad
capstan, cabrestante
capture effect, efecto de captación
carbon, carbón
carbon block protector, pararrayos de carbón estriado
carbon microphone, micrófono de carbón
carbon pile regulator, resistencia de placas de carbón
carbon resistor, resistencia de carbón, resistor de carbón
carbon rheostat, reóstato de carbón
card, tarjeta (perforada)
card feed (data), alimentador de tarjetas (*datos*)
card punch (perforator) (data), perforador de tarjetas (*datos*)
card reader (data), cabeza lectura de tarjetas (*datos*)
card stacker (data), apilador de tarjetas (*datos*)
cardinal points, puntos cardinales
cardioid diagram, diagrama cardiode
cardioid microphone, micrófono cardiode
carriage return (tty, data), retroceso del carro (*tty, datos*)
carrier, portadora (onda portadora)
carrier color signal, señal portadora de colores (*tv*)
carrier current, corriente portadora
carrier current communication, comunicación por (de) corriente portadora
carrier frequency, frecuencia de portadora, fundamental
carrier generator, generador de frecuencias portadoras
carrier leak, residuo de portadora, escape de portadora
carrier line, línea portadora
carrier loading, carga (de) portadora
carrier noise level, nivel de ruido de portadora
carrier repeater, repetidor de portadora, amplificadora de corrientes portadoras
carrier shift, desplazamiento de portadora
carrier signaling, señalización de portadora
carrier suppression, supresión de portadora
carrier system, sistema de onda portadora
carrier telegraphy, telegrafía por corrientes portadoras
carrier terminal equipment, aparato terminal para ondas portadoras
carrier-to-noise ratio (C/N), relación portadora (a) ruido
carrier wave, onda portadora, frecuencia portadora
carrier wave component, componente de la onda portadora
carry traffic (to), cursar el servicio
cascade, cascada
cascade amplifier, amplificadora en cascada
cascade box, caja de cascada
cascade connection, conexión en cascada o tándem
cascaded, en cascada, en tándem
case, caja
Cassegrain antenna, antena Cassegrain
casting, pieza fundida
catcher, electrodo recogedor
catching diode, diodo de corto circuito
cathode, cátodo
cathode bias, polarización de cátodo
cathode coupling, acoplamiento por cátodo
cathode drop, caída catódica
cathode follower, circuito cátodo-tierra, circuito de acoplo catódico, paso acoplado por cátodo, seguidor de cátodo
cathode glow, vaina catódica
cathode-heating time, tiempo de caldeo de un cátodo termoelectrónico
cathode inhibitor, inhibidor catódico
cathode keying, manipulación catódica
cathode ray, rayo catódico
cathode-ray oscillograph, oscilógrafo de rayos catódicos
cathode-ray oscilloscope (CRO), osciloscopio de rayos catódicos
cathode-ray tube (CRT), tubo de rayos catódicos
cathode region, dominio catódico, región catódica
cathode spot, mancha catódica
cathodic polarization, polarización catódica
cavity, cavidad
cavity magnetron, magnetrón de cavidad(es)
cavity resonator, cavidad resonante, cavidad de resonante
cavity wavemeter, ondámetro de cavidad resonante
cell, elemento de memoria; pila, célula
center, centre, centro
center of curvature, centro de curvatura
center distance, distancia entre ejes
center frequency, frecuencia central
center tap, derivación central, toma central
centimetric waves, ondas centimétricas
central battery exchange, *see* **common battery exchange**
central office, central, central telefónica
ceramic, cerámico

ceramic amplifier, amplificador cerámico
ceramic capacitor, condensador de cerámica, condensador cerámico
certificate, certificado
cesium, cesio
chad tape, cinta perforada
chadless perforation (tty), perforación parcial o chadless (*tty*)
chadless tape, cinta semi-perforada, cinta operculada o chadless
chaff (radar, ecm), criba (*radar*, *ecm*)
change (to), alter (to), modificar
change over, cambio, conmutación
change over switch, inversor de corriente, inversor de polaridad, inversor de polos
channel, canal, vía de transmisión
channel bank, banco de canales (multiplex portadora)
channel capacity, capacidad de canal(es), capacidad de información de una vía
channel designator, identificador del canal
channel drawer, gaveta de canal
channel drop(ping), bajada o derivación de canales
channel effect (transistor), corriente de fuga de superficie
channel filter, filtro de canal
channel group, grupo de canales
channel pulse (telm), impulso de canal (*telm*)
channel reliability, confiabilidad de canal(es)
channel shifter, desplazador de canal
channel spacing, espacimiento de canales
channel translating equipment, equipo de traslación de canal
channel unit, unidad de canal
channeling, canalización
channelize (to), canalizar
character, carácter
character density, densidad de caracteres
character interval, intervalo de carácter (*datos*, *tty*)
character reader, dispositivo de lectura, lector de caracteres
characteristic, característica
characteristic curve, curva característica
characteristic distortion, distorsión característica
characteristic frequency, frecuencia característica
characteristic impedance, impedancia característica
characteristic instant of modulation, instante característico de la modulación
charge, carga
charge density, densidad de carga
chargeable, tasable
chargeable minutes, minutos tasables
charger, cargador
charging current, corriente de carga
charging interval, intervalo de carga
charging rate, régimen de carga, amperaje de carga, velocidad de carga
charging voltage, tensión de carga, voltaje de carga
chart, ábaco, carta, diagrama, gráfico, tabla
chart recorder, registrador
chart recording instrument, registrador
chart scale, escala de diagrama
chassis, chasis
chatter (to), vibrar, chirriar
check, comprobación, verificación, chequeo, vigilancia
check (to), comprobar, verificar, controlar, chequear
check bit (data), bit de verificación (verificación de errores) (*datos*)
check circuit, circuito verificador
check digit (data), dígito verificador, dígito de verificación (*datos*)
check indicator, indicador de verificación
check point, punto de comprobación
check problem (data), problema de verificación (*datos*)
check station, punto de verificación
check test, contraprueba, prueba de verificación
check (to) the time of day, asegurarse de la concordancia de las horas
checking, control, verificación, comprobación
checkout, comprobación, verificación
chief operator, operadora directora
chip (ic), chip (*ic*)
chisel (cold chisel), buril, cincel
chlorine, cloro
choice (switch), selección (*conmut*)
choke, bobina de reactancia, bobina de autoinducción
choke (waveguide), choque (*guia onda*)
choke coil, bobina ahogadora, bobina de choque
choke coupling, acoplamiento de choque, acoplamiento de reacción
choke input filter, filtro de entrada inductiva
choke joint (waveguide), unión de choques, unión de cuarto de onda (*guia onda*)
chopper, vibrador, interruptor pulsatorio, interruptor periódico, recontador, conmutador rotatorio, interruptor rotativo
chopper disc, disco interruptor
chopping, troncamiento, recorte (of wave crests); interrupción
chopping relay, relé (relevador) interruptor
chroma, croma
chromatic aberration, aberración cromática
chrominance, crominancia
chrominance carrier reference, referencia de portadora crominancia
chrominance demodulator, demodulador de crominancia
chrominance gain control, control de ganancia de crominancia
chrominance primary, primario de crominancia

chrominance subcarrier, subportadora de crominancia
chrominance video signals, señales crominancia de video
chronometer, cronómetro
chronopher, dispositivo de cronometración dando impulsos de reloj patrón
chronoscope, cronoscopio
chuck, mandril, calza
cipher, lenguaje cifrado, cifra, clave, cifrar con clave
cipher telephony, telefonía cifrada
circle dot mode, modo círculo punto
circuit, circuito
circuit alarm, alarma de circuito
circuit analog(ue), circuito equivalente
circuit arrangement, disposición de(l) circuito
circuit breaker, interruptor automático, cortacircuito, interruptor disyuntor
circuit busy hour, hora activa de un circuito
circuit capacity, capacidad de circuito
circuit diagram, diagrama de circuito, esquema de circuitos
circuit efficiency, rendimiento del circuito
circuit element, elemento de circuito
circuit equivalent, equivalente de circuito
circuit in good order, circuito en buen estado
circuit is singing, el circuito canta
circuit model, circuito para ensayos
circuit noise, ruido de circuito
circuit out of order, circuito averiado
circuit switching, conmutación de circuitos
circuit usage, coeficiente de ocupación de un circuito, rendimiento (horario) de un circuito
circuitron, circuitrón
circuitry, montaje, circuitería, multicircuito
circular antenna, antena circular
circular electric wave, onda eléctrica circular
circular magnetic wave, onda magnética circular
circular mil, mil-circular, milipulgada circular
circular polarization, polarización circular
circularly polarized wave, onda de polarización circular
circulator, circulador
civil engineering, ingeniería civil
clamp, circuito de fijación de amplitud; borne, grifa, pinza, abrazadera, grapa
clamp (mech), abrazadera (*mec*)
clamp (to), sujetar, fijar
clamp (to) (electronic), fijar (electrónica)
clamp ammeter, amperímetro de abrazadera
clamper, fijador, circuito de fijación
clamping, bloqueo, fijación
clamping circuit, circuito de fijación
clamping device, dispositivo de fijación o sujetación
class A, AB, B, C amplifier, modulator, amplificador o modulador clase A, AB, B, etc.
class of circuit, categoría de un circuito
clean (to), limpiar, pulir
clear (to), desconectar, poner a cero, borrar a cero
clear black signal, señal de abonado que cuelga
clear a fault, reparar una avería
clear forward signal, señal de fin
clear text, texto sin cifras de clave o sin cripto
clearance (mech), espacio libre, juego, luz (*mec*)
clearance (path), altura libre
clearing, desconexión, liberación
clearing signal, indicador de fin de conversación
clicks, tic, tronido
clip, brida, abrazadera
clipper, nivelador
clipping, recorte, mutilación de palabra(s)
clock, reloj, cronómetro
clock frequency, frecuencia de reloj
clock mechanism, mecanismo de relojería
clocking signal, señal de reloj
clockwise, dextrorso, de izquierda a derecha, rotación dextrorsa, dextrogiro, en el sentido de las agujas de reloj
close (to), cerrar
close and open a circuit (to), cerrar y abrir un circuito
close coupling, acoplamiento estrecho, acoplamiento fuerte
closed circuit, circuito cerrado
closed circuit signaling, señalización de circuito cerrado
closed circuit television (CCTV), televisión en circuito cerrado
closed circuit working, explotación por corte de corriente
closed cycle, ciclo cerrado
closed loop control, regulación de circuito cerrado
closed loop system, sistema de regulación de circuito cerrado
closed routine (data), rutina cerrada (*datos*)
closed sequence, secuencia cerrada
closed subroutine (data), subprograma cerrado, subrutina cerrada (*datos*)
cloud absorption, absorción de nubes
clutch, embrague; enclavamiento
clutch control, mando de embrague, control de embrague
clutch magnet, electroimán de enganche, electroimán de embrague
clutter (radar), emborronamiento (*radar*)
coarse adjustment, reglaje aproximado
coast station, estación costera
coastal refraction, refracción costera
coaxial, coaxial, coaxil
coaxial cable, cable coaxil, cable coaxial, cable concéntrico
coaxial line, línea coaxial, línea coaxil
coaxial pair, par coaxial, par coaxil
coaxial stub, sección coaxil, stub coaxial

coaxial wavemeter, ondámetro coaxial
cobalt, cobalto
Cobol (Common Business Oriented Language) (data), COBOL, (lenguaje común relacionado a negocios) (*datos*)
cochannel interference, interferencia común, interferencia cocanal
Codan (Carrier operated device, anti-noise), Codan
Code, código; indicativo numérico, prefijo
code character, carácter de código (una representación de valor discreto)
code converter, conversor de código; máquina de cifrar
code element, elemento de código, elemento de señal
code selector, selector de código
code word, palabra de código
coded, codificado
coded program(me), programa codificado
coder, codificador, traductor; modulador
coding, codificación
coding delay, retraso en codificación
codistor, codistor
coefficient, coeficiente
coefficient of coupling, coeficiente de acoplamiento
coefficient of harmonic distortion, coeficiente de distorsión armónica
coefficient of reflection, coeficiente de reflexión
coefficient of resistance, coeficiente de resistencia
coefficient of utilization, coeficiente de utilización
coherent carrier system, sistema coherente de portadora
coherent detector, detector coherente
coherent light communications, comunicaciones de luz coherente
coherent pulse operation, operación de impulso coherente
coherent video, video coherente
coil, bobina, devanado
coil loading, carga de bobinas
coil of wire (roll of wire), rollo de hilo
coincidence amplifier, amplificador de coincidencia
coincidence counter, contador de coincidencia
coincidence gate, compuerta de coincidencia
coincidence selector, selector de coincidencia
cold cathode, cátodo frío
cold chisel, buril, cortafrío, cortafierro
colinear array (ant), conjunto colineal (*ant*)
collate (to), comparar; intercalar
collation sequence, secuencia de comparación
collator, comparador; intercalador
collect (to), coleccionar, reunir
collecting stage, paso colector
collective call sign, distintivo (indicativo) collectivo de llamada
collector, colector
collector–base resistance, resistencia colector–base
collector brush, escobilla colectora
collector circuit, circuito de colector
collector current, corriente de colector
collector electrode, electrodo de colector
collector junction (transistor), unión de colector
collector plates, placas colectoras
collector to emitter saturation resistance, resistencia de saturación colector–emisor
collector voltage, tensión o voltaje de colector
collimation (ant), colimación (*ant*)
collimator, colimador
color burst, explosión de color, impulso de color
color carrier reference, referencia de portadora de color
color code, código en colores
color decoder, descodificador de color
color difference signal, señal de diferencia de color
color killer (tv), supresor de color (*tv*)
color phase, fase de color
color phase alternation, alternación de la fase de color
color scale, escala cromática
color signal, señal cromática, señal de color
color subcarrier, subportadora de color
colorimetry, colorimetría
Colpitts oscillator, oscilador Colpitts
column, columna
column binary code, código binario de columna
comb filter, filtro peine, filtro de espectro en forma de peine
combined baseband, bandabase combinada
combined local and trunk (toll) selector, selector para tráfico urbano e interurbano
combined message baseband, bandabase telefónica combinada
combiner (as ratio squarer, multiplex), combinador
comeback, retroceso
comit (computer language), comit
command, mando, comando
command net, red del comando
common base amplifier, amplificador de base común
common battery, batería central
common battery exchange area, red de batería central
common battery supply, alimentación en (por) batería central
common battery telephone set, aparato telefónico de batería central
common branch, derivación común, acometida común
common collector amplifier, amplificador de colector común

common diagram system, sistema de diagrama centralizado
common emitter amplifier, amplificador de emisor común
common equipment, equipo común
common mode rejection, rechazo de modo común
common signaling battery, batería central para llamada, batería central para señalización
common trunk, enlace común, troncal común
common user circuit, circuito de usuario común
common volume (tropo), volumen común (*tropo*)
communications network, red de comunicaciones
communications security, seguridad de comunicaciones
communications zone, zona de comunicaciones
commutator, conmutador, colector, inversor
commutator noise, ruido de conmutación
commutator segment, delga de colector
compactness, compacidad, compactibilidad
compander, compandor, compansor, expresor
companding, compresión–expansión
comparator, comparador
compare (to), comparar, confrontar, comprobar
comparison, comparación, confrontación, cotejo
compass (e.g. magnetic compass), brújula
compass north, norte de brújula
compass rose, rosa náutica, rosa de vientos
compatible monolithic integrated circuit, compatible circuito integrado monolítico
compensate (to), compensar
compensated motor, motor compensado
compensated semiconductor, semiconductor compensado
compensating, compensador, compensadora
compensating charge, carga de compensación
compensating circuit, circuito de compensación
compensating feedback, reacción compensadora, realimentación compensadora
compensating voltage, tensión de compensación
compensation, compensación
compensator, compensador
compiler, compilador
complement number system, sistema de números complementarios
complementary symmetry circuit, circuito complementario de simetría
complementary wave, onda complementaria
complete a circuit (to), cerrar un circuito
complete matrix, matriz completa
completed call, llamada eficaz
complex admittance, admitancia compleja (de un circuito)
complex impedance, impedancia compleja
complex quantity, magnitud compleja
complex reflectors, reflectores complejos
component, componente, pieza, elemento
component life, vida efectiva de un componente
component parts, elementos, componentes
composite, compuesto
composite cable, cable mixto
composite circuit, circuito compuesto o mixto
composite color signal, señal de color compuesta
composite dialing, selección compuesta
composite television signal, señal de televisión compuesta
composite video signal, señal de video compuesta
composited circuit, circuito compuesto
compound semiconductor, semiconductor compuesto
compression, compresión
compressor, compresor
compromise balance, equilibrador ómnibus
compromise network, equilibrador ómnibus, equilibrador medio
computation, cálculo, cómputo
computer, computador, calculador, ordenador; calculadora (máquina); calculista
computer memory drum, tambor de memoria de calculadora, tambor de memoria de computador
computer operation, operación de computador
computer program(me), programa de computador, programa de ordenador, programa
concentrator, concentrador; conmutador central
concentrator panel, panel de conjuntores
concentric cable, cable concéntrico, cable coaxial
concentric winding, arrollamiento concéntrico
conditional instruction, instrucción condicional
conditioning, acondicionamiento
conditioning signal, señal de acondicionamiento
conduct (to), conducir, manejar, dirigir
conductance, conductancia; conductibilidad
conducting layer, capa de conducción, capa conductora
conduction band, banda de conducción
conduction current, corriente de conducción
conduction electron, electrón de conducción
conduction field, campo de conducción
conduction holes, lagunas de conducción
conductivity, conductividad (*elec*); conductibilidad (*heat*)

conductivity modulation, modulación de conductividad
conductor, conductor
conduit, conducto para cables, ducto, canalización
cone, cono
cone of nulls, cono de nulos
cone of silence, cono de silencio
conference call, comunicación telefónica colectiva
conference circuit, circuito de conferencia, línea de conferencia
conference code, código de conferencia
confidence level, grado de confianza
congestion, aglomeración, congestión
conical horn, bocina cónica
conjugate branches, ramas conjugadas
connect (to), acoplar, conectar, juntar, ligar, poner en circuito, unir
connecting, de unión, acoplamiento
connecting block, regleta de conexión, regleta de terminales
connecting circuit, circuito de conexión
connecting jack, jack de conexión
connecting row, fila de conexión
connecting stage, etapa de conexión
connection, acoplamiento, comunicación, conexión, contacto, montaje, unión
connection time, tiempo de establecimiento de una comunicación
connector, empalmador, conector
connector (tel, switch), conectador, selector de línea (*tel, conmut*)
consol (nav), consol (*nav*)
console, consola, pupitre de control, panel
console display, presentación de consola
constancy of a relay, constancia de un relé
constant, constante
constant availability, disponibilidad constante
constant current charge, carga a corriente constante
constant current modulation (Heising modulation), modulación de corriente constante
constant current regulator, regulador de corriente constante
constant delay discriminator, discriminador de retraso constante
constant EMF, fuerza electromotriz constante
constant field, campo estacionario
constant K lens, lente de K constante
constant K network, red de K constante
constant luminance transmission, transmisión de luminancia constante
constant ratio code, código de relación constante
constant speed, velocidad constante
constant time lag, retardo constante
constant velocity, velocidad constante
constant voltage, tensión constante, voltaje constante
constant voltage transformer, transformador de tensión constante
constructional element, elemento constructivo
contact, contacto, cruce, pata, patilla
contact bank, banco de contactos, corona de contactos
contact bounce, rebote de contacto
contact current, corriente de contacto
contact electrode, electrodo de contacto
contact gap, entrehierro de contacto
contact noise, ruido de contactos
contact point, punto de contacto
contact potential barrier, barrera de potencial de contacto
contact potential difference, diferencia de potencial (de) contacto
contact pressure, presión de contacto
contact rectifier, rectificador de contacto
contact resistance, resistencia de contacto
contact spring, lámina de contacto, muelle de contacto
contact travel, recorrido del contacto
contactor, contactor, conjuntor
content indicator, indicador del contenido
continuity test, prueba de continuidad
continuity tester, aparato para medir la continuidad de circuitos
continuous duty, servicio continuo
continuous hunting, selección continua
continuous loading, carga continua
continuous monitoring, comprobación continua
continuous processing, procedimiento continuo, elaboración continua
continuous rating, régimen continuo
continuous running, régimen continuo
continuous service, servicio permanente, servicio continuo
continuous spectrum, espectro continuo
continuous wave, onda continua
contour, contorno (curva cerrada), perfil
contour follower, perfilómetro
contour interval, intervalo de contorno
contour line, línea de contorno
contour map, mapa topográfico
contract, contrato, convenio
contractor, abastecedor, contratista, contratante, empresario
contrast control, control de contraste
contrast ratio, relación de contraste
control, mando, ajuste, control, regulación, verificación
control (to), controlar, mandar
control box, caja de control, caja de mando, caja de regulación
control card, tarjeta de control
control carrier modulation, modulación de portadora controlada
control circuit, circuito de mando, circuito de control

control electrode, electrodo de control, electrodo de mando
control of electromagnetic radiation, control de radiación electromagnética
control element, elemento de control, elemento de mando
control equipment, aparato de mando, equipo de control
control grid, rejilla de control
control knob, botón de mando, perilla de control
control limits, límites de control
control line, línea de control, línea de mando
control loop, bucle de regulación, bucle de control, lazo de control, lazo de regulación
control magnet, imán director, imán de dirección
control panel, panel de regulación, panel de control
control point, punto de regulación, punto de control
control point (a value), valor regulado
control program, programa de control
control pulse, impulsión (o impulso) de mando, impulso de control
control range, banda de regulación, rango de control
control register, registrador de control
control room, sala de control
control sequence, secuencia de control
control servo motor, servomotor de control
control switch, llave de control, interruptor de control, conmutador de control, conmutador de mando, llave de mando
control voltage, voltaje de control, tensión de control
control word (data), palabra de control (*datos*)
controlled rectifier, rectificador controlado
controlled variable, variable controlado
controlling element, elemento de control, elemento de mando
convection current, corriente de convección
convergence, convergencia
convergence control (tv), control de convergencia (*tv*)
conversion efficiency, rendimiento de conversión
conversion gain, ganancia de conversión
conversion transductance, transductancia de conversión
convert (to), convertir, transformar
converter, conversor, convertidor
convotrol rectifier, rectificador convotrol
coolant, enfriador, refrigerante, agente de refrigeración
cooling, refrigerativo, refrigerante; enfriamiento, refrigeración
cooling fins, alas de refrigeración
cooling medium, medio de enfriamiento
cooling system, dispositivo refrigerante, sistema refrigerante
coordinated transpositions, transposiciones coordinadas
coordination, coordinación
copper, cobre
copper oxide rectifier, rectificador de óxido de cobre
copper sheath, revestimiento de cobre, cubierta de cobre
copperweld, copperweld, alambre de acero encobrado
copy (to), copiar
cord, flexible, cordón
cord circuit, circuito de cordón
cordless PBX, cuadro conmutador con llaves
cordless switchboard, cuadro conmutador con llaves
core, núcleo
core loss, pérdida de núcleo
core memory, memoria de núcleo
core storage, almacenaje de núcleo
corner effect, efecto angular
corner reflector, reflector diedro
corona, corona
corona discharge, descarga de corona, efecto corona
correcting feedback, reacción correctora, realimentación correctora
correcting feedforward, reacción positiva correctora
correction, corrección
correction factor, factor de corrección
corrective maintenance, conservación correctiva
corrective network, red correctora, circuito igualador
correlation, correlación
correlation detection, detección de correlación
correlation distance (tropo), distancia de correlación (*tropo*)
cosine, coseno
cosmic noise, ruido cósmico
cost plus fixed fee (contract) (CPFF), costo más honorario fijo (contrato), costo más emolumento fijo (contrato)
coulomb, coulombio
count, cuenta, número
count (to), contar, numerar
count cycle (computer), ciclo de cuenta
counter, contador
counter circuit, circuito de contador
counter clockwise (CCW), rotación sinistrosum, rotación levógira, levogiro
countercurrent, contracorriente
counter EMF, fuerza contraelectromotriz
counter EMF cell, elemento de fuerza contraelectromotriz
counter measures (ecm), tomar medidas de generar o evitar interferencias hechas a propósito, contramedidas (*ecm*)
counter wheel assembly, juego de ruedas contadoras

counterpoise, contrapeso
counting relay, relé contador
counting tube, tubo contador
couple (to), acoplar
coupled impedance, impedancia acoplada
coupler, acoplador
coupling, acoplamiento, enclavamiento
coupling coefficient, coeficiente de acoplamiento
course (nav), rumbo, ruta (*nav*)
course computer, calculadora de rumbo
cover, cúpula, cubierta, tapa, tapadera
crack (noise), chasquido
crane, grúa
crest factor, factor de cresta, factor de amplitud
crest value, valor de cresta
critical, crítico
critical angle, angulo crítico
critical buildup resistance, resistencia crítica de cebadura
critical coupling, acoplamiento crítico
critical damping, amortiguamiento crítico
critical frequency, frecuencia crítica
critical resistance, resistencia crítica
critical speed, velocidad crítica
critical voltage, voltaje crítico
cross-connection, conexión transversal, puente conexión por cruzada, conexión cruzada
cross-control, control cruzado
cross-coupling, acoplimiento cruzado
cross-modulation, modulación mutua o cruzada
cross-office (tel, tty), tránsito de central (*tel, tty*)
cross-section, sección transversal
crossband, cruce de banda
crossbar switch, conmutador a barras transversales, selector de coordenadas, conmutador de barras cruzadas
crossed field device, dispositivo a campo cruzado
crossfire, inducción telegráfica
crossover, punto de cruce
crossover frequency, frecuencia de transición, frecuencia de cruce
crossover network, red de cruce
crosspoint, punto de cruce
crosstalk, diafonía
crosstalk attenuation, atenuación de diafonía
crosstalk index, índice de diafonía
crosstalk level, nivel de diafonía
crosstalk suppression filter, filtro de supresión de diafonía
crosstalk unit, unidad de diafonía
crow bar, barra de punta, barreta
crow fly distance, distancia en línea recta
crow's foot, pata de oca
crowbar circuit, circuito anticorona
cryogenic liquid, líquido criógeno o criogénico
cryogenics, criogénica
cryosistor, criosistor
cryotron, criotrón
crypto, cripto
cryptochannel, criptocanal
cryptologic, criptológico
cryptosystem, sistema criptográfico
crystal, cristal
crystal (quartz), cristal de cuarzo
crystal control, control a cristal
crystal detector, detector cristal
crystal diode, diodo de cristal
crystal filter, filtro a cristal, filtro de cristal
crystal growing, cristalógeno
crystal holder, soporte de cristal
crystal lattice, red cristalina
crystal mixer, mezclador cristal
crystal oscillator, oscilador a cristal
crystal oven, horno de cristal
crystal rectifier, rectificador de cristal
cue (bcst, tv operations), instrucción de transferencia (*bcst, tv*)
Curie point, punto (de) Curie
current, corriente
current amplification, amplificación de corriente
current consumption, consumo de corriente
current density, densidad de corriente
current gain, ganancia de corriente
current margin, margen de corriente
current node, nodo de corriente
current path, trayecto de corriente
current regulator, regulador de corriente
current relay, relé de corriente
current reversing key, llave inversora
current saturation, saturación de corriente
cursor, cursor, deslizante
curtain antenna, antena en cortina; red de antenas
curvature, curvatura
curve, curva
curve (family of curves, chart, graph), gráfico
custom built, hecho de encargo, hecho a la medida
customer (tel), abonado (al teléfono)
cut off (to), cortar, interrumpir
cut off, corte
cutoff attenuator (waveguide), atenuador de corte (*guía onda*)
cutoff bias, polarización de corte
cutoff field, campo de corte
cutoff frequency, frecuencia de corte, frecuencia crítica, frecuencia límite
cutoff key, cut key, botón de corte, llave de ruptura
cutoff limiting, corte de límite
cutoff point, punto de corte
cutoff switch, interruptor
cutoff voltage, voltaje de corte
cutout, disyuntor, ruptor
cutover, puesta en servicio, 'corte'

cutting pliers, alicates de corte, pinzas de corte
cutting stylus, aguja grabadora
cybernetics, cibernética
cycle, ciclo
cycle reset, reposición de ciclo
cycle time, tiempo de ciclo
cyclic admittance, admitancia cíclica
cyclic code, código cíclico
cylinder, cilindro
cylinder of compressed gas, botella de gas comprimido
cylinder of revolution, of rotation, cilindro de revolución
cylindrical reflector, reflector cilíndrico
cylindrical wave, onda cilíndrica

dB (decibel), dB (decibelio)
dBa (decibels adjusted), dBa (decibelios ajustados) (ruido)
dBm, dBm abreviatura para decibelios por encima o debajo de un milivatio. Es una cantidad de potencia expresada en términos de su relación o proporción a un milivatio
dBrn (decibels above reference noise), dBrn (decibelios por encima ruido ref.)
dc (direct current), CC (corriente continua)
dc amplifier, amplificador de CC o DC
dc component, componente de corriente continua
dc converter, convertidor de corriente continua
dc coupled, acoplado CC
dc generator, generador de corriente continua (CC)
dc inserter stage (tv), etapa de inserción de CC (*tv*)
dc motor, motor CC o DC
dc patch bay, bastidor de transferencias o conexiones CC
dc picture transmission, transmisión de video CC
dc plate resistance, resistencia CC de placa
dc power supply, alimentación de fuerza CC, fuente de poder de CC
dc restoration, reinserción de la componente CC
dc voltage, voltaje CC, tensión CC o DC
DDD (direct distance dial), DDD (discado directo a distancia)
daily traffic check, comprobación diaria del tráfico
damage, daño, avería
damp (to), amortiguar; humectar
damped, amortiguado
damped oscillation, oscilación amortiguada
damped wave, onda amortiguada
damper, amortiguador
damping, amortiguamiento, amortiguación
damping coefficient, coeficiente de amortiguamiento
damping factor, factor de amortiguamiento
damping torque, par de amortiguamiento
daraf, daraf
dark conduction, conducción obscura, conducción de oscuridad
dark current, corriente obscura, corriente de oscuridad
dark discharge, descarga obscura
dark satellite, satélite obscuro, satélite silencioso
dark space, espacio obscuro
dark spot (tv), mancha obscura, punto sombrío (*tv*)
Darlington amplifier (transistor), amplificador Darlington
d'Arsonval galvanometer, galvanómetro (de) d'Arsonval
d'Arsonval movement, movimiento (de) d'Arsonval
dash (Morse alphabet), raya (alfabeto Morse)
dash pot, amortiguador de aceite
data, datos
data compression, compresión de datos
data display panel, cuadro de datos
data element, elemento de datos
data handling, manipulación de datos
data link, enlace de datos
data processing, elaboración de los datos, proceso de datos
data processing center, centro de elaboración de datos, centro de proceso de datos
data processing machine, máquina sistematizadora de datos, máquina de proceso de datos
data processing system, sistema para manipulación de datos
data reduction, reducción de datos
data reduction system, sistema de reducción de datos
data sink, receptor de datos, aparato que acepta señales de datos después de transmisión
data source, fuente de datos
data storage, almacenamiento de datos
data storage device, dispositivo de almacenamiento de datos
data transmission, transmisión de datos
data transmitter, transmisor de datos
date-time group, grupo fecha-hora
datum point, punto de cota conocido
dead, inactivo
dead band, banda muerta
dead beat (meters), amortiguado, aperiódico
deat beat ammeter, amperímetro aperiódico
dead center position, punto muerto o fijo
dead end, espira muerta (coil); extremo cerrado de cable
dead line, línea muerta
dead short, corto circuito total
dead time, tiempo muerto
dead zone, zona muerta, zona de insensibilidad
debug (to), corregir, eliminar los defectos

debunching, desagrupación
decade box, caja de décadas
decade counter, contadora de décadas
decade scaler, desmultiplicador de décadas
decay, amortiguamiento, debilitación, declinación, extinción
decay time, período de extinción, tiempo de persistencia, tiempo de desintegración
decelerating electrode, electrodo deacelerante (desacelerante)
decibel (dB), decibel, decibelio (dB)
decibel meter, decibelómetro
decimal, decimal
decimal attenuator, atenuador decimal
decimal base, base decimal
decimal code, código decimal
decimetric waves, ondas decimétricas
decision box, caja de decisiones
decision element, elemento de decisión
declination difference signal, señal diferencial de declinación
declination servo drive, servomotor para declinación
decode (to), descifrar, descodificar
decoder, circuito descodificador, traductor de clave, descodificador
decoding matrix, matriz de descodificación
decoupler, desacoplador
decoupling, desacoplamiento
decoupling filter, filtro de desacoplamiento
decoupling network, red de desacoplamiento
decrement, decremento; pérdida, atenuación
decrypt (to), descriptografiar
decryption, decriptor, de(s)cripción
dedicated network, red dedicada
de-emphasis, deénfasis, deacentuación
de-energize (to), desimantar, desexitar
defect, defecto
defective, averiado, defectuoso
deferred call, comunicación diferida, llamada diferida
definite time (lag) relay, relé de tiempo fijo, relé de acción diferida, relé de retardo constante
definition, definición
deflect (to), desviar
deflecting coefficient, coeficiente de deflexión
deflecting electrode, electrodo de desviación
deflecting voltage, voltaje de desviación o deflexión
deflection, desviación, deflexión
deflection coil, bobina desviadora
deflection factor, factor de deflexión
deflection method, método de desviación
deflection plates, placas desviadoras
deflection potentiometer, potenciómetro de desviación
deflection sensitivity, sensibilidad de desviación
deflection yoke, yugo de desviación
defocus–focus mode, modo defoco–foco, modo desenfoque–enfoque
defocusing, desfocalización
degassing, desgasificación
degaussing, desgausaje, desgausamiento
degeneracy, degeneración
degenerate gas, gas degenerado
degeneration, degeneración
degenerative amplifier, amplificador degenerativo
degree, grado
degree of accuracy, grado de precisión
degree of voltage regulation, grado de regulación de voltaje
de-ionization, desionización
dekatron counter, scaler, contador decatrón
delay, tiempo de espera, demora (msgs), retraso, retardo
delay (to) (tel), retardar
delay (to) (in general), demorar
delay circuit, circuito de retardo
delay distortion, distorsión de retardo, distorsión de retraso
delay equalizer, igualador de retardo, compensador de fase
delay-line circuit, línea de retardo
delay-line storage, almacenaje de línea de retardo
delay network, línea de retardo
delay relay, relé de retardo
delay system (switch), sistema de demora o retardo (*conmut*)
delay time, retardo, tiempo de retardo, tiempo de retraso
delayed action, acción retardada
delayed automatic volume control, control automático de ganancia retardado
delayed call, llamada diferida
delayed ringing, llamada diferida, señalización diferida
delayed sweep, barrido retardado
deliver (to), dar, dar corriente; entregar
delivery, entrega
delta circuit, circuito delta
delta connection, conexión delta
delta–delta connection, conexión triángulo–triángulo
delta match (ant), adaptación en delta (*ant*)
delta modulation, modulación delta
delta–star connection, conexión triángulo–estrella, delta–Y
demagnetizing, desimantante, desimanante
demagnetizing factor, coeficiente de desimantación
demagnetizing field, campo desmagnetizante
demand factor (elec), factor de demanda, coeficiente de demanda; factor de consumo (*elec*)
demodulate (to), desmodular, demodular
demodulation, demodulación, desmodulación
demodulator, demodulador, desmodulador
demultiplexer, desmultiplexer, desmultiplexador
density modulation, modulación de densidad

density monitor, comprobador de densidad
dependent, dependiente
dependent variable, variable dependiente
depot, depósito
depress (to) (a button), pulsar (una palanca, una tecla o botón)
depth contour, contorno de profundidad
depth of modulation, profundidad de modulación
depolarization, depolarización, despolarización
derating factor, factor de disminución
derivative, derivada
derivative correction factor, coeficiente de corrección por derivación
derived units, unidades derivadas
desensitization, desensibilización
desiccation, desecación
design objective (DO), objectivo(s) de diseño
desk, mesa, escritorio, pupitre, cuadro de pupitre
destructive reading, lectura destructiva
detail (tv), refiere en tv al elemento más minucioso reconocible (*tv*)
detect (to), detectar
detecting, detección
detecting instrument, instrumento detector, aparato detector
detection, detección
detection range, rango de detección
detection threshold, umbral de detección
detector, detector
detector head, cabezal detector
detent, lengüeta
determine (to), determinar, fijar
detune (to), desintonizar
detuning, asintonía, desintonía, desacuerdo
detuning stub, stub de desintonía, tetón de desintonía, taco de desintonía
develop (to), revelar
develop (to) a plan, desarrollar
deviation, desviación
deviation (frequency), desviación de frecuencia
deviation absorption, absorción de desviación
deviation distortion, distorsión de desviación
deviation ratio, relación de desviación
deviator, desviador
device, dispositivo
dew point, punto de rocío, punto de condensación
diagnostic program(me) (data), programa diagnóstico (*datos*)
diagnostic test (data), prueba diagnóstica (*datos*)
diagonal horn antenna, antena de bocina diagonal
diagonal pliers, pinza(s) de corte, pinzas cortadoras
diagram, diagrama, esquema
dial, carátula, cuadrante, disco, esfera
dial (to), discar, marcar, seleccionar
dial central office, central automática
dial exchange area, red automática
dial impulse or pulse, impulsión o impulso o pulso de cuadrante, impulso de disco marcador
dial jacks, jacks de cuadrante
dial key, llave de cuadrante
dial pointer, aguja, indicador
dial pulse, impulso de(l) disco marcador
dial selector, selector de disco
dial signaling, señalización por disco
dial system tandem operation, servicio automático de tránsito
dial telephone set, aparato telefónico con disco de llamada, aparato telefónico con disco marcador, aparato telefónico automático
dial toll circuit, circuito interurbano con selección a distancia
dial tone, tono para marcar (discar), señal para marcar (discar)
dialing, llamada por disco, marcar, discar, seleccionar, selección, discado
dialing in, dialing out, selección interurbana automática
diaphragm, diafragma
di-cap storage, almacenaje di-cap
die, troquel, molde matriz
dielectric, dieléctrico
dielectric absorption, absorción dieléctrica
dielectric antenna, antena dieléctrica
dielectric coefficient, coeficiente dieléctrico
dielectric constant, constante dieléctrica
dielectric current, corriente dieléctrica
dielectric displacement, desplazamiento dieléctrico
dielectric fatigue, fatiga dieléctrica
dielectric guide, guía onda dieléctrica
dielectric hysteresis, histéresis dieléctrica
dielectric lens, lente dieléctrica
dielectric loss, pérdida dieléctrica
dielectric loss factor, factor de pérdida dieléctrica
dielectric matching plate, placa dieléctrica de adaptación
dielectric phase angle, ángulo de fase dieléctrica
dielectric polarization, polarización dieléctrica
dielectric power factor, factor de potencia dieléctrico
dielectric rod antenna, antena vara dieléctrica
dielectric strength, resistencia dieléctrica, rigidez dieléctrica, resistencia de aislamiento
dielectric stress, esfuerzo dieléctrico
dielectric susceptibility, susceptibilidad dieléctrica
dielectric wave guide, guía onda dieléctrica
dielectric wedge, cuña dieléctrica
dielectric wire, alambre dieléctrico
diesel–electric drive, propulsión diesel–eléctrica

difference detector, detector de diferencia
differential, diferencial
differential amplifier, amplificador diferencial
differential autosyn, autosíncrono diferencial
differential capacitance, capacitancia diferencial
differential current, corriente diferencial
differential delay, retardo diferencial
differential equation, ecuación diferencial
differential gain, ganancia diferencial
differential galvanometer, galvanómetro diferencial
differential generator, generador diferencial
differential input, entrada diferencial
differential keying, manipulación diferencial
differential modulation, modulación diferencial
differential phase, fase diferencial
differential receiver (synchro), receptor de sincro diferencial
differential relay, relé diferencial
differential transformer, transformador diferencial
differential transmitter (synchro), transmisor de sincro diferencial
differential winding, devanado diferencial, bobinado diferencial
differentiating circuit, circuito diferenciador
differentiator, diferenciador
diffracted wave, onda difractada
diffraction, difracción
diffused junction, junta de difusión
diffused (type) transistor, transistor tipo de difusión
diffusion, difusión
digit, cifra, dígito
digit absorbing selector, selector de absorción de impulsos, selector supresor
digit distributor, distribuidor de cifras
digit storage, registro de cifras
digit switch, marcador
digital computer, calculadora digital, computador digital
digital data, datos digitales
digital differential analyzer, analizador diferencial digital
digital encoder, codificador digital
digital printer, impresor digital
digital readout, lectura digital
digital speech, conversación digitizada, conversación digitalizada
digital store (storage), almacenamiento digital, almacenaje digital, memorización numérica, almacenaje (almacenamiento) de cifras
digital unit, unidad digital
digital-to-analog(ue) converter, conversor digital a análogo
digitize (to), digitizar, digitalizar
digitizing equipment, aparato de digitización
dimension (to), dimensionar
dimensioning, dimensioned, dimensionado
diode, diodo
diode amplifier, amplificador diodo
diode detector, detector diodo
diode modulation, modulación por diodo
diode modulator, modulador diodo
diode switch, conmutador diodo
dip, flecha aparente, inclinación
diplex, diplex
diplex system, sistema diplex
diplexer, diplexer, diplexor
dipole, dipolo, antena de media onda
dipole antenna, antena dipolo
direct acting, (de) acción directa
direct address, dirección directa
direct coupling, acoplamiento directo
direct current (dc), corriente directa, corriente continua (CC)
direct current restorer, circuito de restauración de la componente CC
direct current saturation, saturación por corriente continua
direct current telegraphy, telegrafía por corriente continua
direct dialing, selección directa por disco
direct drive (mech), accionamiento directo (*mec*)
direct printing, impresión directa
direct reading, lectura directa
direct reading instrument, aparato de lectura directa
direct recording, registro directo
direct route, enrutamiento directo, ruta directa
direct scanning, exploración directa
direct selection, selección directa
direct wave, onda directa
directing impulse, impulso de mando, pulso de mando
direction finder, radiogoniómetro
direction finding, radiogoniometría
direction of incidence, dirección de incidencia
direction of polarization, sentido de polarización
direction of propagation, dirección de propagación, sentido de propagación
direction of reflection, dirección de reflexión
direction of rotation sentido de rotación
directional antenna, antena direccional
directional coupler, acoplador direccional
directional filter, filtro direccional
directional isolator, aislador direccional
directional relay, relé direccional
directivity, directividad
directivity index, índice de directividad
directly coupled, directamente acoplado
directly heated cathode, cátodo calentado directamente
director, registrador, traductor, director
director element (ant), elemento director (*ant*)
director selector, selector de director

disassemble (to), desarmar, desensamblar, desmontar
disc, disco
disc storage, almacenaje de disco
discharge, descarga
discharge (to), descargar
discharge electrode, electrodo de descarga
discharge tube, tubo de descarga
discone antenna, antena disco-cónica
disconnect (to), cortar, desconectar, desacoplar
disconnect make-busy (DMB), desconexión e indicación de ocupado
disconnect signal, señal de fin de conversación
disconnect tone, tono o señal de abonado desconectado
disconnection, corte (de una línea), interrupción, desconexión, liberación, ruptura
disconnector release (*tel*), dispositivo de liberación (*tel*)
discontinuity, falta de continuidad, descontinuidad
discontinuous, descontinuo, intermitente
discriminator, discriminador, diferenciador de frecuencia
disengage (to), desembragar, librar
dish (ant), reflector parabólico (*ant*)
dismount (to), desmontar
dispersion, dispersión, descomposición
dispersion coefficient, coeficiente de dispersión
displacement, desplazamiento, desbordamiento
displacement current, corriente de desplazamiento
displacement of porches (tv), desplazamiento de portales (*tv*)
display, indicación, indicador, presentación
display (to), indicar
display board, cuadro de indicaciones
display panel, tablero o panel de indicaciones
display screen, pantalla de indicaciones
display storage tube, tubo de memoria de indicaciones
disruptive discharge, descarga disruptiva
disruptive voltage, voltaje disruptivo
dissipation, dispersión; disipación
dissipation factor, factor de disipación
dissipation line, línea de disipación
dissipative, disipador
dissociation energy, energía de disociación
distance measuring equipment (DME), equipo para medir distancias
distance relay, relé de distancia
distant end, estación distante, extremo
distant office, estación corresponsal distante
distort (to), deformar, deformarse, distorsionar
distortion, distorsión
distortion meter, medidor de distorsión
distortion tolerance, tolerancia de distorsión
distortion transmission impairment, disminución de la calidad de transmisión
distributed, repartido
distributed amplifier, amplificador distribuido
distributed capacity, capacidad distribuida
distributed constants, constantes distribuidas
distributed inductance, inductancia distribuida
distributed parameters, parámetros distribuidos
distributed winding, devanado distribuido
distributing switchboard, tablero de distribución
distribution board, mesa distribuidora
distribution box, caja de distribución
distribution center, centro de distribución
distribution frame, repartidor, distribuidor
distribution substation, subestación de distribución
distribution switchboard, cuadro de distribución
distribution of traffic, marcha de tráfico, distribución de(l) tráfico
distributor, distribuidor, repartidor
distributor finder, buscador distribuidor
distributor plate, platillo de distribuidor
disturbance, perturbación, magnitud perturbadora
disymmetric distortion, deformación disimétrica
divergence, divergencia
diversity, diversidad
diversity gain, ganancia de diversidad
diversity reception, recepción en diversidad, recepción múltiple
diversity selector, selector de diversidad
divert the traffic (to), desviar el tráfico
divider, distribuidor, divisor, repartidor
dividing network, red divisora o repartidora
dog, gatillo, lengüeta, retén
Doherty amplifier, amplificador Doherty
dolly, locomotora pequeña para maniobras
domestic traffic, tráfico doméstico, tráfico interior
dominant mode of propagation, modo predominante de la propagación, modo fundamental
dominant wave, onda dominante
donor element, elemento donante
donor impurity, impureza de donador
donor level, nivel donador
doped junction, capa adulterada
doping, adulteración
Doppler effect, efecto Doppler
Doppler shift, desplazamiento Doppler
dosimeter, dosímetro
dosimetry, dosimetría
dot (Morse alphabet), punto (alfabeto Morse)
dotted line, línea punteada, línea de puntos, línea de trazo

double acting, de doble acción, de doble efecto
double dog (switch), doble perillo, tope doble (*conmut*)
double doublet, antena doblete doble
double petticoat insulator, aislador de doble compana
double pole, bipolar
double sideband, banda lateral doble
double-stream amplifier, amplificador de flujo doble
double-throw contact, contacto de dos direcciones
double-throw switch, interruptor de dos vías
double tuned circuit, circuito sintonizado doble
doubler, duplicador
doublet (antenna), dipolo, antena doblete
down converter (D/C), conversor de frecuencia inferior, conversor de frecuencia (de X gHz a X mHz)
down lead, conductor de bajada
down path (satcom), trayecto de bajada
downtime, tiempo de parada, tiempo improductivo
draft, esquicio, borrador, croquis, bosquejo,
draftsman, dibujante, delineador, delineante
drain (elec), consumo
draw (to), dibujar
draw to scale (to), dibujar en escala
drawing, dibujo, delineación, plano
drawing board, tablero de dibujo
drawn junction diode, diodo de junta estirada
drift, deriva, desviación remanente, corrimiento; deslizamiento, deplazamiento (transistor) o desplazamiento
drift (frequency), deslizamiento
drift corrected, corrimiento corregido
drift factor, factor de corrimiento
drift mobility, movilidad de desplazamiento
drift space, espacio de corrimiento; espacio de agrupamiento (klistrón)
drift stabilized, estabilizado de corrimiento
drift transistor, transistor drift
drift tunnel, tunel de corrimiento
drill, taladro, barrena
drive, mando, control
drive (electronic), excitación
drive (mech), accionamiento (*mec*)
drive (to) (electronic), excitar
drive (to) (mech), accionar, mandar (*mec*)
drive shaft, árbol motor, árbol de arrastre
driven element (ant), elemento excitado (*ant*)
driver, etapa excitadora
driving amplifier, amplificador motriz
driving power, potencia de excitación
driving signals, señales de excitación
driving signals (tv), señales de exploración (*tv*)
driving spring, muelle motor
drop, bajada
drop and insert (to), desajar e insertar, separar e insertar
drop bracket, soporte vertical
drop bracket transposition, transposición vertical
drop indicator (tel), indicador de llamada (*tel*)
drop indicator (signaling), indicador de caída
drop out, desenganche; pérdida de servicio
drop side, lado de bajada
dropping repeater, repetidor con derivación
dropping resistor, resistencia (o resistor) reductora de voltaje
drum, tambor
drum recorder, registrador tambor
drum speed, velocidad de tambor (facsímil)
drum switch, conmutador tambor
drum winding, devanado de tambor
dry battery, batería seca
dry bulb thermometer, termómetro de bola seca
dry cell, pila seca
dry contacts, contactos secos
dry disc rectifier, rectificador de disco seco
dry solder joint, soldadura seca
drying out, desecación
dual channel, canal doble
dual diversity, doble diversidad, diversidad dual
dual purpose meter, medidor de doble empleo
dual switchboard, cuadro de doble cara
dual use line, línea de doble aplicación
duct (for cables), conducto
duct work, canalización, conducto, ducto
dummy antenna, antena artificial
dummy load, carga fantasma, carga artificial
dummy message, mensaje ficticio
duo-diode, doble diodo
duplex, duplex
duplex artificial line, línea duplex artificial
duplex circuit, circuito explotado en dos sentidos, circuito en duplex
duplex operation, operación o funcionamiento en duplex
duplex system, sistema duplex
duplex working, explotación en duplex
duplexed line, línea duplexada
duplexer, duplexer
duplexing, duplexaje, duplexado
duration, duración
duration of call in minutes, duración de la conversación en minutos
dust filter, filtro de polvo
dust proof, a prueba de polvo
duty, servicio
duty cycle, ciclo de servicio, ciclo de trabajo, período de funciones
duty factor, factor de utilización, período de funcionamiento
dynamic characteristic, característica dinámica

dynamic check, chequeo dinámico, comprobación dinámica
dynamic pickup, captador dinámico
dynamic range, gama dinámica, rango dinámico, alcance dinámico
dynamic ratio (bcst), relación dinámica (*radiodifusión*)
dynamic sensitivity, sensibilidad dinámica
dynamic (loud) speaker, bocina dinámica (de altavoz)
dynamotor, dinamotor, convertidor
dynatron effect, efecto dinatrón
dynatron oscillator, oscilador dinatrón
dyne (unit of force), dina (unidad de fuerza)
dynode (electron mirror), dinodo
dynometer, dynamometer, dinamómetro

E bend (waveguide), codo E curva E (*guia onda*)
E, M, F, and N leads (signaling/tel), conductores E, M, F, y N (*señalización/tel*)
E and M signaling, señalización E y M
E layer, capa E
E-lines, líneas E
E-plane, plano E
EHF (extremely high frequency), FEA (frecuencia extremadamente alta)
EIA (Electronic Industries Association), AIE (Asociación de la Industria Electrónica)
EIRP (Effective Isotropically Radiated Power), potencia radiada efectiva (sobre un isótropo)
EMF, emf (electromotive force), FEM (fuerza electromotriz)
earphone, auricular, audífono
earth, tierra, masa
earth current, corriente telúrica
earth leakage current, corriente de pérdida a tierra
earth return circuit, circuito unifilar, circuito de retorno a tierra
ebulliometer, ebullómetro
echo, eco
echo attenuation, atenuación de las corrientes de eco
echo box, caja de eco
echo loss, pérdida por reflexión
echo suppressor, supresor de eco
eddy current loss, pérdidas por corrientes de Foucault
eddy currents, corrientes vagabundas, corrientes de fuga, corrientes parásitas
edge, borde
edge effect (tv), efecto de borde (*tv*)
edge notched card (data), tarjeta dentada en el borde (*datos*)
edge punched card (data), tarjeta perforada en el borde (*datos*)
Edison effect, efecto Edison
effective, efectivo
effective address, dirección efectiva
effective ampere, amperio efectivo
effective area, area efectiva
effective call, llamada eficaz; conversación
effective capacitance, capacidad o capacitancia efectiva
effective conductivity, conductividad efectiva
effective current, corriente efectiva
effective earth radius, radio eficaz de la tierra
effective facsimile band, banda efectiva de facsímil
effective height, altura efectiva
effective margin, margen efectivo
effective noise bandwidth, ancho de banda efectivo de ruido
effective percentage of modulation, porcentaje efectivo de modulación
effective radiated power (ERP), potencia radiada efectiva
effective range, campo de medida, alcance efectivo
effective reactance, reactancia efectiva
effective resistance, resistencia efectiva
effective transmission equivalent, equivalente efectivo de transmisión
effective value, valor eficaz (rms)
efficiency (tfc), coeficiente de ocupación, factor de utilización (*tfc*)
efficiency (general), rendimiento, eficiencia; eficacia
eight level code (data), código de 8 niveles (*datos*)
elbow, codo, codillo, ele
electric charge, carga eléctrica
electric circuit, circuito eléctrico
electric displacement, desplazamiento eléctrico
electric drive, accionamiento eléctrico
electric eye, ojo eléctrico
electric field, campo eléctrico
electric field intensity (strength), intensidad de campo eléctrico
electric filter, electrofiltro, filtro eléctrico
electric flux, flujo eléctrico
electric moment, par eléctrico
electric noise, ruido eléctrico
electric shock, golpe eléctrico, choque eléctrico
electric splice, unión eléctrica
electric strength, resistencia dieléctrica
electric stress, esfuerzo eléctrico
electric transducer, transductor eléctrico
electric wave, onda eléctrica
electric wave filter, filtro eléctrico, filtro de onda eléctrica
electrical angle, ángulo eléctrico
electrical axis, eje eléctrico
electrical center, centro eléctrico
electrical contact, contacto eléctrico
electrical degrees, grados eléctricos
electrical delay line, línea de retardo eléctrico
electrical distance, distancia eléctrica

electrical engineer, ingeniero eléctrico
electrical engineering, ingeniería eléctrica
electrical length, longitud eléctrica
electrical potential, potencial eléctrico
electrically operated, accionado eléctricamente
electrode, electrodo
electrode admittance, admitancia de electrodo
electrode capacitance, capacitancia de electrodo
electrode characteristic, característica de electrodo
electrode conductance, conductancia de electrodo
electrode current, corriente de electrodo
electrode dissipation, disipación de electrodo
electrode drop, caída de voltaje de electrodo
electrode impedance, impedancia de electrodo
electrode inverse current, corriente inversa de electrodo
electrode resistance, resistencia de electrodo
electrode voltage or potential, tensión de electrodo, voltaje de electrodo
electro-dynamic relay, relé electrodinámico
electrograph, gráfico eléctrico
electroluminescence, electroluminiscencia
electrolysis, electrólisis
electrolyte, electrólito
electrolytic cell, célula electrolítica
electrolytic condenser, condensador electrolítico
electrolytic rectifier, rectificador electrolítico
electromagnet, electroimán
electromagnetic, electromagnético
electromagnetic amplifying lens, lente de amplificación electromagnética
electromagnetic complex, configuración electromagnética de una instalación
electromagnetic contactor, contactor electromagnético
electromagnetic coupling, acoplamiento electromagnético
electromagnetic energy, energía electromagnética
electromagnetic environment, ambiente electromagnético
electromagnetic field, campo electromagnético
electromagnetic focusing, foco electromagnético
electromagnetic horn, bocina electromagnética
electromagnetic induction, inducción electromagnética
electromagnetic inertia, inercia electromagnética
electromagnetic interference, interferencia electromagnética
electromagnetic radiation, radiación electromagnética
electromagnetic spectrum, espectro electromagnético
electromagnetic system, sistema electromagnético
electromagnetic transducer, transductor electromagnético
electromagnetic unit (EMU), unidad electromagnética
electromagnetic wave, onda electromagnética
electromagnetism, electromagnetismo
electromechanical interlock, sistema electromecánico de enclavamiento
electrometer, electrómetro
electromotive force (EMF), fuerza electromotriz
electron accelerator, acelerador de electrones
electron beam, chorro electrónico, haz electrónico
electron charge, carga electrónica
electron coupled oscillator, oscilador de acoplamiento electrónico
electron coupling, acoplamiento electrónico
electron drift, flujo de electrones
electron emission, emisión electrónica
electron flow, flujo de electrones, flujo electrónico
electron gun, cañón electrónico
electron hole, laguna de electrón
electron lens, lente electrónica
electron ray, haz de electrones
electron sheath, vaina de electrones
electron-volt (eV), electrón-voltio, voltio electrónico
electronic automatic switch, conmutador electrónico automático
electronic avalanche, avalancha electrónica
electronic commutator, conmutador electrónico
electronic comparator, comparador electrónico
electronic counter, contador electrónico
electronic countermeasures, contramedidas electrónicas
electronic data processing (EDP), manipulación electrónica de datos, elaboración electrónica de datos
electronic deception, engaño electrónico
electronic keying, manipulación electrónica
electronic security, seguridad electrónica
electronic voltmeter, voltímetro electrónico, electronivoltímetro
electronic warfare, guerra electrónica
electronics, electrónica
electroscope, electroscopio
electrostatic charge, carga electrostática
electrostatic coupling, acoplamiento electrostático
electrostatic deflection, deflexión electrostática
electrostatic field, campo electrostático
electrostatic focusing, enfoque electrostático

electrostatic induction, inducción electrostática
electrostatic memory, memoria electrostática
electrostatic microphone, micrófono de condensador, micrófono electrostático
electrostatic pressure, presión electrostática
electrostatic printer, impresor electrostático
electrostatic shield, coraza electrostática
electrostatic storage (data), almacenaje electrostático (*datos*)
electrostatics, electrostática
electrostriction, electroestricción
element, elemento, componente, órgano
element of a winding, sección de inducido
elliptic, elliptical, elíptico
elliptical field, campo elíptico
elliptically polarized wave, onda polarizada elípticamente, onda de polarización elíptica
emergency power supply, suministro de energía de reserva
emery paper, papel esmeril
emission, emisión
emission bandwidth, ancho de banda de emisión
emission characteristic, características de una emisión
emission current, corriente de emisión, corriente espacial
emission spectrum, espectro de emisión
emissivity measurement, medida de emisividad
emit (to), emitir, irradiar
emitter, emisor
emitter–base resistance, resistencia de emisor–base
emitter–collector resistance, resistencia de emisor–colector
emitter current, corriente de emisor
emitter electrode, electrodo de emisor
emitter junction, capa emisora, barrera de emisor
emitter semiconductor, emisor semiconductor
emitting layer, capa emisora
emphasis, énfasis, acentuación
enabling pulse, impulso de desbloqueo
enamel, esmalte
encapsulation, encapsulación
encipher (to), cifrar
enclosed, encerrado, cerrado
enclosure, recinto
encode (to), codificar
encoder, codificador
encoding, codificación
encrypt (to), criptografiar
encrypting, encriptor
encryption, encripción, encriptor
end (of a circuit; far end), extremo
end of billing period, día de lectura de contadores
end cell, batería de regulación
end distortion (data, tty), distorsión de extremo, desplazamiento del flanco posterior (*datos*, *tty*)
end echo path, itinerario de las corrientes de eco producidas en el extremo de un circuito
end to end, de extremo a extremo
end fire array (ant), antena direccional múltiple con radiación máxima en la dirección del conjunto de antenas
end instrument, aparato de extremo
end of pulsing signal, señal de fin de numeración
energize (to), accionar, excitar, activar
energized, activado, excitado, imanado
energizing circuit, circuito de excitación
energy, energía
energy bands, bandas de energía
energy consumption, consumo de energía
energy gap, banda prohibida, salto de energía
energy level, nivel de energía
energy quantum, cuanto de energía, quantum de energía
energy state, estado de energía
engage (to), engranar
engine, motor, máquina
engineering, ingeniería
engineering channel circuit, circuito canal de ingeniería
enhanced carrier demodulation, desmodulación de portadora aumentada
enlarge (to), aumentar, agrandar
enter a circuit (to), pasar a la escucha
entropy, entropía
envelope, envolvente, envoltura
envelope delay, retardo de envolvente o envoltura
envelope delay distortion, distorsión de retardo del envolvente o de la envoltura
ephemeris, efemérides
ephemeris time, tiempo (de) efemérides
equalization, igualación, equilibrio, compensación
equalization of levels, igualación de niveles
equalization network, red correctora, circuito igualador
equalize (to), equilibrar
equalizer, filtro corrector, igualador, equilibrador, compensador
equalizing, igualación, compensación
equalizing pulses, impulsos de igualación
equation, ecuación
equilibrium, equilibrio
equipment, equipo, equipos, equipamiento, material, instalación, aparatos, órganos
equipment engineering, ingeniería de equipos
equipotential, equipotencial
equipped with, montada con, equipado con
equivalent, equivalente
equivalent circuit, circuito equivalente
equivalent height, altura equivalente

equivalent noise temperature, temperatura de ruido equivalente
equivalent resistance, resistencia equivalente
equivalent rise time, tiempo de transición equivalente
erase (to), raspar, tachar, borrar
erasing head, cabeza de borrar
erasure of errors (perforator), rectficiación de errores (perforadores)
erasure signal, señal de error, señal de borrar
erect channel (upright channel), canal derecho
erection of antenna, armado de la antena
erg, ergio
erlang, erlang (unidad de intensidad de tráfico)
erratic, errático, intermitente, irregular
erroneous bit, dígito binario o bit en error
erroneous block, sección o bloque en error
error, error
error actuated system, sistema gobernado por error
error correcting code, código que corrige los errores
error detecting code, código de detección de errores
error rate, cadencia de errores, proporción de errores, tasa de errores
error sensing device, dispositivo detector de errores
error signal, señal de error
error voltage, voltaje de error
Esaki diode, diodo Esaki
establish a connection (to), establecer una comunicación
etched circuit, circuito grabado (al aguafuerte)
except gate, compuerta excepción
excess, exceso, excedente
excess three code (data), código de exceso tres (*datos*)
exchange, central, central telefónica
exchange area, zona telefónica, red telefónica interurbana
exchange side, lado de la central, oficina (del) conmutador
excitation, excitación
excitation anode, ánodo de excitación
excitation band, banda de excitación
excitation potential, potencial de excitación
excitation winding, devanado o arrollamiento de excitación
exciter, excitador; inductor, dínamo excitador
exciting circuit, circuito excitador
exciting current, corriente excitatriz
excursion, excursión
exhaust fan, ventilador eductor
expand (to), extender (se), dilatar (se), ensanchar (se); abocardar
expanded sweep, barrido expandido
expander, expansor
expansion, expansión (*tv*); ensanche, dilatación
expansion bolt, grapa de empotramiento, perno de expansión o de ensanche
expedite (to), agilitar, expedir
exploded view, dibujo detallado en el orden de colocación de las diversas partes de una pieza o dispositivo
exploration, exploración
exploring coil, bobina de exploración, bobina exploradora
exponential, exponencial
exponential amplifier, amplificador exponencial
exponential transmission line, línea de transmisión exponencial
extension line, prolongación, línea suplementaria
external armature, inducido externo
external plant, red de líneas
external storage, almacenaje externo
extinction voltage, potential, tensión de extinción
extraneous emission, emisión extránea, emisión extrínseca
extrapolate (to), extrapolar
extremely high frequency (EHF), frecuencia extremamente alta (FEA)
extrinsic semiconductor, semiconductor extrínseco
eye, ojo
eye bolt, bulón de ojo, ojalillo

F layer, capa F
FM (frequency modulation), FM (modulación de frecuencia)
FM improvement threshold, el umbral de mejora FM
FM received deviation sensitivity, sensibilidad de desviación receptor FM
FMFB (frequency modulation feedback), realimentación para modulación de frecuencia
F1A weighting, compensación F1A. Compensación, peso, o ponderación usado en medir ruido en una línea terminada en un aparato telefónico clase 302 (Western Electric). La unidad de medición es dBa
FOT (optimum traffic frequency), frecuencia óptima de tráfico
facilities, facilidades; medios
facility, facilidad (aparato que facilita un funcionamiento); instalación
facsimile, facsímile, facsímil
facsimile equipment, aparato de fototelegrafía
facsimile synchronizing, sincronización facsimilar
facsimile transmission, transmisión facsimilar
factor, factor, coeficiente
fade margin, margen de desvanecimiento

fading, amortiguamiento, fading, desvanecimiento de la señal, desvanecimiento
fail (to), fallar
fail safe, protección en caso de fallas
fail safe device, dispositivo de seguridad en caso de avería, dispositivo de seguridad en caso de falla
failure, avería, falla, defecto, interrupción
fall back (to) (a relay), caer, desexcitar, desactivar
fall time, tiempo para amortiguación de un impulso, plazo de caída
falling out, desenganche
false trip, disparo falso
fan, ventilador, soplador
fan marker beacon (air nav), radiobaliza de abanico
far-end crosstalk, diafonía lejana, telediafonía
far-end crosstalk attenuation, atenuación telediafónica
far field, campo a distancia, campo lejano
farad, farad
Faraday dark space, espacio obscuro de Faraday, espacio obscuro catódico
Faraday rotation, rotación Faraday
Faraday screen, pantalla de Faraday
fast acting, de acción rápida
fast time constant, constante de tiempo corto
fathometer (ships), sondador electrónico
fatigue, fatiga
fatigue strength (of materials), resistencia a la fatiga (de materiales)
fault, avería, defecto, falla; fallo, (not *mec.*)
fault clearance, reparación de falla (avería)
fault finder, dispositivo localizador de averías
fault localizing (location), localización de averías
fault tracer, detector de averías
fault tracing, diagnóstico de averías, detección de averías, busca de averías o fallas
faulty line, línea averiada
faulty selection, selección deformada, selección falsa
feasibility study, estudio de factibilidad
feasibility test, prueba de viabilidad
feed, alimentación, alimentador, iluminador
feed (to), alimentar
feed holes (tty, data), huecos de transporte (*tty, datos*)
feed point (ant), punto de alimentación (*ant*)
feed through, alimentación a través
feedback, retroacción, reacción, realimentación, retroalimentación
feedback admittance, admitancia de realimentación
feedback amplifier, amplificador de reacción, realimentación o retroacción
feedback circuit, circuito de retroacción
feedback control loop, bucle control de realimentación, lazo de control de realimentación
feedback coupling, acoplo o acoplamiento reactivo
feedback signal, señal de realimentación
feeder, línea de alimentación, alimentador
felt, fieltro
Fermi level (transistors), nivel de Fermi
ferret, rastreador electromagnético
ferrimagnetic limitor, limitador ferimagnético
ferristor, feristor
ferrite, ferrita
ferrite bead, perla ferrita o albalorio ferrito
ferrite circulator, circulador de ferrita
ferrite core, núcleo de ferrita
ferrite isolator, separador de ferrita aislador unidireccional de ferrita
ferrite limiter, limitador de ferrita
ferrite rotator, rotativo de ferrita
ferrite switch, conmutador de ferrita
ferroelectric, ferroeléctrica
ferroelectric storage, memoria ferroeléctrica
ferromagnetic amplifier, amplificador ferromagnético
ferromagnetic resonance, resonancia ferromagnética
ferromagnetic tape, cinta ferromagnética
ferrule, virola
fidelity, fidelidad
field, campo
field coil, bobina de campo
field current, corriente de campo
field density, densidad de campo
field effect tetrode, transistor, varistor, tetrodo efecto-campo (varistor, transistor)
field emission, emisión de campo
field engineer, ingeniero de instalaciones, ingeniero de campaña, ingeniero de emplazamiento
field free emission current, corriente de emisión en campo nulo
field frequency (tv), frecuencia de campo (*tv*), frecuencia de trama (*tv*)
field intensity, intensidad de campo
field magnet, electroimán de campo, polo inductor
field maintenance, mantenimiento de campaña o de campo
field pole, polo de campo
field scan (tv), exploración de campo (*tv*)
field of selection, campo de selección
field strength, field intensity, intensidad de campo
field winding, devanado de campo, arrollamiento de campo
figure blank (tty), blanco de cifras (*tty*)
figures case (tty), serie de cifras (*tty*), escape a cifras (*tty*)
figures shift (tty), inversión de cifras (*tty*)
filament, filamento, calefactor (heater)
filament voltage, tensión de calefactor o de filamentos

filament winding, devanado de filamentos, bobinado de o arrollamiento de filamentos
file, lima; archivo
filing cabinet, archivador, anaquel, casillero
filing time, hora de petición de una comunicación
fill (cables), relleno
filler, relleno
filter, filtro
filter (to), filtrar
filter attenuation, atenuación de filtro
filter choke, reactor
filter coil, bobina de filtro
filter discrimination, discriminación de filtro
filter network, red filtrante
filter section, sección de filtro
filter slot (waveguide), ranura de filtro (*guía onda*)
filtering, filtered, filtrado
final acceptance, recepción final, recepción definitiva, aprobación final
final adjustment, ajuste final
final amplifier, amplificador de salida
final selector, selector de línea, conector final, selector final
finder switch, buscador, buscador de llamada
finding, busqúeda
fine adjustment, regulación de precisión, ajuste de precisión
fineness of scanning, finura de la red, finura del barrido
finish (paint), acabado
finite clipping, nivelación finita
fire (to), activar, dar corriente
fire alarm device, avisador de incendio
fire extinguisher, extintor, matafuegos, matafuegos portatil
fire hazard, riesgo de incendio
fire hose, manguera para incendios
fire hydrant, boca de incendio
fireproof, antideflagrante, a prueba de fuego, incombustible, contrafuego
firing potential, potencial de ionización
firing pulse, impulso actuador
first aid, primeros auxilios
first aid kit, botiquín de emergencia o de urgencia
first choice route, vía preferente
first Fresnel zone, zona primera de Fresnel
first group selector, selector primero, selector de grupo primario
first level address (data), dirección de primer nivel (*datos*)
first line finder, buscador primario, buscador de líneas, localizador primario
first order factor, factor de primer orden
fishbone antenna, antena direccional en espina de pescado
five unit alphabet (tty), alfabeto de cinco unidades (o elementos) (*tty*)
five unit code (tty), alfabeto de cinco unidades, código de cinco unidades (*tty*)
fix (to), fijar
fixed bias, polarización fija
fixed capacitor, capacitor o condensador fijo
fixed contact, contacto fijo
fixed field (data), campo fijo (*datos*)
fixed logic, lógica fija
fixed point arithmetic (data), aritmética de punto fijo (*datos*)
fixed station, estación fija o estacionaria
fixing, fijación
flange, brida; pestaña, reborde
flange mounting, montaje sobre bridas
flanged connector, conector con brida, conector de bridas
flanged coupling, acoplo por brida, unión por brida
flanking, flanqueo
flanking effect, efecto de flanqueo
flap attenuator, atenuador de lámina
flash (to), centellear
flash test, prueba de aislamiento
flashover, salto
flat fading, desvanecimiento plano
flat gain, ganancia plana, ganancia uniforme
flat line, línea plana
flat loss, pérdida plana, pérdida uniforme
flat rate subscriber, abonado a tanto alzado
flat (type) relay, relé plano, relevador plano
flat top antenna, antena en hoja, antena de techo
flat tuning, sintonización plana
flat washer, arandela plana
flat weighting, compensación plana, ponderación
flattened, aplanado
flaw, defecto, imperfección
flex, conductor flexible
flexible cable, cable flexible
flexible coupling, acoplo flexible
flip-chip, flip-chip
flip-flop, univibrador, flip-flop
flip-flop oscillator, oscilador flip-flop
floating, flotante; funcionamiento en tapón (tampón); marcha de volante
floating battery, batería de carga equilibrada, acumulador flotante, batería tampón
floating charge, carga flotante
floating ground, línea aislada de retorno, tierra aislada
floating neutral, neutral flotante
floating point arithmetic (data), aritmética de punto flotante (*datos*)
floating point calculation (data), cálculo de punto flotante (*datos*)
floating point routine (data), rutina de punto flotante (*datos*)
floating potential, potencial flotante
floodlight, lámpara inundante, lámpara pro yectante
floor plan, plano de piso
floor plug, clavija de piso

flow (e.g. signal flow), flujo (p.e.: flujo de señal)
flow chart, diagrama de flujo, organigrama
flow density, densidad de flujo
flow diagram, diagrama de secuencia de operaciones
flow of traffic, afluencia de tráfico, flujo de tráfico
fluctuating, fluctuante, variable
fluctuation, fluctuación, oscilación
fluorescence, fluorescencia
fluorescent screen, pantalla fluorescente, pantalla floreciente
flush mounting, montaje a ras embutido
flush with, ras en ras
flutter, confusión, efecto trémulo, efecto ondulatorio, ondulación, centelleo, vibración aeroelástica
flux, flujo
flux density, intensidad de campo, densidad de flujo
fly-wheel, volante
fly-wheel effect, efecto de volante
flyback, retroceso o retorno del haz electrónico
flying spot, punto móvil, punto explorador
focal length, distancia focal
focal point, foco, punto focal
focus, foco
focus (to), enfocar
focus–defocus mode, modo enfoque–desenfoque
focusing, focalización, enfoque
focusing anode, ánodo de enfoque
focusing coil, bobina de enfoque
focusing control, control de enfoque
focusing electrode, electrodo de enfoque
focusing magnet, imán de enfoque
folded cavity, cavidad replegada
folded dipole antenna, dipolo replegado, antena dipolo doblada
foldover (tv), imagen fantasma (*tv*)
following blacks, following whites (tv), negros siguientes, blancos siguientes (*tv*)
forbidden region, región prohibida
forced air cooling, enfriamiento por aire a presión
forced oscillation, oscilación forzada
form factor, factor de forma
format, formato, forma
Fortran (data), Fortran, un lenguaje de programación de datos, diseñado para problemas los cuales pueden ser expresados en notación algebraica (*datos*)
fortuitous distortion, distorsión fortuita, distorsión irregular
forward bias, polarización delantera, polarización directa
forward current, corriente directa (diodo, etc.)
forward direction, dirección directa
forward holding, retención hacia delante
forward recovery time, tiempo o período de restablecimiento adelante
forward resistance, resistencia delantera
forward scatter, dispersión adelante
forward scatter propagation, propagación más allá del horizonte
forward transfer function, función de transferencia adelante
forward voltage, tensión directa
forward wave, onda hacia adelante
Fosdic (Film Optical Sensing Device for Input to Computers), Fosdic, dispositivo óptico de lectura de película para entrada a computadores (*datos*)
foundation, fundación, cimiento(s)
four frequency diplex telegraphy, telegrafía diplex de cuatro frecuencias
four pole, tetrapolar
four-way jack, conjuntor a (de) operadora
four-wire, tetrafilar, cuatrifilar, cuadrifilar
four-wire circuit, circuito de cuatro alambres, circuito de cuatro hilos, circuito a cuatro hilos
four-wire terminating set, unidad de terminación de cuatro hilos
four-wire termination, terminación 4/2 hilos
Fourier expansion, expansión Fourier
Fourier series, serie de Fourier
frame (tv), bastidor; cuadro (*tv*, *datos*), trama (*tv*)
frame (of a machine), armazón
frame frequency (tv), frecuencia de cuadro (*tv*), frecuencia de trama (*tv*)
frame pulse (tv), impulsión de trama, pulso de sincronismo vertical, impulso de cuadro (*tv*)
frame rate (PCM), cadencia de cuadros
frame roll, rollo de cuadro, rollo de cuadro momentaneo
framer (tv, facs), encuadrador (*tv*, *facs*)
Fraunhofer Region, región Fraunhofer
free (to), liberar
free electrons, electrones libres
free field (data), campo libre (*datos*)
free running, (de) marcha libre
free space attenuation, atenuación de espacio libre
free space loss, pérdida de espacio libre
frequency, frecuencia
frequency allocation, assignment, asignación de frecuencias, distribución de frecuencias
frequency band, banda de frecuencias
frequency change, corrimiento de frecuencia, cambio de frecuencia
frequency compensation, compensación de frecuencia
frequency converter, conversor de frecuencia
frequency coordination, coordinación de frecuencias
frequency deviation, desviación de frecuencia

frequency distortion, distorsión de frecuencia
frequency diversity, diversidad de (por) frecuencia
frequency divider, divisor de frecuencia
frequency division multiplex (FDM), multiplex por división de frecuencia
frequency doubler, doblador de frecuencia, duplicador de frecuencia
frequency drift, variación de frecuencia
frequency frogging, cruzamiento de frecuencias
frequency limit, límite de frecuencia
frequency meter, frecuencímetro, contador de frecuencia
frequency modulation (FM), modulación de frecuencia (FM)
frequency modulator, modulador de frecuencia
frequency monitor, monitor de frecuencia
frequency multiplier, multiplicador de frecuencia
frequency pulling, arrastre de frecuencia
frequency range, gama de frecuencia
frequency response, característica de frecuencia, respuesta de frecuencia
frequency response characteristic, característica de frecuencia
frequency selective signalling, señalización selectiva en frecuencia
frequency shift (FS), desplazamiento de frecuencia
frequency shift keying (FSK), manipulación por desplazamiento de frecuencia
frequency spectrum, espectro de frecuencias
frequency stability, estabilidad de frecuencia
frequency stabilization, estabilización de frecuencia
frequency staggering, escalonamiento de frecuencias
frequency standard, patrón de frecuencia, norma de frecuencia
frequency swing, excursión de frecuencia
frequency tolerance, tolerancia de frecuencia
frequency translation, translación de frecuencia, traslación de frecuencia
frequency tripler, triplicador de frecuencia
Fresnel region, región Fresnel
Fresnel zones, zonas de Fresnel
friction clutch, embrague de fricción
friction drive, transmisión por fricción
friction tape, cinta alquitranada
fringe howl, aullido de borde
front (panel), placa frontal
front contact, contacto de trabajo
front elevation, alzado delantero, elevación frontal
front end (receiver), circuito-entrada del receptor
front porch (tv), pórtico delantero (*tv*)
front-to-back ratio, relación frente espalda, eficacia direccional
front view, vista frontal
full automatic, automático completo
full availability, aprovechamiento pleno, disponibilidad completa
full duplex, duplex completo
full duty, servicio continuo
full load, plena carga, con la carga máxima
full load rating, capacidad nominal a carga completa
full load RMS deviation, desviación RMS (valor eficaz) a máxima carga
full period allocated circuit, circuito asignado de tiempo completo
full rate, tarifa completa
full scale, deflexión total
full scale deflection, desviación a tope
full speed, velocidad de plena marcha
full wave rectification, rectificación de onda completa
full wave rectifier, rectificador de onda completa
fully automatic working, explotación automática
fully energized, excitado al máximo
function, función
function digits, cifras funcionales
function generator, generador de funciones
functional diagram (logic), diagrama lógico (*logic*)
functional tests, pruebas de funcionamiento
fundamental frequency, frecuencia fundamental
fundamental mode (waveguide), modo dominante (*guía onda*)
fundamental units, unidades fundamentales
fuse, fusible
fuse alarm, alarma de fusible
fuse block, placa de fusibles
fuse cutout, disyuntor de fusible
fuse holder, portafusibles
fuse link, elemento o lámina fusible
fuse panel, panel de fusibles
fused junction, unión o capa de recristalización, junta a fusión
fusepuller, sacafusible

gain, ganancia
gain bandwidth product, producto de ganancia y ancho de banda
gain control, control de ganancia
gain control potentiometer, potenciómetro de ajuste de ganancia
gain frequency distortion (tv), deformación ganancia-frecuencia (*tv*)
gain margin, margen de ganancia, margen de seguridad
galactic noise, ruido galáctico
galena, galena
galvanic, galvánico, electrolítico
galvanometer, galvanómetro
galvanometer constant, constante de galvanómetro

game theory, teoría de juegos
gamma rays, rayos gamma
gang (to), montar en conjunto
gang switch, conmutador múltiple, interruptores acoplados
ganged, montado en conjunto, múltiples
ganged capacitors, condensadores acoplados mecánicamente
ganged control, mandos mecánicos bloqueados
ganging, acoplamiento del mando, acoplamiento en tándem, acoplamiento mecánico
gap, entrehierro, intervalo, espacio
garble, mutilación, lapso
gas cell, celda (imperf.) de gas, célula de gas
gas current, corriente de gas
gas diode, diodo de gas
gas discharge, descarga a gas
gas discharge tube, tubo de descarga de gas
gas filled tube, válvula de gas
gas focusing, focalización de gas
gas tube, válvula a gas, tubo gaseoso
gasket, empaquetadura, empaque, cubrejunta
gassy tube, tubo gaseado
gate, entrada, puerta, circuito discriminador, circuito de desconexión periódica, compuerta
gate current, corriente de compuerta
gate multivibrator, multivibrador de compuerta
gate pulse, impulso de compuerta
gate resistance, resistencia de compuerta
gate time, plazo de cuenta
gate trigger diode, diodo de desbloqueo periódico
gated amplifier, amplificador de desenganche periódico, amplificador de desbloqueo periódico
gated sweep, barrido gatillado
gating, desbloqueo periódico, selección de señal, desbloqueo
gating circuit, circuito intermitente
gating pulse, impulso de desbloqueo, impulso selector o de selección
gating pulse generator, generador de impulsos de selección
gating switch, interruptor cíclico, interruptor de puerta
gauge, medida, calibrador, calibre
gauge (to), calibrar, tarar
gauss, gausio
gear, engrane, engranaje; aparatería, instrumentación; mecanismo de transmisión
gear box, caja de engranajes, caja del cambio
gear driven, accionado por engranajes
gear puller, sacaengranaje
gear ratio, relación de transmisión, multiplicación
gear train, tren de engranajes
geared down, desmultiplicado
Geiger (Müller) counter, contador Geiger–Müller
general purpose, para aplicaciones diversas, de uso general
generate (to), generar
generating set, grupo electrógeno, grupo generador
generator, ringing set, máquina de llamada
generator house, pabellón usina, planta electrógena, planta de generadores
geographic coordinates, coordenadas geográficas
geometric mean, media geométrica o proporcional
germanium diode, diodo de germanio
germanium junction, junta de germanio
getter, geter, afinador de vacío, absorbedor
getter plate, placa de geter
ghost, imagen fantasma
gilbert, gilbertio
glide path, trayectoria de planeo
glitch (tv), una forma de perturbación de baja frecuencia (*tv*)
glow discharge tube, tubo de efluvios, válvula de descarga luminiscente
glow lamp, lámpara a (o de) efluvios, lámpara de neón
glycol, glicol
goggles, gafas protectoras
goniometer, goniómetro
good will, lucro cesante
govern (to), regular (máquina)
governing, regulación
governor, regulador
grade, clase, grado
grade of service (tfc), calidad de servicio (*tfc*)
gradient, pendiente, inclinación, gradiente
grading, clase, grado, grading
graduation, graduación
granulation, granulación
graph, gráfico, diagrama
graphic scale, escala gráfica
graphics, gráficos
graphite, grafito, plombagina
grass (tv, radar), ruido casual (*tv, radar*)
graticule, retículo
Gray code, código de Gray
gray scale (tv), escala gris (*tv*)
grazing, rasante
grazing incidence, incidencia rasante
grazing loss, pérdida de (por) efecto rasante
grazing path, trayecto rasante
grease, grasa
grease (to), engrasar
great circle, círculo máximo
Greenwich Mean Time (GMT), hora solar media, hora de Greenwich
grid, rejilla
grid bias, polarización de rejilla
grid blocking, bloqueo de rejilla
grid controlled rectifier, rectificador controlado a rejilla
grid current, corriente de rejilla
grid dip, caída de corriente de la rejilla

grid dip oscillator, oscilador regulado por la cresta negativa de rejilla
grid driving power, potencia impulsora de rejilla, potencia de excitación de rejilla
grid leak, pérdida de rejilla
grid modulation, modulación de rejilla
grid-plate transconductance, transconductancia (de) rejilla-placa
grid return, retorno de rejilla
groove, surco, canaleta, ranura
gross weight, peso bruto
ground, tierra, masa, toma de tierra, puesto a tierra
ground (to), conectar a tierra, poner a tierra
ground(ed), puesto a tierra
ground absorption, absorción del suelo
ground connection, toma de tierra
ground-controlled approach (GCA), acceso dirigido desde tierra, aproximación dirigida desde tierra
ground lead, hilo de tierra, conductor de tierra
ground loop, bucle de tierra
ground-plane antenna, antena con placa de tierra, antena de plano de tierra
ground potential, tensión de tierra
ground(ing) relay, relé de masa, relé de tierra
ground resistance, resistencia de tierra
ground-return circuit, circuito con vuelta (retorno) por tierra
ground-return current, corriente de retorno por tierra
ground terminal, borne de tierra, borne de puesta a tierra
ground-to-air, tramo tierra–aire
ground wave, onda superficial, onda terrestre
ground wire, hilo de, hilo a tierra, conducción a tierra
grounded, puesto a tierra
grounded collector amplifier, amplificador (de) colector a tierra
grounded emitter amplifier, amplificador (de) emisor a tierra
grounded grid, con rejilla a tierra
grounded grid amplifier, amplificador con rejilla a tierra
grounding electrode, electrodo de tierra
grounding rod, varilla de tierra
group allocation, distribución de grupos, asignación de grupos
group busy tone, tono de ocupación de grupo
group center, centro de grupo
group delay, retardo de grupo
group delay time, tiempo de retardo de grupo
group distribution frame (GDF), repartidor de grupos, bastidor de distribución de grupos
group frequency, frecuencia de grupo
group modulation, modulación de grupo
group pilot, onda piloto de grupo
group repeater, repetidor de grupo
group selector, group switch, selector de grupo
group translating equipment, equipo de modulación de grupo
group velocity, velocidad de grupo
grouped positions, posiciones agrupadas
grown junction, capa cultivada
guard band, banda de guarda, banda de guardia
guard circuit, circuito de guarda
guard ring, anillo de guarda, anillo protector
guide pin, patilla de guía
guided propagation, wave, propagación guiada, onda guiada
gulp (data), varios bytes (*véase* byte) (*datos*)
Gunn effect, efector (de) Gunn
guy, retenida, riostra, tirante, viento
guyed tower, torre arriostrada
gyro frequency, girofrecuencia

H-bend (waveguide), codo H, curva H (*guía onda*)
HF (high frequency), HF, AF (alta frecuencia)
H-network, red de H, red H
hp (horse-power), HP (caballo vapor, etc.)
H-pad, atenuador H
H plane, plano H
H vector, vector H
H wave, onda H
hack saw, sierra de metales, sierra cortametales
half-adder, sumador binario
half amplitude duration, duración a media amplitud
half duplex, semiduplex
half life, vida media
half repeater, repetidor semiduplex
half tap, media bifurcación
half tone, media-tinta
half tone process image, imagen cuadriculada
half-wave antenna, antena de media onda
half-wave rectifier, rectificador de media onda, rectificador de semi-onda
Hall effect, efecto Hall
halo (tv), halo (*tv*)
ham (radio amateur), aficionado de radio, radioaficionado
hammer, martillo
Hamming Code, código (de) Hamming
hand driven, accionado a mano
hand reset, reposición a mano, reposición manual
handle, mango, asa, manija, manubrio, puño
handle (to), manipular, manejar
handle (to) traffic, cursar el tráfico
handling, manejo
handset (tel), microteléfono (*tel*)
hanger, ménsula
hangover, persistencia
hangover time, tiempo de bloqueo
hard copy copia dura (copia imprimida)
hard drawn, estirado sólido en frío

hard rubber, vulcanita, ebonita
hard tube, válvula dura, válvula de alto vacío
hardware (*see* **software**), ferretería, cerrajería
harmful interference, interferencia dañosa
harmonic analyzer, analizador de armónicas
harmonic antenna, antena armónica
harmonic component, componente de armónicas
harmonic content, contenido de armónicas
harmonic conversion transducer, transductor de conversión harmónica
harmonic distortion, deformación o distorsión harmónica
harmonic filter, filtro de armónicas
harmonic interference, interferencia de armónicas
harmonic producer, generador de armónicas
harmonic response, respuesta a armónicas
harmonic ringing, llamada selectiva
harmonic selective ringing, llamada selectiva de armónicas
harness, arnés
Hartley oscillator, oscilador Hartley
hash, chasquido
haul, alcance (e.g. largo alcance=long haul, *also* long range)
head, cabeza
head-end (catv), sistema cabezal de antena para receptores tv (*catv*)
header, preámbulo, encabezamiento
heading, rumbo
headphone, receptor de cabeza, audífono, casco, casco telefónico
headset telephone, casco telefónico, teléfonos de cabeza
heat coil, bobina calefactor
heat conducting, termoconductivo, calefactor, resistencia de caldeo
heat exchanger, intercambiador térmico, intercambiador de calor
heat sink, absorbedor de calor
heater, calefactor, resistencia de caldeo
heater current, corriente de calefactor, corriente de caldeo
heating, caldeo
heating coil, bobina térmica
heating element, elemento calentador o de caldeo
heating plant, planta de calefacción
heating resistor, resistencia de calefacción
Heaviside layer, capa de Heaviside
heavy duty, servicio pesado
heavy hours (tfc), período de mucho tráfico (*tfc*)
hectometric waves, ondas hectométricas
heel piece, armadura fija de relevador (relé)
height, altura
Heising modulation, modulación de Heising
helical, helicoidal
helical antenna, antena helicoidal
helical spring, muelle espiral, resorte espiral, resorte helicoidal
helium, helio
helix, hélice
Helmholtz coil, bobina Helmholtz
henry, henrio
heptode, heptodo
hertz (Hz), hertzio
hertz (plural), hertzios (plural)
Hertzian vector, vector de Hertz
Hertzian waves, ondas Hertzianas o de Hertz
heterodyne, heterodino
heterodyne frequency, frecuencia heterodina
heterodyne oscillator, oscilador heterodino
heterodyne repeater, repetidor heterodino
heterodyne wavemeter, ondámetro heterodino
heterodyne whistle, silbido heterodino
heterogenous switching network, red heterogénea de conmutación
hexode, hexodo
hierarchical network, red jerárquica
high definition, alta definición
high fidelity, alta fidelidad
high frequency (HF), alta frecuencia (AF o HF)
high frequency carrier telegraph, telegrafía con corriente portadora de alta frecuencia
high frequency distortion, distorsión de alta frecuencia
high gain, alta ganancia
high level, a nivel superior; alto nivel
high light(s) (tv), la máxima luminosidad de imagen (*tv*)
high–low voltage relay, relevador de voltaje máximo y mínimo
high pass filter, filtro de paso alto, filtro pasa-altos
high potential (hi pot), alto potencial
high pressure, alta presión
high Q, alto Q
high sensitivity, hipersensible
high speed, alta velocidad
high-speed printer, impresora de alta velocidad
high-speed reader, dispositivo de lectura de alta velocidad
high tension, alto voltaje, alta tensión
high vacuum, alto vacío
high voltage, alto voltaje, alta tensión
hinge, gozne, bisagra
hit, hit, golpe (*tv*, *telecom*, *datos*)
hoist, malacate
hold, mantenimiento, retenimiento, sostenimiento
hold (time), espera
hold (to), mantener, retener, sostener, sujetar, tener firme
hold (to) (relays), retener, mantener, sostener
hold current, corriente de retención
hold lamp, lámpara de retención
holder, retentor, sujetador

holding, mantenimiento, fijación, retención
holding beam, haz de acumulación
holding circuit, circuito de retención
holding coil, bobina o devanado de retención
holding relay, relé de ocupación, relevador de retención
holding time, tiempo de funcionamiento, tiempo de mantenimiento, tiempo de ocupación
holding trunk, troncal de retención, enlace de retención
holding winding, devanado de mantenimiento
hole, agujero, hueco
hole (transistor), laguna, huecos
hole conduction, conducción por huecos
hole density, densidad de huecos
hole electron, electrón para llenar lagunas
Hollerith code (IBM cards), código Hollerith (un código de 12 unidades usado con tarjetas perforadas)
home (to) (telephone), volver al reposo
home position (selector), posición de reposo (selector)
homing (radio), radiogoniometría hacia la estación de origen
homing beacon, estación radiofaro direccional
homing selector, selector con posición de reposo
homogenous switching network, red homogénea de conmutación
homopolar generator, generador homopolar
hook, gancho
hook switch, gancho conmutador
hop, sección, tramo, salto
hopper (data), apilador de tarjetas (*datos*)
horizontal blanking, blanqueo horizontal
horizontal polarization, polarización horizontal
horizontal retrace, retrazo horizontal
horizontal sweep, barrido horizontal
horizontal synchronization, sincronización horizontal
horizontally polarized wave, onda de polarización horizontal
horn antenna, antena de bocina
horn gap, (de) cuernos apagaarcos
horn gap switch, conmutador con cuernos apagaarcos
horn radiator, radiador de bocina
horsepower (hp), caballo (de) vapor, caballo de potencia, caballo de fuerza
hose, manguera
hose coupling, empalme para manguera
hot (elec), cargado
hot cathode, cátodo caliente
hot line (elec, tel), línea cargada (*eléc*), línea de prioridad (*tel*)
hot standby, (equipo) de reserva activo, activo de reserva
hotwire ammeter, amperímetro térmico
hour angle, ángulo ecuatorial
hour-angle declination antenna (Hadec), antena de ángulo ecuatorial y declinación
hour angle difference signal, señal diferencial del ángulo ecuatorial
hours of service, horas de servicio, horas de trabajo
housing, envoltura, caja, cubierta
howl, chillido, aullido
hum, zumbido
hum level, nivel de zumbido
hum modulation, modulación de zumbido
humidifying, humectación
humidity ratio, relación de humedad
humming, zumbante
hunt (to), revisar, explorar, pendular, ser inestable
hunt (to) (switch), revisar, explorar (*conmut*)
hunting, angulares irregulares, auto-equilibración, buscando, oscilación pendular, pescando, oscilaciones, pendulación
hunting (switch), exploración (*conmut*)
hunting action, selección automática
hybrid, híbrido
hybrid balance, equilibrio híbrido, equilibrio diferencial, factor diferencial
hybrid circuit, circuito híbrido
hybrid coil, bobina híbrida
hybrid coil transformer, transformador diferencial
hybrid coupler, acoplador híbrido
hybrid junction, unión híbrida
hybrid network, red híbrida
hybrid T, T híbrida, T mágica
hydraulic, hidráulico
hydraulic activator, actuador hidráulico
hydraulic coupling, acoplamiento hidráulico
hydraulic cylinder, cilindro hidráulico
hydraulically operated, accionado hidráulicamente
hydrogen, hidrógeno
hydrometer, hidrómetro
hygrometer, higrómetro
hyperbolic horn, bocina hiperbólica
hyperfrequency waves, ondas de hiperfrecuencia
hypothetical reference circuit, circuito hipotético de referencia
hypsogram, diagrama de nivel, hipsógramo
hypsometer, hipsómetro
hysteresis, histéresis
hysteresis constant, constante de histéresis
hysteresis factor, coeficiente de histéresis
hysteresis loop, bucle de histéresis
hysteresis loss, pérdida por histéresis
hysteresis motor, motor de histéresis

IAL International Algebraic Language, (IAL) Lenguaje Algebraico Internacional
IDF (intermediate distribution frame), repartidor intermedio

IF (intermediate frequency), FI (frecuencia intermedia)
IR drop, caída de tensión (debido al producto IR)
ISCII (International Standard Code for Information Interchange) (CCITT no. 5) ISCII, CNIII (Código Normal Internacional para el Intercambio de Información) (CCITT no. 5)
iconoscope, iconoscopio
ideal value, valor ideal, valor óptimo
idle, libre, disponible, desocupado
idle current, corriente reactiva
idle line, línea libre
idle noise, ruido de fondo
idle period, idle time, tiempo de reposo, tiempo inactivo
idle trunk lamp, lámpara de troncal inactivo
ignition, encendido
ignition band, banda de encendido
ignitron, ignitrón
image, imagen
image attenuation, atenuación de imagen
image converter (optics), conversor de imagen
image distance, distancia de imagen, espacio de imagen
image distortion, deformación de imagen, distorsión de imagen
image effect (ant), efecto de imagen (*ant*)
image frequency, frecuencia de imagen
image iconoscope, iconoscopio de imagen
image orthicon, orticon(io) de imagen
image rejection, rechazo de imagen
image response, respuesta de imagen
imaginary axis, eje imaginario
imaginary number, número imaginario, cifra imaginaria
immediate access, acceso inmediato
immediate address, dirección inmediata
immittance, imitancia
impedance, impedancia
impedance angle, desfasamiento, ángulo de desfasamiento
impedance bridge, puente de impedancia
impedance coupling, acoplamiento de impedancia
impedance irregularity, irregularidad de impedancias
impedance match, igualación de impedancia
impedance matching, equilibrio de impedancias, adaptación de impedancias
impedance matching network, red igualadora de impedancia
impedance matching transformer, transformador de adaptación, equilibrado de impedancias
impedance mismatch, desequilibrio o desigualdad de impedancias
implosion, implosión
improvement threshold, umbral de mejora
impulse, impulso, impulsión, pulso
impulse cam, leva de impulsos, leva de impulsiones
impulse circuit, circuito de impulsión, circuito de impulso
impulse contact, contacto de impulsión, contacto de impulso
impulse corrector, filtro de impulsos
impulse counter, contador de impulsos
impulse excitation, excitación de impulsos
impulse frequency, frecuencia de impulsos
impulse generator, generador de impulsos
impulse meter, contador de impulsos
impulse noise, ruido de impulsos
impulse period, período de impulso
impulse recorder, registrador de impulsos
impulse voltage, voltaje de impulso
impurity, impureza
impurity conduction, conducción por impurezas
in accordance with regulations, reglamentario
in-band signaling, señalización dentro de banda o en banda
in parallel, en paralelo
in phase, en fase
in sequence, en sucesión
in tandem, en tándem, en cascada
inch, pulgada
incidence angle, ángulo de incidencia
incidence of traffic, marcha del tráfico
incident power, potencia incidente
incident wave, onda incidente
incoming call, comunicación de llegada
incoming circuit, circuito de entrada
incoming first selector, selector primero de entrada
incoming international terminal exchange, centro internacional terminal de entrada
incoming positions, posiciones de llegada, posiciones B
incoming register, registrador de entrada
incoming traffic, tráfico de entrada, tráfico entrante
incoming trunk, línea de enlace de llegada, troncal de entrada
incomplete matrix, matriz incompleta
increase (to) the gain, aumentar la ganancia
increase of traffic, aumento de tráfico
increment, incremento
incremental computer, computador de incrementos
incremental frequency shift, desplazamiento incremental de frecuencia
indefinite call sign, distintivo indefinido de llamada
independent sideband transmission (ISB), transmisión de banda lateral independiente
independent variable, magnitud independiente, variable independiente
index, índice; aguja, indicador; factor
index of cooperation, módulo de cooperación
index of modulation, índice de modulación

index of refraction, índice de refracción
index register, registrador (de) índice
index wheel, rueda indicadora
index word, palabra de índice
indicate (to), indicar
indicated angle, ángulo indicado
indicating instrument, aparato de medida, indicador
indicating lamp, lámpara indicadora
indicating synchro, sincro indicador
indication, indicación
indicator, indicador
indicator gate, compuerta indicadora
indicator light, lámpara indicadora
indicator tube, tubo indicador
indirect addressing, direccionado indirectamente
indirect comparison pilot protection, protección piloto de comparación indirecta
indirect heating, caldeo indirecto
indirect wave, onda indirecta, onda reflejada
indirectly heated cathode, cátodo equipotencial cátodo calentado indirectamente
individual control, mando individual, control individual
individual line, línea individual
individual trunk group, grupo individual de troncales
induced, inducido
induced current, corriente inducida
induced noise, ruido inducido
inducing, inductor
inductance, inductancia, inductivo
inductance meter, henrímetro, inductancímetro
induction coil, bobina de inducción
induction field, campo de inducción
induction motor, motor de inducción
induction noise, ruido de inducción, ruido inducido
inductive, inductivo, inductriz
inductive circuit, circuito inductivo
inductive coupling, acoplamiento inductivo
inductive feedback, realimentación inductiva
inductive load, carga inductiva
inductive reactance, reactancia inductiva
inductive winding, arrollamiento inductivo
inductivity, inductividad
inductor, inductor, bobina de inductancia
inert, inerte
inertia, inercia
infinite, infinito
infinity, infinidad
information, información
information bandwidth, ancho de banda de información
information bits, bitios (bites) de información, dígitos binarios de información
information card, ticket de información
information readout, lectura de información
information signal, señal de información
information theory, teoría de (la) información
infra-red, infrarrojo
infra-red sensitive, sensible al infrarrojo
inherent feedback, autorreacción
inherited error, error heredado
inhibit gate, compuerta inhibida
initial adjustment, ajuste inicial
initial loading, carga inicial
initial rate, régimen inicial
initiate (to), iniciar
initiating relay, relé iniciador, relevador iniciador
inject (to), inyectar, jeringar
ink recorder, registrador de imprenta, registrador a pluma
inker, rodillo de imprenta, entintador
inland traffic, tráfico interior
inner conductor, conductor interior
inoperable, inoperativo
inoperative, inoperante, en reposo
in phase, en fase
in-phase component, componente vatiado, componente en fase
input, entrada, alimentación, energía de entrada
input block, bloque de entrada
input capacitance, capacitancia de entrada
input circuit, circuito de entrada
input device, dispositivo de entrada
input electrode, electrodo de entrada
input impedance, impedancia de entrada
input level, nivel de entrada
input–output device (I/O device), dispositivo entrada–salida
input power, potencia de entrada
input signal, señal de entrada
input stage, etapa de entrada
input terminals, bornes de entrada
input time constant, constante de tiempo de entrada
input value, valor de entrada
input voltage, voltaje de entrada, tensión de entrada
inquiry ticket, ficha de información
insensitivity, insensibilidad
insertion gain, ganancia de inserción
insertion loss, atenuación de inserción, pérdida de inserción
insertion switch, conmutador de inserción
inside diameter, diámetro interior
inside plant, equipo telefónico, herramienta telefónica, planta interra
inspect a line (to), recorrer una línea
instability, inestabilidad
install (to), montar, instalar
installation (plant), instalación
installation date, fecha de instalación
instant, instante, momento
instantaneous, instantáneo
instantaneous companding, compresión–expansión instantánea

instantaneous frequency, frecuencia instantánea
instantaneous power, potencia instantánea
instantaneous reading, lectura rápida
instantaneous release, desenganche rápido
instantaneous reset, reposición instantánea
instantaneous value, valor instantáneo, valor real
instantaneously operating, de accionamiento instantáneo
instruction, instrucción
instruction code, código de instrucciones
instruction manual, folleto de instrucciones, circular de instrucciones
instruction register, registrador de instrucciones
instruction word, palabra de instrucción, grupo de entrada
instrument dial, cuadrante (de aparato)
instrument landing system (ILS), sistema de aterrizaje por instrumentos
instrument panel, panel o cuadro de instrumentos
instrument reading, lectura de instrumento
instrumentation, instrumental, instrumentación
insulate (to), aislar
insulated, aislado
insulated wire, alambre aislado, hilo aislado
insulating, aislante
insulating material, material aislante
insulating strength, rigidez dieléctrica
insulating tape, cinta aislante
insulation, aislamiento
insulation resistance, resistencia de aislamiento
insulation test, ensayo de aislamiento
insulator, aislador, aislante
insulator (ball), bola aisladora
integral, integral
integral control, control integral
integral measurement, medida integral
integral with, integrante
integrate (to), integrar, totalizar
integrated circuit (ic), circuito integrado (*ic*)
integrated logistic support, apoyo logístico integral
integrating, integrante
integrating circuit, circuito integrador
integrating constant, constante de integración
integrating divider, divisor integrador
integration interval, período de integración
integrator, integrador
intelligence, información
intelligence bandwidth, ancho de banda de información
intelligence signal, señal de información
intelligibility, audición, inteligibilidad
intelligible crosstalk, diafonía inteligible
intensifier electrode, electrodo intensificador, electrodo posacelerador
intensity, intensidad
intensity level, nivel de intensidad
intensity modulation, modulación de intensidad
intensity of traffic, intensidad de tráfico
interaction, acción recíproca, efecto mutuo
interaction crosstalk, diafonía de interacción
interaction loss, pérdida de interacción, atenuación de interacción
intercept (to), captar, interceptar
intercept tape (tty), cinta de interceptación (*tty*)
intercept trunk, tronco de intercepción, troncal de interceptación, circuito de transferencia
interchangeable, intercambiable
interchannel interference, interferencia entre canales
intercom, intercommunication system, interfono, sistema de intercomunicación
interconnecting number, número de interconexión
interconnecting plug, clavija para conectar
interelectrode capacitance, capacitancia interelectródica
interface, interrelación, empalme, interface
interfacility transfer trunk, enlace para transferencias entre facilidades, troncal para transferencias entre facilidades
interfere (to), interferir
interference, perturbación, interferencia
interference blanker, blanqueo de interferencia
interference filter, eliminador de interferencias, filtro para interferencias
interference peak, cresta o pico de interferencia
interference spectrum, espectro de interferencia
interference threshold, umbral de interferencia
interlaced scanning, exploración intercalada, exploración entrelazada
interlacing, distribución de alternada, intercalación
interleaving, entrelazar
interlock, enclavamiento, entrecierre
interlock switch, conmutador de enclavamiento, interruptor de enclavamiento
interlocking circuit, circuito de enclavamiento
interlocking relay, relé (relevador) de acoplamiento, relé (relevador) de enclavamiento
intermediary, intermediario, intermedio
intermediate cable, cable intermedio
intermediate distribution frame (IDF), repartidor intermedio, bastidor de distribución intermedio
intermediate exchange, central intermedia
intermediate exchange office, estación intermedia

intermediate frequency (IF), frecuencia intermedia (FI)
intermediate frequency stage, etapa de frecuencia intermedia
intermediate horizon, horizonte intermedio
intermediate memory, memoria intermedia
intermediate repeater, repetidor intermedio
intermediate selector, selector intermedio
intermediate storage, almacenaje intermedio, almacenamiento intermedio
intermediate value, valor intermedio
intermittent, entrecortado, intermitente, periódico
intermittent duty, régimen intermitente
intermodulation, intermodulación
intermodulation distortion, distorsión de intermodulación
intermodulation noise, ruido de intermodulación
intermodulation products (I/M products), productos de intermodulación
internal arithmetic, aritmética interna
internal blocking (switch), bloqueo interno, bloqueado internamente (*conmut*)
internal resistance, resistencia interna
internal traffic, tráfico interno
international call sign, distintivo de llamada internacional, indicativo internacional
international distress frequency, frecuencia de socorro internacional
international exchange, estación cabeza de línea internacional
International Frequency Registration Board (IFRB) (UIT), Junta Internacional de Registro de Frecuencias (UIT)
international transit exchange, centro (o central) internacional de tránsito, oficina de cambio
interoffice trunk, línea de enlace (usada entre dos centrales)
interphase (generator), entre fases (generador)
interphone/intercom, sistema intertelefónico, interfono
interpolate, (to) interpolar
interposition trunks, líneas interposicionales
interpretive subroutine (data), subrutina intérprete (*datos*)
interrogator, interrogador
interrogator responder, sistema interrogador contestador
interrupt (to), interrumpir, cortar
interrupted ringing, corriente de llamada intermitente
interrupting capacity (fuse, circuit breaker) capacidad de disyuntor, capacidad de corte
interrupting time, tiempo de interrupción
interstage, interetapas
intersymbol interference, interferencia intersímbolo
intertoll trunk, troncal interurbano
interval, intervalo
interval signal, señal de reposo
intra-office trunk, troncal (tronco) interno de la central
intrasonic, intrasónico
intrinsic, intrínseco
intrinsic semiconductor, semiconductor intrínseco
inverse current, corriente inversa
inverse feedback, reacción negativa, intrarreacción inversa, retroalimentación inversa
inverse impedance(s), impedancia(s) inversa(s)
inverse limiter, limitador inverso
inverse voltage, tensión inversa, voltaje inverso
inversion, cambio, inversión
inverted amplifier, amplificador invertido
inverted channel, canal invertido
inverted speech, inversión oral
inverter, inversor, invertidor
inward board, cuadro de entrada, posiciones B, posiciones de llegada
inward operator, operadora B, operadora de llegada, operadora de entrada
inward position, posición B, posición de entrada, posición de llegada
ion, ión
ion avalanche, avalancha iónica
ion beam, haz iónico
ion burn, spot, mancha iónica
ion burning, quemadura iónica
ion concentration, density, densidad iónica
ion gun, cañón iónico
ion migration, migración iónica
ion sheath, funda de iones
ion spot (CRT), mancha iónica (TRC)
ion trap, trampa de iones, trampa iónica
ionic conduction, conducción iónica
ionic current, corriente iónica
ionic focusing, foco iónico
ionic mobility, movilidad iónica
ionic semiconductor, semiconductor iónico
ionization, ionización
ionization current, corriente de ionización
ionization energy, energía de ionización
ionization potential, potencial de ionización
ionization time, tiempo de ionización
ionized layer, capa ionizada
ionosphere, ionosfera
ionospheric disturbance, perturbación ionosférica
ionospheric sounder, un dispositivo de sondeo ionosférico (HF)
ionospheric storm, tempestad ionosférica, tormenta ionosférica
ionospheric wave, onda ionosférica
iris, iris
iron content, contenido de hierro
iron core, núcleo de hierro
iron filing, limaduras de hierro, limallas de hierro

iron vane instrument, instrumento de hierro móvil
irregular distortion (fortuitous distortion), deformación irregular, distorsión fortuita
irreversible, no reversible, irreversible
irreversible element, elemento irreversible
isochronism, isocronismo
isochronous, isócrono
isogonal line, línea isogonal
isolate (to) a line, aislar una línea
isolation, aislamiento
isolation amplifier, amplificador de aislamiento
isolation filter, filtro de separación
isolation network, red de aislamiento
isolator, aislador, atenuador unidireccional, etapa tampón, seccionador, separador
isolith (ic), isolit (*ic*)
isotope, isótopo
isotropic, isotrópico, isótropo
isotropic antenna, antena isotrópica
isotropic gain, ganancia isotrópica
isotropic radiator, irradiador isotrópico
iteration, iteración
iterative, iterativa
iterative impedance, impedancia iterativa

jack, jack, conjuntor, enchufe (plug)
jack (lifting), gato (para levantar grandes pesos)
jackfield, campo de jacks
jack panel, cuadro de jacks, cuadro de conjuntores, panel de conjuntores
jack strip, regleta de conjuntores
jacket (as in water jacket), camisa
jam (to), perturbar
jamming, interferencia intencionada, obliteración, perturbación
jig, patrón, guía para fabricar piezas idénticas
jig-saw, sierra de vaivén
jitter, agitación, inestabilidad
Johnson noise (white or thermal noise), ruido de agitación térmica
join (to), acoplar, juntar, unir
joint, empalme, junta, ligadura, unión
joule, joule, julio
judder, trepidación
jump, salto, salto o impulso (tráfico)
jumper, cruzada, puente de conexión, puente
jumper connection, hilo de puente
jumper wire, hilo volante, alambre de puente
junction, conexión, empalme, juntura, unión
junction (of a transistor), capa (de transistor), juntura, unión
junction battery, batería de juntura, unión
junction box, caja de conexiones, caja de empalmes
junction diode, diodo de unión o de juntura
junction filter, filtro de empalme o de unión
junction finder, buscador de enlace
junction loss, pérdida de conexión
junction point, punto de unión
junction rectifier, rectificador de unión
junction transistor, transistor de unión, transistor de juntura
junctor (crossbar telephone switching), junctor

K band, banda K
keep alive voltage, ánodo de mantenimiento
Kelvin degree, grado Kelvin
Kelvin effect, efecto Kelvin
Kelvin scale (temperature), escala absoluta o de Kelvin (temperatura)
kenotron, kenotrón
Kerr cell, célula de Kerr
key, tecla, llave, pulsador
key (cw, fsk), manipulador, pulsador, llave (*cw, fsk*)
key (to), manipular, pulsar
key clicks, chasquidos de manipulación
keyboard, teclado
keyboard perforator, perforador de teclado
keyboard selection, numeración al teclado
keyboard transmitter, transmisor al teclado
keyer, manipulador
keying, manipulación
keying frequency, frecuencia de manipulación
killer, amortiguador
kilo ampere, kiloamperio
kilocycle, kilociclo
kilometric waves, ondas kilométricas
kilovolt-ampere (kVA), kilovoltamperio
kilovolt-ampere meter, contador de kilovoltioamperios
kilowatt, kilovatio
kilowatt meter, contador de kilovatios
kinescope (tv), cinescopio, tubo de rayos catódicos (*tv*)
kinetic, cinético
kinetic energy, energía cinética
kink, coca
Kirchoff's laws, leyes de Kirchoff
klystron, klistrón, klystrón
knee (of a curve), cambio brusco (de una curva)
knee, codo, coca
knee voltage, voltaje al cambio brusco de la curva
knife edge (microwave), filo o lámina
knife-edge diffraction, difracción por obstáculo
knife-edge refraction, refracción por obstáculo
knife switch, interruptor de cuchillo
knob, botón, perilla
knurled, moleteado

L-network, red en L
L-pad, atenuador en L
LC (inductance–capacitance), abreviatura para inductancia–capacitancia
LF (low frequency), BF (baja frecuencia)

LIDF (line intermediary distributing frame), repartidor o distribuidor intermediario de líneas
LSA diode, diodo LSA
LSI (large scale integration) (ic), integración en escala grande (*ic*)
label, etiqueta, rótulo
labeled, etiquetado
labile oscillator, oscilador labile
ladder, escalera
ladder attenuator, atenuador de escalera
ladder filter, filtro de escalera
ladder network, red de cuadripolos
ladic, ladic
lag, retraso, retardo de respuesta
lag (phase), retardo (de fase)
lag screw, tirafondo, pija
lagging, (en) retardo, retrasada
lagging phase, fase en retardo
laminated, en láminas, laminado
laminated contact, contacto laminado
laminated core, núcleo de chapas adosadas, núcleo dividido
lamp, lámpara
lamp base, casquillo de lámpara, portalámpara
lamp call, llamada luminosa
lampholder, portalámpara
lamp indicator, indicador visual, señal luminosa
lamp signaling, transmisión de señales por lámpara
land line, línea alámbrica, cable aéreo
landing beacon, radiofaro de aterrizaje
landing beam, haz-guía de aterrizaje
land station, estación terrestre
lap winding, devanado en bucle o de lazo o imbricado
Laplace transform(ation), transformación de Laplace
latch, enganche
latching relay, relé (relevador) con enclavamiento
lateral movement, movimiento transversal
lathe, torno, torno mecánico
latitude, latitud
lattice, celosía
lattice filter, filtro en celosía
lattice network, circuito en celosía
lay (cable), cableado, paso, tendido
layer (ionosphere), capa
layer winding, arrollamiento en capas
layout, disposición, trazado, arreglo, diagrama de colocación, disposición, esquema de montaje
layout (floor layout), plano de piso
layout (to), desenrollar, disponer, proyectar
lead (as in phase), avance, adelanto, desfasa
lead (to) (in phase), estar adelantado en fase
lead (brush), calaje
lead (metal), plomo
lead (wire), hilo, circuito, conductor, línea
lead–acid cell or battery, acumulador ácido de plomo, (cell) célula (de) plomo–ácido
lead lined, forrado de plomo
lead sheath, envoltura de plomo
lead-in (ant), bajada de antena (*ant*)
leading blacks, whites (tv), negros frontales, blancos frontales (*tv*)
leading edge, borde delantero, borde de entrada o de ataque, frontal, frente (de impulsos)
leading phase, flanco frontal en avance de fase, adelanto de fase
leak, pérdida, fuga
leakage, fuga
leakage current, corriente de pérdidas (de superficie), corriente de fuga, corriente de dispersión
leakage flux, pérdida o fuga de flujo
leakage indicator, indicador de contacto a tierra
leakage path, línea de fuga
leakage resistance, resistencia de dispersión o de fuga
leaky (elect), mal aislado (*elec*)
lease, arrendamiento
leased line, leased circuit, línea arrendada, circuito arrendado
Lecher wavemeter, ondámetro de Lecher, línea de Lecher
Lecher wires, hilos de Lecher
Leclanché cell, pila Leclanché
left-hand polarized, onda polarizada de mano izquierda
left-hand rule, regla de mano izquierda
left-hand taper, conicidad de mano izquierda
leg, rama, pata, patilla
legend (caption), clave, nomenclatura, referencias, leyenda
length, largo, largura, longitud
length (time), duración
lens, lente
lens antenna, antena de lente
lens aperture, abertura de lente
Lenz's law, ley de Lenz
let a contract (to), adjudicar un contrato
letter blank, blanco de letras
letter of credit, carta de crédito
letter size sheet, planilla de tamaño carta
lettering (of a drawing), rotulación
letters case (tty), serie de letras (*tty*)
letters shift (tty), inversión de letras (*tty*)
level, nivel
level adjustment, ajuste de nivel
level compensator, compensador de nivel, equilibrador de nivel
level coordination, coordinación de niveles
level diagram, hipsograma, diagrama de nivel
level hunting, selección sobre varios niveles
level indicator, indicador de nivel
level measuring set, hipsómetro
level recorder, registrador de nivel, hipsógrafo

level regulator, regulador de nivel
leveling, igualación
lever, palanca, nivelación
life, duración, vida (duración de vida) (p.e.: de una pila)
life test, prueba de vida, prueba de duración
lifting magnet, electroimán de elevación
light (to), luminar, alumbrar
light activated switch, conmutador activado por luz
light-house tube, tubo faro
light load, carga ligera
light meter, fotómetro
light negative, fotorresistente
light positive, fotoconductor
light relay, relé de luz
light sensitive, sensible a la luz
lighting, alumbrado
lightning arrester, pararrayos
limit, límite, limitación
limit(s) of error, límite(s) de errores
limit ratio, relación de límite
limit switch, disyuntor de seguridad, desconectador de fin de carrera, interruptor limitador
limited availability, disponibilidad limitada
limiter (unit), limitador
limiting device, dispositivo limitador, limitador de voltaje
limiting resistance, resistencia de límite
limiting value, valor límite, valor de límite
line, circuito, conductor, línea
line amplifier, amplificador de línea
line balance, balance de línea
line blanking level, nivel de supresión de línea
line cord, cordón de línea (fuerza eléctrica)
line drop, caída de línea
line equalizer, filtro corrector, equilibrador de línea
line equipment, equipo de línea
line feed (tty), cambio de línea (*tty*), avance de línea (*tty*), cambio de renglón (*tty*)
line fill, relación del número de líneas conectadas a líneas disponibles
line filter, filtro de línea
line finder, buscador primario, buscador de línea(s), localizador primario
line finder with allotter switch, buscador doble, buscador preselector
line of force, línea de fuerza
line free, desbloqueado
line frequency, frecuencia de línea (*elec*), frecuencia de trama (*tv*)
line jack, conjuntor o jack de línea
line level, nivel de línea
line loop, bucle de línea
line loss, pérdida de línea
line noise, ruido de línea
line pad (bcst), atenuador de línea (radiodifusión)
line printer (data), impresora de líneas (*datos*)
line pulsing, pulsación de línea (línea artificial)
line relay, relé o relevador de línea
line repeater, repetidor de línea
line selector, line selector finder, buscador, buscador de llamada, selector de línea
line side, lado de línea
line of sight (LOS), línea de mira, vía óptica, línea visual, línea óptica, línea de vista
line of sight path, trayecto visual
line speed (data), velocidad de línea (*datos*)
line switch (tel), conmutador de línea, interruptor de línea (*tel*)
line synchronization pulse, impulso de sincronización de líneas
line transformer, transformador de línea
line unit, unidad de línea
line up (alignment), alineación
line up (to), alinear
line voltage, voltaje de la línea, voltaje de la red, tensión de la línea, tensión de la red
line wiper, escoba pequeña, escobilla de línea, frotador de contacto
linear, lineal, sin distorsión, proporcional
linear amplification, amplificación lineal
linear amplifier, amplificador lineal
linear array, sistema de antenas colineales
linear circuit, circuito lineal
linear control, control lineal
linear detection, detección lineal, rectificación lineal, desmodulación lineal
linear detector, detector lineal
linear distortion, distorsión lineal
linear equation, ecuación de primer grado
linear feedback, realimentación lineal
linear modulation, modulación lineal
linear network, red lineal
linear potentiometer, potenciómetro lineal
linear power amplifier, amplificador lineal de potencia
linear programming, programación lineal
linear rectifier, rectificador lineal
linear scale, escala lineal
linear scanning, exploración lineal
linear sweep, barrido lineal
linear taper, resistencia de variación lineal
linear time base, base de tiempo lineal
linearity, linealidad
linearity control, control de linealidad
linearize (to), linearise (to), linealizar
linearizer, linealizador
linearly polarized wave, onda con polarización lineal
lines of magnetic force, líneas de fuerza magnética
lining up, alineación
link enlace, ligamento, conexión, eslabón
link circuit, circuito de enlace (circuito cerrado)
link coupling, acoplamiento de enlace
link encryption, encripción automática del enlace entero, criptografía de enlace

link group, grupo de enlaces
linkage, ligazón, correlación
linkage (mech), varillaje, eslabonamiento (*mec*)
lin-log, lin-log (lineal-logarítmico)
linseed oil, aceite de linaza
Lissajous figures, figuras de Lissajous
listen in (to), pasar a la escucha, ponerse a la escucha
Litz wire, alambre de Litz
live, con corriente
load, carga
load center, centro de la carga, centro de distribución
load circuit, circuito de carga
load characteristic, característica en carga
load coil, bobina de carga
load curve, diagrama de carga, curva de carga, curva de consumo
load divider, repartidor o divisor de carga
load factor, coeficiente de carga, factor de utilización
load impedance, impedancia de carga
load isolator, aislador de carga
load limiting resistor, resistencia limitadora de la carga
load line, línea de carga
load regulator, regulador de carga
load set, ajuste del relé de carga
load voltage, voltaje de salida (de un transductor)
loaded, cargado
loaded Q, Q cargado
loading, carga, pupinización
loading coil, bobina de carga
loading disc, disco de carga (para antenas verticales)
loading point, punto de carga
lobe, lóbulo
lobe half-power width, anchura de media potencia del lóbulo
lobing, lobulación
local area, zona urbana
local battery, batería local
local battery switchboard, cuadro conmutador de batería local
local call, llamada local, llamada urbana, conversación local
local circuit, circuito local
local control, vigilancia local
local exchange, central urbana
local first selector, selector primero local
local jack, jack local
local oscillator, oscilador local
local trunk, enlace local, troncal local
localization, localización
localizer station, estación localizadora
locate (to), localizar
locator, localizador, detector, indicador
lock, cerrojo
lock (i.e.: phase lock, lock-on, etc.), enganche
lock (to), cerrar, enclavar
lock (to) (phase lock, etc.), enganchar, sincronizar
lock-in, sincronizado
lock nut, contratuerca de seguridad, tuerca de seguridad
lock out (device), cierre eléctrico, bloqueo de línea
lock-up, retención en trabajo
lock washer, arandela fiador, arandela de presión, arandela de seguridad
locked, cerrado
locking, cierre, enclavamiento, sujección
locking cam, leva de fijación
locking device, dispositivo de sujetador
locking mechanism, mecanismo inmovilizador
locking relay, relé (relevador) de enclavamiento, relé de bloqueo
locking spring, muelle de sujeción
locking time, duración de cierre
loctal base, base loctal
locus, lugar geométrico
log, registro, bitácora
log periodic antenna, antena logarítmica periódica
logarithm, logaritmo
logarithmic amplifier, amplificador logarítmico
logarithmic curve, curva logarítmica
logarithmic decrement, decremento logarítmico
logarithmic resistance, resistencia de variación logarítmica
logging, registración
logic, lógica
logical connectives (data), conectivos lógicos (*datos*)
logical decision, decisión lógica
logical design, diseño lógico
logical diagram, diagrama lógico o de principio
logical operation, funcionamiento lógico
logical switch, conmutador lógico
logical symbol, símbolo lógico
logical system, sistema lógico
long, largo
long-distance loop (tel), bucle de larga distancia (*tel*)
long-haul circuit, circuito a larga distancia
long line effect, efecto de línea larga
long nose pliers, alicates de puntas largas, tenacillas de punta larga
long persistence screen, pantalla con larga persistencia
long range, alcance grande, de gran radio de acción
long time constant, de gran constante de tiempo
long wave, onda larga
longitudinal circuit, circuito unifilar
longitudinal coil, bobina longitudinal

longitudinal current, corriente longitudinal
longitudinal parity (data), paridad longitudinal (*datos*)
longitudinal section, sección longitudinal
longitudinal wave, onda longitudinal
look angle (satcom), ángulo de mira (*satcom*)
loop, bucle, circuito cerrado, en anillo, espira, lazo, circuito en anillo
loop (to), hacer bucle
loop antenna, antena de cuadro
loop back one circuit to another (to), hacer en anillo con dos circuitos
loop circuit, circuito de anillo, circuito metálico, circuito bifilar (sin vuelta por tierra)
loop current, corriente normal (circuito bifilar), corriente de bucle
loop dialing, selección con bucle
loop gain, ganancia de bucle de realimentación
loop lock, lazo de enganche
loop options, opciones de línea de abonado
loop resistance, resistencia de bucle
loop test, prueba de circuito cerrado, medida en anillo o en bucle
looped circuit, circuito de lazo
loose coupling, acoplamiento flojo, acoplamiento ajustable
loran A, B or C, loran A, B o C
loss, pérdida (de transmisión), atenuación
loss factor, factor de pérdidas, coeficiente de pérdidas
losser circuit, circuito amortiguador, circuito resonante de hiperfrecuencia
lossy line, línea con pérdidas
lost call, comunicación no efectuada, llamada ineficaz, llamada pérdida
lost traffic (switch), tráfico perdido (*conmut*)
lot, lote
loudness, intensidad acústica, intensidad sonora, sonoridad
loudspeaker, altavoz, altoparlante
louver (louvre), persiana
low band, banda inferior, banda baja
low frequency, baja frecuencia
low-frequency distortion, deformación de baja frecuencia
low-frequency signaling, señalización de baja frecuencia
low level, bajo nivel
low-level modulation, modulación de bajo nivel
low-loss coil, bobina de baja pérdida
low-pass filter, filtro de paso bajo, filtro pasabajos
low-power level, bajo nivel de potencia
low pressure, baja presión
low-voltage circuit, circuito de bajo voltaje
low-voltage protection, protección de bajo voltaje
lower (to), bajar, disminuir
lower case (tty, data), 'letras' (*tty*) (un escape de código)
lower sideband, banda lateral inferior (BLI)
lowest useful frequency (LUF) (hf), frecuencia mínima útil
lube oil, aceite lubricante
lubricate (to), lubricar
lug, terminal de soldadura, asiento, lengüeta de conexión, talón, orejeta
lumen, lumen
luminance, luminancia, brillo
luminance channel, signal, señal o canal de luminancia
luminance scale, escala de brillo
luminescence, luminiscencia, luminancia
luminosity, luminosidad
luminous sensitivity, sensibilidad luminosa
lumped characteristic, característica compuesta, característica concentrada
lumped constant system, sistema de concentración constante
lumped constants, constantes localizadas
lumped impedance, impedancia compuesta, impedancia concentrada
lumped voltage, voltaje aparente, voltaje compuesto, voltaje concentrado

M display, presentación M
MFD (microfarad), MFD (abreviatura de microfaradio)
MG set (motor generator set), motor-generador
MOS (metal oxide semiconductor), semiconductor de óxido metálico
MSI (medium scale integration) (ic), integración (de circuitos) en escala media (*ic*)
MTBF (mean time between failures), abrev. para tiempo medio entre fallas
MTTR (mean time to repair), abrev. para tiempo medio para efectuar reparaciones
madistor, madistor
magic eye, ojo mágico, indicador de sintonización
magic T, T mágica
magnesium, magnesio
magnesium anode, ánodo de magnesio
magnet, magneto, electroimán, imán
magnet yoke, culata del imán
magnetic amplifier, amplificador magnético
magnetic axis, eje magnético
magnetic brake, freno magnético
magnetic circuit, circuito magnético
magnetic clutch, embrague magnético
magnetic coil, bobina magnética
magnetic core logic circuit, circuito lógico de núcleo magnético
magnetic core storage, memoria de núcleos magnéticos
magnetic current, flujo magnético
magnetic deflection, desviación magnética, deflexión magnética
magnetic detector, detector magnético
magnetic disc, disco magnético

magnetic displacement, desplazamiento magnético
magnetic drum, tambor magnético
magnetic drum store, memorizador de tambor magnético
magnetic field, campo magnético
magnetic flux, flujo magnético
magnetic flux density, densidad del flujo magnético
magnetic focus, foco magnético
magnetic force, fuerza magnética
magnetic head, cabeza magnética
magnetic hysteresis, histéresis magnética
magnetic leakage, pérdidas magnéticas
magnetic loss, pérdida magnética
magnetic memory, memoria magnética
magnetic modulator, modulador magnético
magnetic moment, momento magnético
magnetic north, norte magnético
magnetic permeability, permeabilidad magnética
magnetic pick-up, captador magnético
magnetic pole, polo magnético
magnetic potential, potencial magnético
magnetic recorder, grabador o registrador magnético
magnetic resistance, reluctancia, resistencia magnetica
magnetic saturation, saturación magnética
magnetic sensitivity, sensibilidad magnética
magnetic shield, blindaje magnético
magnetic shunt, shunt magnético
magnetic speaker, bocina magnética, altavoz magnético
magnetic storm, tormenta magnética, tempestad magnética
magnetic switch, interruptor magnético
magnetic tape, cinta magnética
magnetic-tape reader, dispositivo de lectura de cinta magnética
magnetic track, banda magnética
magnetic transducer, transductor magnético
magnetic variation, variación magnética
magnetism, magnetismo
magnetization, imanación
magnetize (to), imanar, magnetizar
magnetizing field, campo imanante
magnetizing force, fuerza imanante o magnetizante
magneto, magneto
magnetometer, magnetómetro
magnetomotive force, fuerza magnetomotriz
magnetoresistor, magnetorresistencia
magnetostriction, magnetostricción
magnetostrictive, magnetostrictivo
magnetron, magnetrón
magnitude, magnitud
main, principal
main anode, ánodo principal
main contact, contacto principal
main distribution frame (MDF), repartidor principal, repartidor general, bastidor (de) distribución principal (BDP)
main exchange (office), estación principal, central principal
main frame (*see* **main distribution frame**)
main lobe, lóbulo principal
main quantum number, número cuántico principal
main spring, muelle principal, resorte principal
main storage, almacenaje o memoria principal
main switch, conmutador principal
mains, conductor principal, redes
mains supply, alimentación de la red
mains transformer, transformador de la red
maintenance, conservación, mantenimiento, manutención, ejercicio (con sentido más amplio)
maintenance status, estado de mantenimiento
major (alarm), principal
major lobe, lóbulo principal
majority carrier, portadora mayoritaria, portadores mayoritarios
majority current, corriente en mayoría
majority emitter, emisor mayoritario
make and break, conjuntor disyuntor, de reposo y trabajo
make and break coil, bobina de conjuntor–disyuntor
make and break contact, contacto de cerrar–abrir, contacto de reposo y trabajo
make before break, en orden de trabajo–reposo
make before break contacts, contactos escalonados de cambio
make a circuit (to), cerrar el circuito
make contact (to), cerrarse, hacer contacto
make contact, contacto de trabajo
make percent, porcentaje de contacto
make pulse, impulso de cierre, impulso de hacer, impulso de trabajo
maladjustment, malajuste, desequilibrio
male jack, clavija macho
mallet, mazo
management, dirección, administración
manager, administrador, gerente
manhole, cámara subterránea
man-hours, hombre-horas
manmade noise, ruido artificial (no natural)
manpower, fuerza de brazos, fuerza humana, mano de obra
mantissa, mantisa
manual central office, central manual
manual control, mando manual
manual cutout, cortacircuito de mano
manual exchange, central manual
manual holding, retención por la operadora
manual operation, operación manual
manual ringing, llamada manual
manual switching, conmutación manual

manual tape relay, relé o tránsito manual por cinta perforada
manual telephone, teléfono manual
manual tuning, sintonización manual
manually operated, accionado a mano
Marconi antenna, antena Marconi
margin, margen (de un aparato)
margin of safety, margen de seguridad
marginal checking, verificación marginal
mark (mark, space), marca, impulso de trabajo, marco
marker, marcador
marker beacon, radiobaliza, radiofaro de marcación, radiobaliza marcadora
marking (tty, data), trabajo (*tty, datos*)
marking bias, polarización de trabajo
marking current, corriente de trabajo
marking percentage, porcentaje de trabajo
maser, maser
masking, enmascarante
mass number, número de masa
mast, poste, mástil
master card (data), tarjeta maestra (*datos*)
master clock, reloj de mando, reloj maestro
master control, control maestro
master group, grupo maestro
master oscillator, oscilador maestro, oscilador principal
master oscillator system, sistema de oscilador maestro, sistema de oscilador patrón
master relay, relé maestro
master routine, programa patrón, programa director
master station, estación maestra
master switch, interruptor maestro, interruptor principal, conmutador principal
master synchronization pulse (telm), impulso maestro de sincronización (*telm*)
match (to), igualar, equilibrar, adaptar
matched junction, unión adaptada
matched termination, terminación adaptada
matched transmission line, línea de transmisión adaptada
matching, adaptación, equilibrio, igualación
matching stub, sección derivada de adaptación
matching transformer, transformador de adaptación
matrix, matriz, base
maximal ratio square combiner, combinador de máxima relación cuadrada
maximum average power output, máximo promedio de la potencia de salida
maximum deflection, deflexión máxima
maximum demand power, potencia máxima, consumo máximo, (*energía, tel*)
maximum distortion, deformación o distorsión máxima
maximum duration of a call, duración máxima de una conversación
maximum keying frequency (facs), frecuencia máxima de manipulación (*facs*)
maximum load, carga máxima
maximum modulating frequency, frecuencia máxima de modulación
maximum output power, potencia máxima de salida
maximum signal level, nivel máximo de señal
maximum useable frequency (MUF), frecuencia límite superior, máxima frecuencia utilizable
Maxwell, Maxwelio
Maxwell-turn, Maxwelio-vuelta
mean, medio
mean carrier frequency, frecuencia media de portadora
mean free path, recorrido libre medio
mean frequency, frecuencia media
mean interconnecting number (switch), número medio de interconexión
mean occupancy (tfc), ocupación media (*tfc*)
mean power, potencia media
mean sea level (MSL), nivel medio del mar
mean time between failures (MTBF), tiempo medio entre fallas
mean value, valor medio
mean waiting time (switch, tfc), tiempo medio de espera (*conmut, tfc*)
measure (to), medir, tomar la medida de
measured response, respuesta medida
measured service, servicio medido
measured value, valor medido
measurement, medida, dimensión
measurement accuracy, precisión de medida
measurement of activity, medida de la actividad
measuring, (de) medida, medición
measuring circuit, circuito de medida
measuring device, dispositivo de medida
measuring element, elemento de medida
measuring instrument, aparato de medida
measuring range, campo de medida
measuring set, elemento de medida
measuring tape, cinta métrica, decámetro de cinta
mechanical bias, polarización mecánica
mechanical clutch, embrague mecánico
mechanical control, control mecánico
mechanical counter, contador mecánico
mechanical damping, amortiguamiento mecánico
mechanical drive, mando mecánico, accionado mecánicamente
mechanical efficiency, rendimiento mecánico
mechanical filter, filtro mecánico
mechanical force, fuerza mecánica
mechanical scanning, exploración mecánica
mechanically actuated, accionado mecánicamente
mechanism, mecanismo
median, mediana
medium, medio
medium frequency (MF), frecuencia media

megavolt, megavoltio
megger, megaóhmetro
meghom, megaohmio, megohmio
mel, melio
member (mech), órgano, parte, pieza (*mec*)
memistor, memistor
memory, memoria, memorizador
memory capacity, capacidad de memoria
memory cell, célula de memoria
memory circuit, circuito memorizador, circuito de memoria
memory storage, registro de memoria
memory store, memoria, memorización
memory tube, tubo memorizador, tubo de memoria
mercury arc rectifier, rectificador de arco de mercurio
mercury cell, célula de mercurio, pila de mercurio
mercury relay, relé de mercurio, relevador de mercurio
mercury switch, interruptor de mercurio
mercury vapor rectifier, rectificador a vapor de mercurio
mercury vapor tube, tubo de vapor de mercurio
mesa transistor, transistor mesa
mesh (network), malla
mesh beat, (*véase* moire)
meson, mesón
message center, centro de mensajes
message minute, comunicación-minuto
message precedence, precedencia de mensajes
message-rate subscriber, abonado al régimen de conversación tasada
message register, contador de conversaciones
messenger (cable), cable de suspensión
metal rectifier, rectificador metálico
metallic circuit, circuito metálico, circuito bifilar
metallic currents, corrientes metálicas
metallic insulator, aislante metálico, aislador metálico
metallic rectifier, rectificador metálico
meteor burst scatter, propagación por dispersión de estallidos meteóricos
meteorological data, datos meteorológicos
meter, contador, medidor, registrador, aparato integrador
meter (to), medir
meter-ampere, metro-amperio
meter multiplier, multiplicador de escala
meter panel, metering panel, cuadro de contador
meter reading, lectura de contador o medidor
metering relay, relé medidor
method, método
method of working, método de trabajo
metric, métrico
metric waves, ondas métricas
mho, mho
mica capacitor, condensador de mica
micro alloy transistor, transistor de microaleación
microammeter, microamperímetro
microampere, microamperio
microelectronics, microelectrónica
microfarad (MFD), microfaradio (MFD)
microhm, microhmio, microohmio
micromanometer, micromanómetro
micrometer calipers, compás micrómetro de puntas secas
micromodule, micromódulo
micron, micrón
microphone, micrófono
microphone battery, pila microfónica
microphone capacitance, capacitancia del micrófono, capacitancia microfónica
microphone diaphragm, diafragma del micrófono
microphone hiss, soplo microfónico
microphonic circuit, circuito microfónico
microphonic noise, microfonía
microphonics, microfónicas
microscope, microscopio
microsecond, microsegundo
microstrip, microbanda
microswitch, microconmutador
microvolt, microvoltio
microvolts per meter, microvoltios por metro
microwave(s), microonda(s), micro onda(s)
microwave relay, relé de microondas
microwave system, sistema de microondas
mid-position contact, contacto de posición central
mill (to), fresar
Miller bridge, effect, puente Miller, efecto de Miller
milliammeter, miliamperímetro
milliampere, miliamperio
millihenry, milihenrio
millimetric waves, ondas milimétricas
millisecond, milisegundo
millivoltmeter, milivoltímetro
miniature tube, válvula miniatura
minimum access code (data), código de acceso mínimo (*datos*)
minimum access routine (data), rutina de acceso mínimo (*datos*)
minimum equivalent, equivalente mínimo admisible
minimum net loss, pérdida neta mínima
minimum phase shift system, sistema de desfasaje mínimo
minimum signal level, nivel mínimo de señal
minimum working current, corriente (demanda) mínima necesaria
minimum working net loss, pérdida neta mínima de funcionamiento
minor (alarm), secundaria (alarma)

minor exchange, estación secundaria
minor lobes, lóbulos secundarios
minority carrier (transistor), portadora minoritaria, portador minoritario, portador en minoría
minority concentration, concentración en minoría, concentración minoritaria
minority current, corriente en minoría, corriente minoritaria
mirror galvanometer, galvanómetro de espejo
mirror scale, escala de espejo
misadjustment, mal ajuste
misalignment, desalineación
mismatch, inadaptación, mala adaptación
mismatch (to), desequilibrar
mismatch loss, pérdida de inadaptación
misroute (to), descaminar
misrouting, error de dirección
mistuning, desintonización
mixer, mezclador
mixing, conversión de frecuencia, mezcla
mixing stage, etapa conversora, mezclador
mobile radio service, servicio móvil de radio
mobile radio station, radioestación móvil
mobility (of a charge particle), movilidad (de una partícula cargada)
mock-up, maqueta
mode, modo
mode changer, converter, conversor de modo
mode filter, filtro de modo
mode of propagation, modo de propagación
mode shift or jump, salto o cambio de modo
mode transducer, transductor de modo, conversor de modo
modem, modem
modify (to), modificar
modified constant voltage charge, carga de voltaje constante modificado
modulate (to), modular
modulated amplifier, amplificador modulado
modulated carrier, portadora modulada
modulated stage, etapa modulada
modulated wave, onda modulada
modulating electrode, electrodo de modulación
modulating envelope, envoltura moduladora
modulating frequency, frecuencia de modulación
modulating signal, señal de modulación
modulating tube, tubo modulador
modulation, modulación
modulation code, código de modulación
modulation component, componente de modulación
modulation defocusing, desconcentración por modulación
modulation distortion, deformación de modulación
modulation electrode, electrodo de modulación
modulation envelope, envoltura de modulación, envolvente de modulación
modulation index, índice de modulación
modulation meter, medidor de modulación
modulation monitor, monitor de modulación
modulation percentage, porcentaje de modulación
modulation plan, plan de modulación
modulation products, productos de modulación
modulation rate (data, tty), velocidad telegráfica (*tty*), velocidad de transmisión de datos (*véase* baud), velocidad de modulación
modulation stage, etapa de modulación
modulator, modulador
modulator crystal, cristal de modulador
module, módulo
modulus, módulo, coeficiente
moire (tv), escantillón moire (*tv*)
molded capacitor, capacitor moldeado
molecular conductivity, conductividad molecular
molecular electronics, electrónica molecular
molecular weight, masa molecular, peso molecular
molecule, molécula
momentary value, valor instantáneo
monaural, monaural
monitor, monitor, comprobador; vigilancia, comprobación, observación
monitor (to), monitorar, monitorear, comprobar
monitor and control, vigilancia y control
monitor printer, impresora-monitor, impresor-monitor
monitored, comprobado, monitorado
monitoring, monitorado, vigilancia, comprobación
monitoring device, dispositivo (de) monitor, dispositivo de vigilancia, dispositivo de comprobación
monitoring switchboard, cuadro de control, cuadro monitor
monkey wrench, llave inglesa
monobrid circuit, circuito monóbrido
monochromatic, monocromática, monocromático
monochromatic transmission, transmisión monocromática
monochrome (tv), monocrómico (*tv*)
monolithic integrated circuit (MIC), circuito integrado monolítico
monophase, monofase, monofásico
monopulse, monopulso
monopulse tracking, seguimiento por monopulso, rastreo (de) tipo monopulso
monoscope, monoscopio
monostable flip-flop, multivibrador de relajación monoestable
Morse code, código (de) Morse
mosaic, mosaico
mother disc, matriz
motive power, fuerza motriz
motor armature, inducido del motor

motor converter, motor-convertidor
motor driven, accionado por motor
motor element, elemento de motor
motor generator (set), grupo moto-generador, grupo convertidor
motor speed control, mando de velocidad del motor, control de velocidad del motor
motorboating, oscilaciones intermitentes
mount (to), montar, instalar
mount an antenna (to), armar
mounting, montaje
mounting flange, montaje sobre bridas
mounting plate, placa de montaje
mouthpiece, boquilla, bocina
movable contact, contacto móvil
movable core, núcleo movible, núcleo móvil
moving coil ammeter, amperímetro de cuadro móvil
moving coil galvanometer, galvanómetro de cuadro móvil
moving coil instrument, instrumento de cuadro móvil
moving coil relay, relevador de cuadro móvil, relé de cuadro móvil
moving coil voltage regulator, regulador de voltaje de cuadro móvil
moving contact, contacto móvil
moving iron instrument, instrumento de hierro móvil
moving iron voltage regulator, regulador de voltaje de hierro móvil
moving iron voltmeter, voltímetro de hierro móvil
moving power, fuerza motriz
moving target indicator (MTI) (radar), indicador de blanco en moción (radar)
mu-factor, factor mu
multicellular horn, bocina multicelular
multichannel, canal múltiple, vía múltiple
multichannel amplifier, amplificador de canales múltiples
multichannel equipment, equipo multicanal
multiconductor cable, cable de conductor múltiple
multicontact relay, relevador (relé) de multicontacto
multicoupler, multiacoplador
multifrequency system, sistema de multifrecuencia
multigun tube (type of CRT), tubo multicañón
multihop, multisalto, multitramo
multimeter, multímetro, medidor múltiple
multioffice area, red telefónica urbana con varias centrales
multipactor (M/W), multipactor
multipath effect, efecto de trayectos múltiples
multipath transmission, transmisión de trayectos múltiples
multi-phase, multifásico, multifase
multiple address code, código de direcciones múltiples
multiple blanking lines, líneas múltiples de blanqueo
multiple contact switch, conmutador de contactos múltiples
multiple jacks, jacks múltiples
multiple switchboard, cuadro conmutador múltiple
multiplex, multiplex, multicanalización, multicanal, equipo multicanal
multiplexer, multiplexador, equipo multicanal
multiplier, multiplicador
multiplier stage, etapa multiplicador(a)
multipoint circuit, circuito multipuntos
multi-pole, multipolar, multipolar
multi-range, multiescala
multivibrator, multivibrador
muting circuit, circuito silenciador
muting switch, interruptor silenciador, conmutador de silencio
muting threshold, umbral de sintonización silenciosa
mutual capacitance, capacidad mutua, capacitancia mutua
mutual conductance, conductancia mutua, transconductancia
mutual impedance, impedancia mutua
mutual inductance, inductancia mutua
mutual interaction, interacción mutua
mutual interference, interferencia mutua
myriametric waves, ondas miriamétricas

N address code, código de N direcciones
N display, presentación N
N–N junction, unión o juntura N–N
N-(type) semi-conductor, semiconductor tipo N
N-P-I-N transistor, transistor N-P-I-N
N-P-N transistor, transistor N-P-N
NAND gate (Not-And), una combinación de una compuerta Y y un inversor
nail, clavo
nail (to), clavar, enclavar
nail puller, saca-clavos
name plate, placa del constructor, placa marca
nanosecond, nanosegundo, nanosecundo
narrow band, banda estrecha
narrow band axis, eje de banda estrecha
narrow band frequency modulation (NBFM), modulación de frecuencia de banda estrecha
natural air cooling, enfriamiento por aire natural
natural frequency, frecuencia natural, frecuencia propia
natural interference, interferencia natural
natural logarithm, logaritmo natural
natural period, período natural
natural resonance, resonancia natural
nautical mile, milla náutica, milla marina
near-end crosstalk, diafonía cercana, paradiafonía

near field, campo cercano o próximo
near IR (near infra-red), cerca de la región infrarroja del espectro
near region, región cercana
near singing, tendencia al canto
necessary bandwidth, ancho de banda necesario
needle arm, brazo (de) aguja
needle gap, chispero de agujas
negative acceleration, aceleración negativa
negative bias, polarización negativa
negative charge, carga negativa
negative electricity, electricidad negativa
negative electrode, electrodo negativo
negative feedback, contrarreacción, realimentación negativa
negative feedback amplifier, amplificador de reacción negativa, amplificador de realimentación negativa
negative feedback loop, bucle de reacción negativa, bucle de realimentación negativa
negative glow, luminosidad catódica, luz catódica
negative image (tv), imagen negativa (*tv*)
negative resistance, impedance, resistencia negativa, impedancia negativa
negative terminal, borne negativo
negative transmission (tv), transmisión negativa (*tv*)
neon glow lamp, lámpara de neón
neon oscillator, oscilador neón
neon tube, tubo de neón
neper, neper
Nernst effect, efecto Nernst
net, red
net call sign, distintivo de llamada de la red
net control station, estación control de la red
net gain, ganancia neta, equivalente
net loss, pérdida neta, equivalente
network, red, malla
network (circuit), circuito (red)
network analysis, análisis de la red o malla
network constant, constante de la red
network filter, filtro de red
network master relay, relevador o relé maestro de la red
network parameter, parámetro de (la) red
network phasing relay, relevador fasamiento de la red
network synthesis, síntesis de la red
network theory, teoría de (la) red
neutral, neutral
neutral conductor, conductor o alambre neutral
neutral current working, explotación por corriente simple
neutral ground, tierra neutral
neutral keying or current, corriente simple, manipulación por corriente simple
neutral operation (tty), operación simple (*tty*)
neutral point, punto neutro
neutral relay, relé neutro
neutral state, estado neutral, estado neutro
neutralization, neutralización
neutralizing capacitor, condensador neutralizante, condensador de neutralización
neutralizing circuit, circuito neutralizante
nichrome, nicromo
nickel, niquel
nickel–cadmium cell, célula de niquel–cadmio
night effect, efecto de noche
nitrogen, nitrógeno
no-break power, fuerza continua (sin interrupción)
no-break power system, sistema de continuidad (de fuerza)
no load, marcha en vacío, marcha de vacío
no load voltage, voltaje en vacío, tensión de vacío, voltaje de circuito abierto
no-loaded, en vacío
no reply, sin respuesta
nodal, punto nodal
node, nodo, punto de derivación
noise (all meanings), ruido
noise advantage, ventaja sobre el ruido
noise analysis, análisis de ruido
noise component, componente de ruido
noise figure, noise factor, factor de ruido, cifra de ruido, índice de ruido
noise filter, filtro de ruido
noise grade, grado de ruido
noise level, nivel de(l) ruido
noise limiter, limitador de ruido
noise measurement, medición (medida) de ruido
noise meter, decibelímetro, sonómetro, psofómetro
noise objective, objetivo de ruido
noise, out-of-band, ruido fuera de banda
noise power, potencia de ruido
noise quieting, silenciador de ruido
noise source, fuente de ruido
noise spectrum, espectro de ruido
noise suppressor, eliminador de parásitos, supresor de ruido
noise temperature, temperatura de ruido
noise unit, unidad convencional de ruido
noise voltage, tensión psofométrica, tensión de ruido, voltaje de ruido
noise weighting, compensación de ruido
nomenclature, nomenclatura
nominal, nominal, de régimen
nominal bandwidth, ancho de banda nominal
nominal impedance, impedancia nominal
nominal line width, ancho nominal de línea
nominal load, carga de régimen
nominal margin, margen nominal
nominal output, potencia nominal, salida nominal
nominal range of use, rango nominal de utilización
nominal value, valor nominal

nomograph, nomogram, nomograma, nomógrafo, ábaco
non-automatic tripping, desenganche no automático
non-blocking access, acceso no bloqueado
non-digit type director selectors, selectores de director de selección libre
non-directional, adireccional, no directiva, omnidireccional
non-dissipative stub, stub o tetón sin disipación
non-ferrous, no ferroso
non-homing type, tipo sin retorno a normal (de máquina conmutadora)
non-inductive circuit, circuito no inductivo
non-inductive load, carga no inductiva
non-inductive resistor, resistencia no inductiva
non-inductive winding, devanado no inductivo, arrollamiento no inductivo
non-linear, no lineal
non-linear amplifier, amplificador no lineal
non-linear capacitor, capacitor o condensador no lineal
non-linear distortion, distorsión no lineal
non-linear element, elemento alineal
non-linear scale, escala no lineal
non-linearity, alinealidad, no linealidad
non-loaded Q, Q no cargado
non-magnetic, no magnético
non-numerical selection, selección libre
non-reactive, no reactivo
non-reactive resistance, resistencia no reactiva
non-resonant, no resonante
non-resonant line, línea arresonante
non-return to zero code (NRZ), código sin volver a zero
non-reversible, irreversible
non-shorting contact switch, conmutador con contactos de no corte
non-stop, sin escala, sin parada
non-synchronous, no síncrono
NOR gate, una compuerta que tiene salida cuando no hay señales en ninguna de sus entradas
normal (to be at), estar de reposo o normal
normal contact separation, separación normal de contactos
normal energy level, nivel energético normal
normal glow discharge, descarga luminiscente normal
normal loading, carga normal
normal magnetization curve, curva de imanación normal
normal permeability, permeabilidad normal
normal propagation, propagación normal
normal route, vía normal
normally closed, cerrado normalmente
normally open(ed), abierto normalmente
north magnetic pole, polo norte magnético
notch, muesca, diente
notch filter, filtro de ranura, filtro de absorción
null axis, eje nulo
null detector, detector de cero, detector de nulo
null instrument, indicador de cero
null point, punto nodal, punto nulo
number of calls, número de llamadas
number received signal, señal de número recibido
numbering, numeración
numeral, numeral
numerical code, prefijo, indicativo numérico
numerical presentation, presentación numérica
numerical readout system, sistema de lectura numérica
numerical selection, selección numérica
numerically controlled, controlado numéricamente
Nyquist diagram, diagrama de Nyquist
Nyquist interval, intervalo de Nyquist
Nyquist's criterion, criterio de Nyquist

O network, red de O
OD (abrev. outside diameter), DE (abrev. para diámetro exterior)
OR circuit, circuito 'O'
OR gate, puerto 'O', discriminador 'O', compuerta por disyunción, compuerta 'O'
oblique incidence transmission, transmisión de incidencia oblicua
occupation (switch), ocupación (*conmut*)
occupation efficiency (tfc, switch), coeficiente de ocupación, rendimiento, factor de utilización (*tfc*, *conmut*)
occupied bandwidth, ancho de banda ocupada
occupied position, posición ocupada
octal base, base octal, casquillo octal
octal fraction, fracción octal
octave, octavo, octava
octode, octodo
odd, impar
oersted, oersted, oerstedio, erstedio
off, desconectado, parada, sin corriente
off-hook, descolgado
off-line (tty, datos), fuera de línea (*tty*, *datos*)
off position, posición de desconectado
offset, desplazamiento, desviación remanente; línea secundaria; desalineado
offset (to), decalar, descentrar
offset screwdriver, destornillador desviado o decentrado (descentrado)
off-the-shelf, una frase que explica que una parte, aparato, dispositivo, o un sistema está disponible. 'Está disponible del estante de un almacén o una bodega'; también puede indicar que la ingeniería está hecha y el prototipo está probado
office battery, batería central
office of destination, estación de destino

office selector, selector de estación
ohm, ohmio
ohmic contact, contacto óhmico
ohmic losses, pérdidas óhmicas
ohmmeter, ohmímetro
Ohm's law, ley de Ohmio
ohms per volt, ohmios por voltio
oil (to), lubricar, aceitar
oil cooling, oleoenfriamiento, enfriamiento por aceite
oil immersed, (en) baño de aceite, metido en aceite
omnidirectional antenna, antena omnidireccional
on, conectado
on-hook, colgado
on-line equipment, equipo en línea, equipo conectado a la línea
on–off, conectado–desconectado, por todo o nada
on–off keying, manipulación por corte (de emisión), manipulación por conectado–desconectado
on–off switch, conmutador conectador–desconectador, llave de abertura y cierre
one shot multivibrator, multivibrador de disparo
one way, unidireccional; irreversible (*mec*)
one-way circuit, circuito de un solo sentido
open circuit, ruptura de hilo, abierto, falta de continuidad, circuito abierto, en vacío
open circuit impedance, impedancia de circuito abierto
open circuit signaling, señalización de circuito abierto
open circuit working, explotación por cierre de circuito, explotación por envío de corriente
open end wrench, llave española, llave de maquinista, llave de boca
open loop control, control de bucle abierto, mando de bucle abierto
open plug, clavija abierta
open wire line, línea aérea, hilo desnudo
operate (to), accionar, electroaccionar, funcionar, manejar (*mec*), operar
operate time, tiempo de funcionamiento
operating, funcionamiento, en operación
operating conditions, condiciones de funcionamiento
operating contact, contacto de trabajo
operating costs, gastos de explotación
operating current, corriente de régimen, corriente de servicio
operating frequency, frecuencia de trabajo
operating instructions, normas de explotación, instrucciones de servicio
operating life, vida útil
operating limits, límites de operación o de funcionamiento
operating point, punto de funcionamiento, punto de trabajo
operating position, posición de operadora, posición de telefonista, puesto de operadora
operating power, potencia en servicio, potencia útil
operating procedure, maniobra, procedimiento de operación
operating range, régimen de funcionamiento, límites de operación
operating room, sala de servicio
operating temperature, temperatura de funcionamiento
operating voltage, voltaje de régimen, voltaje de funcionamiento, tensión de servicio
operation, funcionamiento, acción, operación, mando, maniobra; explotación (of a net)
operation number, número de operación
operation register, registrador de operación
operational life, duración en funcionamiento
operator, operador, operadora
operator sequence (tty), una secuencia de marcos y espacios reservados para operador (p.e.: retroceso del carro, espacio, etc.) (*tty*)
opposing, opuesto
optical communications, comunicaciones ópticas
optical horizon, horizonte óptico
optical range, alcance óptico
optimization, rendimiento máximo
optimize (to), hacer (poner) en condición óptima, 'optimizar'
optimum, óptimo, crítico
optimum code, código óptimo
optimum coding, programación óptima, codificación óptima
optimum coupling, acoplamiento óptimo
optimum programming, programación óptima
optimum traffic frequency (FOT), frecuencia óptima de tráfico
optimum working frequency (OWF), frecuencia óptima de trabajo (FOT)
orbiting, círculos de espera
order, instrucción, orden, tarjeta de entrada (computador, calculadora)
order (of multiplicity), grado (de multiplicidad)
order code, código de instrucciones
order tone, tono de orden
orderwire, circuito de servicio, circuito de transferencia, hilo de órdenes, línea de transferencia, línea de ordenes, línea de servicio
ordinate axis, eje de ordenadas
organization chart, organigrama
orifice, orificio, abertura
originate (to), emanar de, originar de, proceder de
originating exchange, estación de origen
originating traffic, tráfico originado en la red
originator, originador
orthicon (tv), orticonio, orticón (*tv*)
orthogonal antenna, antena ortogonal
oscillating quantity, magnitud oscilante

oscillating voltage, voltaje de oscilación
oscillation, oscilación
oscillator, oscilador
oscillatory circuit, circuito oscilatorio, circuito oscilador, circuito oscilante
oscilloscope, osciloscopio
out-of-adjustment, fuera de ajuste
out-of-balance, desequilibrio, asimétrico
out-of-balance currents, corrientes homopolares
out-of-band noise, ruido fuera de banda
out-of-band signaling, señalización fuera de banda
out-of-gear, desembragado
out-of-line, desalineado, fuera de línea
out-of-order, en mal estado, averiado, descompuesto, defectuoso
out-of-order tone, tono de avería
out-of-phase, fuera de fase
out-of-service, fuera de servicio
out-of-tune (to be), desacordar
outdoor, exterior
outage, parada, paralización
outer coating, revestimiento exterior
outer conductor, conductor exterior
outgoing call, llamada saliente
outgoing circuit, circuito de salida
outgoing connection, conexión de salida
outgoing to distant exchange, salida a central distante
outgoing position, posición de salida, posición A, cuadro de salida, posición de operadora A
outgoing register, registrador de salida
outgoing secondary line switch, preselector mezclador para troncales de salida
outgoing selector, selector de salida
outgoing traffic, tráfico de salida, tráfico saliente
outgoing trunks, enlaces de salida, troncales de salida
outlet (wall), tomacorriente
output, resultado, salida, rendimiento, potencia (de salida), energía de salida, información de salida
output block, bloque de salida
output capacitance, capacitancia de salida
output frequency, frecuencia de salida
output impedance, impedancia de salida
output level, nivel de salida
output meter, medidor de salida
output power, potencia de salida
output response, respuesta de salida
output signal, señal de salida
output stage, etapa de salida, paso final
output transformer, transformador de salida
output winding, devanado de salida, arrollamiento de salida
outside plant, planta externa, red de líneas
outward board, cuadro de salida, cuadro de operadora A
oven, horno, hornillo, estufa
overall, total, global
overall attenuation, equivalente (de atenuación)
overall dimensions, dimensiones extremas, dimensiones totales
overall gain, ganancia efectiva, ganancia total
overall loss, pérdida efectiva, pérdida total
over-and-under relay, relé (relevador) de máxima y mínima
overcurrent relay, relé (relevador) de sobrecorriente
overcurrent tripping, disyuntamiento de sobrecorriente
overdamping, sobreamortiguamiento
overdriven, sobreexcitado, sobrecargado
overdriven amplifier, amplificador sobrecargado
overflow, desborde, exceso, sobreflujo
overflow traffic (switch), tráfico de sobrecarga o de desborde (*conmut*)
overhaul (to), componer, rehabilitar
overhead line, línea aérea
overheating, recalentamiento
overlap, superposición, recubrimiento, solapamiento, oscilación independiente que se produce espontáneamente
overlap (to), sobreponer, solapar
overlay, calco
overload, sobrecarga, sobreamperaje
overload capacity, capacidad de sobrecarga
overload current, corriente de sobrecarga
overload indicator, indicador de sobrecarga
overload relay, relé (relevador) de sobrecarga
overload switch, interruptor de sobrecarga
overmodulate (to), sobremodular
overmodulation, sobremodulación
override, extra limitación
overshoot, sobrepaso del haz, sobrecresta
overtone, armónica superior
overtone crystal, cristal de cuarzo de armónicas
overtravel switch, interruptor de sobrecarrera
overvoltage, sobretensión, sobrevoltaje
overvoltage tripping, desconexión por sobrevoltaje
Owen bridge, puente (de) Owen
oxide, óxido
oxide cathode, cátodo con depósito de óxidos
oxygen, oxígeno
ozone, ozono

P-type conductivity, conductividad tipo P
P-type semiconductor, semiconductor tipo P
PABX (private automatic branch exchange), central automática privada
PAM (pulse amplitude modulation), modulación de amplitud de impulsos
PBX (private branch exchange), instalación de abonado con extensiones, centralita privada
PBX (cordless), cuadro conmutador con llaves

PBX finals, selector final de central privada
PCM (Pulse Code Modulation), modulación por impulsos codificados
PIN diode attenuator, atenuador diodo PIN
PIN jack, jack de pasador
PIN sensing, sensible a pasador
PM focusing, enfoque PM
PN boundary (transistor), unión PN (transistor)
PN junction, zona PN, juntura o unión PN
PNP junction, zona PNP, juntura PNP, unión PNP
PP junction (transistor), unión PP, juntura PP (transistor)
PPI (plan position indicator), pantalla radárica
PPM (pulse position modulation), modulación por impulsos con variación de tiempo
PPM focusing, enfoque PPM
PRF (pulse repetition frequency), frecuencia de repetición de impulsos
PSI (pounds per square inch), libras por pulgada cuadrada (0.0703 kg/cm^2)
PTM (pulse time modulation), modulación por duración de impulsos
pack (to), embalar
packaged units, unidades completas premontadas
packing, embalaje
pad, atenuador fijo
padding, relleno
padlock, candado
page printer (tty, data), impreso ren página, impresora en página (*tty, datos*)
page printing apparatus, aparato impresor en página
paid call, llamada tasada, conversación tasada
paint (to) (radar), pintar (un blanco en la pantalla)
pair, par
paired cable, cable en pares, cable pareado
pairing, solapado de líneas (*tv*), pareamiento, emparejado
panadapter, panadaptor (*véase* panoramic adapter)
panel, tablero, cuadro, panel
panel lamp, lámpara de tablero o de panel
panel (frame) mounting, montaje sobre tablero
panel selector, panel de selectores
panoramic adapter, adaptador panorámico
panoramic analyzer, analizador panorámico
panoramic display, presentación panorámica
panoramic receiver, receptor panorámico
paper capacitor, condensador de papel
paper tape, cinta de papel
paper tape punch, perforador(a) de cinta (de) papel
parabolic, parabólico
parabolic antenna, antena parabólica
parabolic detection, detección parabólica
parabolic reflector, reflector parabólico
paraboloid, paraboloide
parallax, paralaje
parallel, paralelo
parallel access, acceso paralelo
parallel buffer, tampón paralelo, separador paralelo
parallel capacitance, capacidad en paralelo, capacitancia en paralelo
parallel circuits, circuitos en paralelo
parallel connection, conexión en paralelo
parallel feed, alimentación paralela
parallel plate waveguide, guía onda con placas paralelas
parallel resonance, resonancia en paralelo
parallel rod tuning, sintonización en paralelo
parallel-series, paralelo-serie
parallel storage, almacenaje en paralelo
parallel T network, red en T paralela
parallel transfer, transferencia en paralelo
parallel transmission, transmisión en paralelo
parallel winding, devanado en paralelo
parameter, parámetro
parametric amplifier, amplificador paramétrico
parametric converter, conversor paramétrico
parametric device, dispositivo paramétrico
parametric excitation, excitación paramétrica
parametron, parametrón
paraphrase (to), parafrasear
parasitic, parásito
parasitic antenna, antena parasítica o parásita
parasitic current, corriente parásita
parasitic element, elemento parasítico
parasitic oscillation, oscilación parasítica
parasitic suppressor, supresor parasítico, eliminador de oscilaciones parasíticas
parity, paridad
parity bit, bite de paridad, bitio de paridad
parity check, verificación de paridad
part (e.g. item, paragraph, section), rubro
part (all other senses), parte
partial derivative, derivado parcial
partial matrix, matriz parcial
partial restoring time, tiempo de bloqueo de un supresor de eco de acción continua
partial secondary selection, segunda preselección parcial
parts list, lista de partes, acopio de partes
party line, línea compartida, línea común, línea colectiva
passband, banda de paso, banda de transmisión libre, pasa-banda, banda pasante
passband response, respuesta de paso de banda
passive communications satellite, satélite de comunicaciones pasivo
passive element, elemento pasivo
passive network, red pasiva

passive return loss, atenuación pasiva de equilibrado
passive satellite, satélite pasivo
passive singing point, punto pasivo de canto
patch bay, bastidor de conexiones o transferencias
patch cord, cordón de transferencia, cordón de línea directa
patch panel, panel de acoplamiento, panel de conjuntores, cuadro de jacks, repartidor, panel de transferencias, panel de conexiones
patching, transferencias, interconexión por cordones, interconexión
path, recorrido, trayecto
path attenuation, atenuación de trayecto
path distortion noise, ruido de propagación
path profile, perfil de trayecto
pattern (e.g. antenna), característica polar, diagrama de radiación
pattern (data), paterna, patrón
pattern (tv), carta de prueba (*tv*)
pattern generator, generador de mira, generador de patrones, generador de carta de prueba
pawl, uña, trinquete
pawl stop, tope de (la) uña
peak, punta, cresta, valor de cresta, pico
peak cathode current, corriente de pico de cátodo
peak current, corriente de cresta o de pico
peak deviation, desviación de pico o de cresta
peak envelope power (PEP), potencia de cresta
peak inverse (voltage, current), inversa de cresta
peak limiter, limitador de cresta
peak load, carga de pico, carga de cresta
peak-to-peak, cresta-a-cresta
peak-to-peak amplitude, amplitud cresta-a-cresta
peak power, potencia de pico, potencia de cresta
peak pulse power, potencia máxima del impulso
peak response, respuesta de pico, respuesta de cresta
peak signal level, nivel (pico) de señal, nivel máximo de señal
peak traffic, tráfico de cresta, tráfico de pico
peak-to-valley ratio, relación entre cresta y valle
peak value, valor de cresta, valor de pico, valor máximo
peak voltage, voltaje de cresta, voltaje de pico
peak white, blanco perfecto
peaking current, circuito diferenciador de crestas
pedestal, pedestal, base
peg counter (tfc), contador manual de ocupación (*tfc*)
pen recorder, registrador de pluma
pencil beam, haz de lápiz
pentode, pentodo
percent, percentage, por ciento, porcentaje
percent make, percent break, porcentaje cierre-abertura
percentage of delayed calls (tfc), probabilidad de retraso o demora (*tfc*)
percentage of grade of service (probability of loss) (tfc) and percentage of lost calls, probabilidad de pérdida (*tfc*)
percentage of modulation, porcentaje de modulación
percentage of modulation meter, medidor de porcentaje de modulación
percentage of ripple, porcentaje de ondulación residual
percentage (of) sync, porcentaje de sinc (o sync)
perforated tape transmission, transmisión telegráfica con cinta perforada
perforator, perforador
performance, rendimiento, comportamiento, funcionamiento
performance characteristics, características, características funcionales
performance criteria, criterio de funcionamiento
performance curve, curva de rendimiento
performance limit, límite de funcionamiento
perimeter, perímetro
period, período, época
periodic, periódico
periodic antenna, antena periódica
periodic current, corriente periódica
periodic damping, amortiguamiento periódico
periodic duty, funcionamiento periódico, servicio periódico
periodic line, línea periódica
periodic magnetic wave, onda electromagnética periódica
periodic service, servicio periódico
periodic tests, pruebas periódicas
periodic wave, onda periódica
periodicity, periodicidad, número de períodos
peripheral equipment (data), equipo periférico (*datos*)
peripherals (data), periféricos (*datos*)
permalloy, permaloy
permanent echo, eco permanente
permanent magnet, imán permanente
permanent memory, memoria permanente
permeability, permeabilidad
permeability tuning, sintonización por variación de la permeabilidad
permeance, permeancia
permittivity, constante dieléctrica
permutation, permutación
permutation table, tabla de permutación
perpendicular (math), perpendicular, vertical
persistence (of luminescence), fosforescencia, luminiscencia residual

persistence of vision, persistencia de la visión
persistron, persistrón
person-to-person call, llamada personal, conversación personal
perturbation, perturbación
perveance, perveancia
petticoat insulator, aislador de campana
phanotron, fanotrón
phantasotron, fantasotrón
phantom circuit, circuito (de) fantasma, circuito combinado
phantom group, grupo fantasma, grupo combinado
phase, fase
phase angle, ángulo de fase
phase-angle error, error de ángulo de fase
phase-balance relay, relé de equilibrio de fases
phase-balance voltage, voltaje de equilibrio de fases
phase center, centro de fase(s)
phase compensation, compensación de fases
phase conductor, hilo de fase
phase constant, constante de fase
phase converter, convertidor de fase
phase correction, corrección de fase
phase corrector, corrector o igualador de fases
phase delay, retardo de fase
phase detector, detector de fase
phase deviation, desviación de fase
phase difference, diferencia de fase, desfasamiento
phase discriminator, discriminador de fase
phase displacement, desfasaje
phase distortion, distorsión de fase
phase equalizer, compensador de fase, igualador de fase(s)
phase factor, factor de fase característico
phase inversion, inversión de fase(s)
phase inverter, inversor de fase(s)
phase lag, retardo de fase
phase lead, avance de fase
phase-lead compensation, compensación de avance de fase
phase localizer, localizador por desfasaje
phase lock, sincronización de fase, enganche de fase
phase-lock loop, bucle de sincronización de fase, bucle de enganche de fase
phase margin, margen de fase
phase meter, medidor de fase, fasómetro
phase modifier, compensador de fase
phase modulation (PM), modulación de fase
phase propagation ratio, relación de propagación de fase
phase quadrature, cuadratura de fase
phase resonance, resonancia de fase
phase response, respuesta de fase
phase reversal, inversión de fase
phase-reversal protection, protección contra inversión de fases
phase rotation, rotación de fase(s)
phase-sequence indicator, indicador de secuencia de fase
phase shift, variación de fase, desfasaje, desplazamiento de fase
phase shift network, red desfasadora
phase-shifter or splitter, desplazador de fase, desfasador, desviador de fase, desfasador múltiple
phase space, espacio de fase, extensión en fase
phase splitting, division de la fase, separación de fases
phase-time modulation (PTM), modulación de tiempo de fase
phase velocity, velocidad de fase
phase winding, devanado de fases
phaser, sincronizador
phasing, fasaje, fasamiento, sincronización, puesta en fase
phasing relay, relé de puesta en fase
phasing signal, pulse, emisión de fase, emisión de puesta en fase; impulso puesto en fase
phasitron, fasitrón
phon, fón
phonetic alphabet, alfabeto fonético
phosphor, fósforo
phosphorescence, fosforescencia
photocathode, fotocátodo
photo cell, fotocélula, célula fotoeléctrica
photoconductive cell, célula fotoconductiva
photoconductivity, fotoconductividad
photoconductor, fotoconductor
photocurrent, fotocorriente
photodiode, fotodiodo
photoelectric, fotoeléctrico
photoelectric absorption, absorción fotoeléctrica
photoelectric cell, célula fotoeléctrica
photoelectric chopper, interruptor fotoeléctrico
photoelectric current, corriente fotoeléctrica
photoelectric effect, efecto fotoeléctrico
photoelectric reader, lector fotoeléctrico, dispositivo de lectura fotoeléctrica
photoelectric relay, relé (relevador) fotoeléctrico
photoelectric scanner, buscador fotoeléctrico
photoelectric tube, tubo fotoeléctrico, válvula fotoeléctrica
photoelectromotive force, fuerza fotoelectromotriz
photoelectron, fotoelectrón
photoemissive, fotoemisivo
photogrammetric, fotogramétrico
photojunction battery, batería nuclear de foto unión
photometer, fotómetro
photometry, fotometría
photonegative, fotonegativo
photopositive, fotopositivo

photoresistant, fotorresistente
photo sensitive, foto sensible
phototransistor, fototransistor
phototube, fototubo
photovaristor, fotovaristor
photovoltaic, fotovoltaico
photovoltaic cell, célula fotovoltaica, fotopila
photox cell, célula fotox
photronic cell, célula fotrónica
phrase intelligibility, inteligibilidad de las frases
physical circuit (physical line), circuito combinante, circuito composante, circuito constituante, circuito real, línea real
pi mode, modo pi
pi point, punto pi
pi or T network, circuito en pi o T, red en pi o T, red de pi o T
pick axe, zapapico
pick-up, captador, fonocaptor, reproductor fonoeléctrico
pick-up (to), captar
pick-up amplifier, amplificador fonográfico
picking up, captación (*tv*)
picowatts (pW), picovatios (10^{-12} vatios)
picture (tv), imagen
picture amplifier, amplificador de imagen
picture black (tv), señal de densidad máxima, negro de la imagen (*tv*)
picture bounce (tv), temblor de imagen (*tv*)
picture brightness, brillo de imagen
picture carrier, onda portadora (de) visión
picture edge, borde de la imagen
picture element, elemento de imagen
picture frequency, frecuencia de imagen
picture information, información de imagen
picture monitor, monitor de imagen
picture signal, señal de imagen
picture transmission, transmisión de imagen
picture tube, tubo de imagen, tubo de rayos catódicos, tubo de reproducción
picture white, nivel ultrablanco de imagen
Pierce oscillator, oscilador (de) Pierce
piezoelectric, piezoeléctrico
piezoelectric crystal, cristal piezoeléctrico
piezoelectric effect, efecto piezoeléctrico
piezoelectric transducer, transductor piezoeléctrico
piezoelectricity, piezoelectricidad
pig tail pill, terminación microstrip de microondas
pigeons (tv), una clase de ruido impulsivo de tv (*tv*)
pilot, piloto
pilot (to), pilotar, gobernar
pilot alarm, timbre piloto, alarma piloto
pilot carrier, portadora piloto
pilot cell, celda de piloto (imperf.), célula de piloto
pilot channel, canal de piloto
pilot circuit, circuito piloto
pilot frequency, frecuencia piloto
pilot frequency acquisition, consecución de la frecuencia piloto
pilot lamp (light), lámpara indicadora, lámpara piloto
pilot oscillator, oscilador piloto
pilot pickoff filter, filtro de piloto
pilot regulator, regulador piloto
pilot relay, relé (relevador) piloto
pilot tone, tono (de) piloto
pilot wire regulator, regulador por hilo auxiliar
pin, clavija, clavo, eje, pasador
pinch effect, efecto de constricción
pinion, piñón
pip, pip, punta, cresta
piping, tubería, cañería
piston (m/w), pistón de guía onda para sintonizar (*m/w*)
piston attenuator, atenuador de pistón
pitch, paso; tono de un sonido
pivot, árbol, pivote, espiga
plan, plan, proyecto
plan (drawing), plano (dibujo)
plan position indicator (PPI) (radar), presentación panorámica (*radar*)
planar diode, diodo planar
plane, plano o planar
plane earth attenuation, atenuación sobre tierra plana
plane earth propagation, propagación sobre tierra plana
plane of polarization, plano de polarización
plane polarized, (de) polarización plana
plane polarized wave, onda polarizada en un plano
plane reflector, reflector plano
plane wave, onda plana
plant, equipo(s), instalación, planta, usina
plant engineering, ingeniería de instalaciones, ingeniería de planta
Planté type battery, acumulador o batería de tipo Planté
plasma, plasma
plate, ánodo, placa
plate of a capacitor, placa de un condensador
plate of a capacitor or condenser, armadura de un condensador
plate characteristic, característica de placa
plate circuit, circuito anódico
plate current, corriente anódica, corriente de placa
plate detection, detección anódica o de placa
plate dissipation, disipación de placa, disipación anódica
plate efficiency, rendimiento de placa
plate impedance, impedancia anódica o de placa
plate load, carga anódica, carga de placa
plate neutralization, neutralización del circuito anódico
plate resistance, resistencia de placa
plate saturation, saturación de placa

platinotron, platinotrón
platinum, platino
play (mech), juego (de una pieza mecánica o de una máquina) (*mec*)
playback, regrabación, reproducción
playback unit, dispositivo de reproducción
pliers, alicates, pinzas, tenacillas, tenazas
plot (to), trazar
plotter, aparato trazador o registrador
plotting, trazado, representación gráfica
plug, clavija, clavija para jack, ficha, enchufe, toma de corriente
plug (two way, three way), gemela de dos hilos, de tres hilos
plug-in, enchufable, intercambiable
plug-in (to), enchufar, intercalar, introducir una clavija
plug-in relay, relé (relevador) de enchufe, relé (relevador) de clavija
plug-in unit, unidad de enchufe, unidad de conexión, unidad enchufable
plug receptacle, caja de contacto, receptáculo, toma de enchufe, tomacorriente de clavija
plugging, taponar
plumbing, plomería
plumbing (waveguide), tendido de guía de ondas (*guía onda*)
plunger (*see* **piston**)**,** pulsador, émbolo, pistón
plunger (switch), émbolo, flecha (*conmut*)
plunger armature, armadura de la flecha
plunger assembly, conjunto de la flecha
plunger guide, guía de la flecha
plunger rollers, rodillos de la flecha
plunger slot, escotadura de flecha
plunger stroke, carrera del émbolo
plunger tip, punta de flecha
pneumatically operated, accionado neumáticamente
Pockel's effect, efecto Pockel
point contact diode, diodo de contacto por punto, diodo de punto de contacto
point contact rectifier, rectificador de punto de contacto
point contact transistor, transistor de puntas, transistor de punto o puntual o de contacto
point junction-transistor, transistor de juntura a puntos
point of support, punto de apoyo
point of tangency, punto de tangencia
point-to-point, punto a punto
point-to-point communication, comunicaciones entre puntos fijos
point-to-point method, método punto por punto
pointer, aguja, índice
pointer knob, botón con índice
pointing, indicación, puntería
Poisson distribution, función de Poisson
polar, polar
polar axis, eje polar
polar current working, explotación por corriente doble
polar curve, curva polar
polar diagram, diagrama de radiación, diagrama polar
polar keying or current, corriente doble, manipulación por corriente doble
polar operation, funcionamiento polarizado
polar relay, relevador (relé) polarizado
polarity, polaridad
polarization, polarización
polarization current, corriente de polarización
polarization diversity, diversidad de (por) polarización
polarization fading, desvanecimiento (de) (por) polarización
polarization loss, pérdida de polarización
polarize (to), polarizar
polarized plug, clavija o jack polarizada
polarized radiation, radiación polarizada
polarized receptacle, enchufe polarizado
polarized relay, relé polarizado, relevador polarizado
polarized wave, onda polarizada
polarizer, polarizador
polarizing current, corriente polarizadora
pole, polo, poste
pole line, ruta de postes, posteadura, postación
pole piece, pieza polar
pole shoe, pieza polar, zapata polar
pole and zero configuration, configuración de polo y cero
polynomial, polinomio
polyphase, polifase
polyphase circuit, circuito polifásico
polyphase synchronous generator, generador síncrono polifásico
polyphase system, sistema polifásico
polyrod antenna, antena de varillas múltiples
polystyrene, poliestireno
porcelain insulator, aislador de porcelana
port (e.g. a 3-port device), terminal, puerta (p.e.: dispositivo de 3 terminales o puertas)
portable, portátil
position, puesto de operadora, posición de telefonista, puesto, posición
position finder, buscador de posición
position indicator, indicador de posición
position switch, interruptor de posición, conmutador de posición
position telemeter, telemetría de posición
positional notation, anotación posicional
positive, positivo
positive bias, polarización positiva
positive column, columna positiva
positive electricity, electricidad positiva
positive electron, electrón positivo
positive feedback, reacción positiva, realimentación positiva, retroalimentación positiva
positive logic, lógica positiva

positive modulation, modulación positiva
positive plate, placa positiva
positive rays, rayos canales
positive terminal, borne positivo
positive transmission, transmisión desmodrómica
post accelerating electrode, ánodo intensificador
post selection, selección ulterior
potential, potencial, voltaje
potential barrier, barrera de potencial
potential curve, curva de potencial
potential difference, diferencia de potencial
potential divider, potenciómetro, reductor de voltaje
potential drop, caída de voltaje
potential gradient, gradiente potencial
potential hill, colina de potencial, barrera de potencial
potential peak, cresta de potencial, pico de potencial
potentiometer, potenciómetro
powdered iron core, núcleo de polvo de hierro
power (power output of a transmitter), potencia (p.e.: potencia de la salida de un transmisor)
power (power supply), energía (alimentación de energía) (fuente de poder)
power amplification, amplificación de potencia
power amplifier, amplificador de potencia o amplificador por potencia
power detection, detección o desmodulación de potencia
power detector, detector de potencia
power dissipation, disipación de potencia
power divider, partidor de potencia, divisor de potencia
power driven, accionado mecánicamente, motorizado
power factor, factor de potencia
power factor meter, contador (medidor) de factor de potencia
power factor regulator, regulador de factor de potencia
power gain, ganancia de potencia; ganancia de antena dirigida
power input, potencia de entrada
power level, nivel de potencia
power line, línea de fuerza eléctrica
power line noise, ruido de sector
power loss, pérdida de potencia
power off, falta de circuito; desconectado
power on, energía en la línea; conectado
power output, potencia de salida
power pack, fuente de alimentación, fuente de energía
power plant, usina, pabellón usina, planta generadora, central de energía, instalación de energía, planta de energía
power rating, potencia nominal
power ratio, relación de potencia
power relay, relé o relevador de potencia
power stage, etapa de potencia
power station, central eléctrica
power supply (unit), fuente de energía, fuente de poder, alimentación de fuerza, fuente de alimentación, suministro de energía
power switch, interruptor de potencia o energía
power switchboard, cuadro de distribución de fuerza motriz
power transfer relay, relé (relevador) de transferencia
power transformer, transformador de potencia
power unit (supply, generator, etc.), grupo electrógeno
Poynting vector, vector de Poynting
PPM focusing, enfoque PPM
practical units, unidades prácticas
preamplification, preamplificación
preamplifier, preamplificador
precedence, prioridad, precedencia
precipitation attenuation, atenuación de precipitación
precipitation noise, ruido (de) precipitación
precision balanced hybrid circuit, circuito de híbrido equilibrado de precisión
precision connector, conector de precisión
precision net(work), red de precisión, equilibrador de precisión
precision sweep, barrido de precisión
preconduction current, corriente de preconducción (thyratrón)
predetection combining, combinación de predetección
predetermined value, valor predeterminado
predicted-wave signaling, señalización por onda pronosticada
preemphasis, preénfasis, preacentuación, resalte
preemphasis network, red de preénfasis, red de acentuación
preemption, derecho de prioridad, preempción
preferential direction, dirección de preferencia
pregroup, pregrupo
preheat (to), precalentar
preliminary reading, lectura preliminar, lectura indirecta
preliminary study, antestudio, estudio preliminar
preloaded, precargado
premature release, desconexión prematura
preselection, preselección
preselection stages (steps), etapas de preselección
preselector, preselector
preset, ajuste previo
preset (to), preestablecer
preset parameter, parámetro preestablecido

press-button, pulsador, botón de presión
press a button or key (to), oprimir (una llave o botón), pulsar (una tecla, botón)
press switch, interruptor de presión
pressure gauge, manómetro
pressure level, nivel de presión
pressure relay, relé (relevador) de presión
pressurization (pressure), presión
pre-TR tube, tubo pre-TR
pretrigger, preactivador
pretune (to), presintonizar
preventive maintenance, conservación preventiva, mantenimiento preventivo
primary, primario
primary cell, pila, célula primaria, celda primaria (imperf.)
primary disconnecting switch, interruptor primario
primary electron, electrón primario
primary emission, emisión primaria
primary fault, falla primaria
primary feedback, reacción mayor, contrarreacción primaria
primary flow, flujo primario
primary frequency, frecuencia primaria
primary line switch, buscador de líneas, preselector primario o primero
primary pattern, diagrama primario
primary power, fuerza primaria, energía primaria
primary radiation, irradiación primaria
primary relay, relé (relevador) primario
primary skip zone, zona de primer salto
primary winding, devanado primario, arrollamiento primario
principal axis, eje principal
principal E, H plane, plano E, H principal
print, impresión, copia
print (to), imprimir
print unit, impresora
printed circuits, circuitos imprimidos, circuitos estampados, circuitos impresos
printer, máquina impresora, impresora
printing perforator, perforador-impresor
printing reperforator, reperforador-impresor
printing telegraph, telégrafo impresor
print-out, impresión, tiraje
priority message, mensaje de prioridad
privacy telephone system, sistema de telefonía secreta
private bank (switch), banco privado (*conmut*)
private branch exchange (PBX), instalación de abonado con extensiones
private branch exchange switchboard, centralita privada
private control (switch), control de bloqueo
private exchange, central privada
private line, línea privada
private normal (switch), normal del privado (*conmut*)
private wire, circuito privado
probability, probabilidad
probability curve, curva de probabilidad
probability of delay (switch), probabilidad de demora o retraso (*conmut*)
probability distribution, distribución de probabilidad
probability of loss (switch), probabilidad de pérdida (*conmut*)
probe, sonda
probing (near field), toma de muestras (campo cercano)
procedure, método, método operativo, procedimiento
proceed to select, señal de selección
proceed to send signal, señal de comienzo, señal de invitación a transmitir
proceed to transmit signal, señal de transmisión
process, tratamiento, proceso, elaboración
process control system, sistema de control de elaboración
process monitoring, comprobación de procesos
processing, fabricación; elaboración, proceso, tratamiento industrial
processor, elaborador
procurement, obtención, procuración, solicitud
procurement lead time, período anticipado de obtención
product detector, detector (de) producto
product modulator, modulador (de) producto
profile, planilla, perfil, calibre
profile chart, gráfico de perfil
program, programa, plan, rutina
program (to), programar
program circuit, circuito radiofónico
program channel receive, canal del programa recibido
program channel transmit, canal del programa transmitido
program channel unit, unidad para el canal de programa
program counter, registrador de programa
program element, elemento de programa
program generator, generador de programas
program parameter, parámetro de programas
program step, paso de programas
program storage, almacenaje de programas
program tape, cinta de programas
program time, tiempo de programas
program transmission (bcst), transmisión radiofónica
programmed check, verificación programada
programmer, programador
programming, programación
programming code, código de programación
progressive scanning, exploración progresiva

propagation, propagación
propagation anomaly, anomalía de propagación
propagation constant, constante de propagación
propagation delay, retraso de propagación
propagation factor (ratio), factor de propagación
propagation loss, pérdida de propagación
propagation noise, ruido de propagación
proportional band, banda proporcional
proportional counter, contador proporcional
proportionality constant, factor de proporcionalidad
proposal, oferta, propuesta, proposición
protected, protegido
protecting block, bloque protector
protective, protector
protective cable, cable protectivo
protective device, dispositivo protector
protective fuse, fusible protector
protective relay, relé (relevador) protector
protective resistance, resistencia protectiva
protector, protector
protector block, bloque protector
proton, protón
prototype, prototipo
prototype tests, pruebas de homologación
provisional acceptance, aprobación provisional, recepción provisional
proximity effect, efecto de proximidad
pseudocode, pseudocódigo
pseudo-random, pseudo al azar
psophometer, psofometer, psofómetro, sofómetro
psophometric power, potencia psofométrica
psophometric voltage, tensión o voltaje sofométrico o psofométrico
psophometric weighting factor, factor de peso sofométrico
public address system, sistema de altavoces para conferencias, sistema megafónico
public service, servicio público
pull, esfuerzo de tracción
pulling frequency, arrastre de frecuencia
pulsating current, corriente pulsatoria, corriente ondulatoria, corriente pulsante
pulsating quantity, cantidad pulsatoria
pulsating voltage, voltaje pulsatorio
pulsation, pulsación, frecuencia angular
pulse, pulso, impulso
pulse amplifier, amplificador de impulsos
pulse amplitude modulation (PAM), modulación por amplitud de impulsos
pulse bandwidth, ancho de banda de un impulso
pulse and bar test signal (tv), señal de prueba de impulso y barra (*tv*)
pulse carrier, portadora de impulsos
pulse chopper, descrestador de impulsos
pulse code modulation (pcm), modulación por impulsos codificados (*pcm*)
pulse coding and correlation, codificación y correlación de impulsos
pulse compression, compresión de impulsos
pulse counter, contador de impulsos
pulse decay, debilitamiento de impulso, amortiguamiento de impulso
pulse decay time, duración de debilitamiento del impulso, duración de amortiguamiento del impulso
pulse delay, retardo de impulso
pulse distortion, distorsión de impulso
pulse duration, duración de impulso
pulse duration modulation, modulación por duración de impulso
pulse frequency, frecuencia de repetición de impulsos, frecuencia de impulsos
pulse generator, generador de impulsos
pulse interleaving, entrelazamiento de impulsos
pulse interval, intervalo entre (de) impulso(s)
pulse jitter, inestabilidad de impulso
pulse length, duración de un impulso
pulse link connector, conector de enlace de impulsos
pulse link repeater, repetidor de enlace de impulsos
pulse modulated, modulado por impulsos
pulse modulation, modulación de impulsos
pulse period, período de impulso
pulse position modulation (PPM), modulación por impulsos con variación de tiempo (de posición)
pulse recurrence time, tiempo de cadencia de impulsos
pulse repeater, repetidor de pulsos
pulse repetition frequency (PRF), frecuencia de repetición de impulsos
pulse repetition rate (PRR), velocidad de repetición de impulsos
pulse rise time, duración de establecimiento de impulsos
pulse shape, forma de impulso
pulse shaper, conformador de impulsos
pulse spacing, intervalo (de) (entre) impulsos
pulse stretcher, corrector de costado de impulso
pulse time, duración de impulso
pulse time modulation (PTM), modulación por tiempo de impulsos
pulse train, serie de impulsos, tren de impulsos
pulse transformer, transformador de impulsos
pulse transmission, transmisión por impulsos
pulse width, duración del impulso, anchura de impulso
pulse width modulation (PWM), modulación por impulsos de duración variable
pulsed frequency modulation, modulación por frecuencia pulsada
pulsed oscillator, oscilador pulsatorio

pulsed power, potencia pulsada
pulsing, pulsación
pulsing signals, señales de numeración
pump, bomba
pump (to), bombear
pump oscillator, oscilador de bombeo
pump source, fuente bomba, fuente de bombeo
pumped tube, tubo bombeado (evacuado)
pumping, bombeo
pumping frequency, frecuencia de bombeo
punch, punzón
punch (to), perforar, punzonar
punch(ed) hole, perforación
punched card (data), tarjeta perforada (*datos*)
punched card reader (data), dispositivo de lectura de tarjetas perforadas (*datos*)
punched tape, cinta perforada
punching, perforación
puncture (elect), perforación dieléctrica (*elec*)
purchase, adquisición, compra
purveance, purveancia
push-button, botón pulsador, botón de presión
push button key, pulsador con retención
push-button switch, interruptor de botón de presión, interruptor de pulsador
push-pull, disposición simétrica, en oposición
push-pull circuit, circuito en contrafase
push-pull stage, etapa en contrafase
put (to) into service, poner en servicio
pW (Picowatts), picovatios (10^{-12} vatios)
pWp (pW psophometrically weighted), picovatios compensado soficamétricamente
pyramidal horn, bocina piramidal

Q factor, factor Q
Q of a cavity resonator, Q de cavidad resonante
Q signals, señales Q
quad, cuadrete
quad pair cable, cable en pares en estrella
quadded cable, cable en cuadretes, cable compuesto de conjuntos de cuatro conductores aislados
quadrant, cuadrante
quadratic detector, detector cuadrático
quadratic equation, ecuación de segundo grado
quadrature, cuadratura, cuadratura de fase
quadrature component, componente reactiva o desvatiada
quadrature distortion, distorsión cuadrática
quadrature phase modulation, modulación por cuadratura de fase
quadruplex system, sistema quadruplex
quality control, contrastación de la calidad, control o regulación de la calidad
quantization, cuantificación
quantization level, nivel de cuantificación
quantization noise, ruido de cuantificación
quantized system, sistema cuantificado
quantum, cuántico
quantum numbers, números cuánticos de un átomo
quarter wave antenna, antena de cuarto de onda
quarter wave stub, stub de cuarto de onda, tetón de cuarto de onda, taco de cuarto de onda
quarter-wavelength, cuarto de onda
quartz, cuarzo
quartz filter, filtro de cuarzo
quartz resonator, resonador de cuarzo
quasi-random sampling, muestras cuasi-aleatorias
quaternary, cuaternario
quaternary phase shift keying, manipulación por desplazamiento de fase cuaternaria
quaternary signaling, señalización cuaternaria
quench (to), extinguir
quench frequency, frecuencia de corte
quench oscillator, oscilador de interrupción
quenching circuit, circuito amortiguador, circuito apagachispas
quick access storage, memoria de acceso rápido
quick acting, (de) acción rápida
quick action relay, relevador de operación rápida
quick break, (de) ruptura brusca
quick make, (de) contacto ultrarrápido
quick release, desconexión rápida, (de) desembrague rápido
quiescent carrier telephony, telefonía con supresión de la onda portadora en silencios
quiescent point, punto de funcionamiento, punto de reposo
quiescent state, estado en reposo
quiescent value, valor de reposo
quiet battery, batería silenciosa, batería de conversación
quiet circuit, circuito silencioso
quiet tuning, sintonización con sistema silenciador
quieting sensitivity, umbral de sensibilidad
quotient, cociente

RC (resistance–capacitance), RC (abreviatura para resistencia–capacitancia)
RC circuit, circuito de RC
RC constant, constante de RC
RC coupling, acoplamiento RC
RC network, red RC
RCX (remote control exchange), CCR (central de control remoto)
RF bandwidth, ancho de banda RF
RF cavity preselector, preselector de cavidad RF
RF choke, inductor RF
RF component, componente RF
RF current, corriente RF

RF interference (RFI), interferencia de radiofrecuencia
RF line, línea RF
RF probe, sonda RF
RF pulse, pulso o impulso RF
RMS (root mean square), valor eficaz, RMS
raceway, conducto eléctrico, canal para alambres
rack, bancada, bastidor, rejilla
rack assembly, conjunto de bastidor
rack face elevation (drawings), elevación de frente de bastidor
rack wiring, cableado de bastidor
radar attenuation, atenuación de radar
radar beacon, radiofaro o radiobaliza radárica
radar cell, célula radárica
radar controller, controlador de radar
radar countermeasures, contramedidas de radar
radar coverage, range, alcance de radar
radar dome (radome), radomo
radar homing, buscadora de haz de radar
radar marker, radarbaliza
radar modulator, modulador de radar
radar range, distancia de radar al blanco
radar receiver, receptor de radar
radar reflection interval, intervalo de reflexión radárica
radar reflectivity, reflectividad radárica
radar relay, relé de radar
radar repeater, repetidor de radar
radar scope or screen, pantalla radárica o de radar
radar shadow, sombra de radar
radar transmitter, transmisor de radar
radiac, radiac
radial beam tube, tubo de haz radial
radial grating (waveguide), filtro radial (*guía onda*)
radial lead, conexión perpendicular
radian, radián
radian frequency, frecuencia angular
radian length, longitud de radián
radiant flux, radiancia
radiant heat, calor radiante
radiant intensity, intensidad radiada
radiant power, potencia radiante
radiant reflectance, reflectancia radiante
radiant transmittance, transmitancia radiante
radiate (to), radiar
radiated energy, power, energía o potencia radiada
radiated interference, interferencia radiada
radiating curtain, element, cortina o elemento radiante
radiating guide, guía de onda radiante
radiation, radiación, irradiación
radiation characteristic, característica de radiación
radiation dose rate, tasa de dosis de radiación
radiation dosimeter, dosímetro de irradiaciones
radiation efficiency, eficiencia o rendimiento de radiación
radiation energy, energía o potencia de radiación
radiation field, campo de irradiación, campo de radiación
radiation filter, filtro de radiación
radiation hazard, peligro de radiación
radiation intensity, intensidad de radiación
radiation monitor, monitor de irradiaciones
radiation pattern, diagrama de radiación
radiation resistance, resistencia de radiación
radiator, radiador eléctrico, irradiador
radio aids, radioayudas
radio approach aids, ayudas de aproximación por radio
radio attenuation, radioatenuación, atenuación de radio
radio beacon, baliza, radiobaliza, radiofaro
radio beam, haz dirigido, haz de radio
radio broadcasting, radiodifusión
radio channel, canal de radio
radio compass, radiocompás, radiogoniómetro
radio control, mando por radio, control por radio
radio countermeasures, contramedidas de radio
radio deception, engaño de radio
radio direction finder, radiogoniómetro
radio direction finding, radiolocalización
radio-electric wave, onda radioeléctrica
radio fadeout, radio-desvanecimiento
radio-field intensity, intensidad de campo de radio
radio fix, situación radiogoniométrica, localización radiogoniométrica
radio frequency (RF), radio frecuencia (RF)
radio-frequency amplifier, amplificador de radiofrecuencia
radio-frequency bridge, puente a radiofrecuencia, puente de RF
radio guard, buque o estación responsable de recibir radiomensajes de otro, guardia de radio
radio horizon, horizonte de radio
radio interference, perturbación radiofónica, interferencia de radio
radio link, enlace de radio, radioenlace
radio location, localización de estaciones de radio
radio marker beacon, radiofaro de orientación
radio range (nav), alcance de radio: radiobalizas (*nav*)
radio range finding, localización por radiofaro direccional
radio repeater, repetidor de radio
radio shielding, radioblindado
radio sonde, radio sonda
radio spectrum, espectro de radiofrecuencias
radio station, estación de radio, estación de emisión

radio system, sistema de radio
radio transmission, radiotransmisión
radio transmitter, emisor de radio, radiotransmisor
radiometer, radiómetro
radiotelegraphy, radiotelegrafía
radiotelephone circuit, circuito radiofónico
radiotelephony, radiotelefonía
radix point, punto (de) rádice
radome, cúpula de antena, radomo
rainfall, caída pluvial, precipitación
random, aleatorio, al azar
random access, acceso aleatorio, acceso al azar
random access storage, memoria de acceso al azar, memoria de acceso libre
random hunting (switch), exploración al azar (*conmut*)
random noise, ruido errático, ruido casual
random number generator, generador de números al azar
random sampling, ensayo de apreciación, pruebas escogidas al azar, muestreo al azar
range, alcance, abarque, campo, gama, límite, radio, rango
range (of frequencies), gama
range calibration, calibración de alcances
range finder, telémetro
range gate, compuerta de alcance o rango
rapidity of modulation, rapidez de modulación (*véase* **velocity of modulation** *y* **baud**)
rasp, raspa
raster, cuadrícula, exploración, rastro, retícula(o), total de la imagen, trama; entramado, cuadriculado, retículo
raster scanning (tv), fondo sobre el que se construye la imagen (*tv*)
ratchet, trinquete, fiador, retén
rate, coeficiente, régimen, relación, cadencia, velocidad
rate of a call, tarifa
rate grown junction, juntura de cultivo regulado, unión de cultivo regulado, capa de cultivo regulado
rated capacity, capacidad asignada, capacidad nominal, capacidad normal
rated current, corriente especificada, corriente de régimen
rated frequency, frecuencia de régimen
rated load, carga especificada, carga normal
rated temperature, temperatura nominal
rated voltage, tensión nominal, tensión especificada, voltaje especificado
rating, régimen, clase, categoría, clasificación, especificación
ratio, razón, relación, proporción
ratio detector, detector de relación, detector de porcentaje
ratio meter, medidor de porcentaje
ratio square post detection combiner, combinador post-detección de relación cuadrada
rationalization, racionalización, normalización
raw data, datos no elaborados
raw material, materia prima
ray, rayo
ray path, trayecto de haz
Rayleigh distribution, distribución de Rayleigh
Rayleigh line, línea Rayleigh
reactance, reactancia
reactance drop, caída de reactancia
reactance modulator, modulador de reactancia
reactance relay, relé de reactancia
reactance tube, válvula de reactancia
reactance tube modulator, modulador de reactancia
reaction coil, bobina de reacción
reactive (elec), reactivo (*eléc*)
reactive current, corriente reactiva o desvatiada
reactive factor, factor desvatiado, factor reactivo
reactive load, carga reactiva
reactive volt–amperes, voltios–amperios reactivos
reactor, bobina de reactancia, reactor
read (to), leer, marcar, dar lectura
read pulse, impulso de lectura
read time, tiempo de acceso, tiempo de lectura
read–write head, dispositivo de lectura y de impresión
reader, dispositivo de lectura
reading, lectura
reading, readout, lectura
reading mechanism, device, dispositivo de lectura
readjust (to), reajustar
readout, lectura, dispositivo de lectura, indicador, presentación visual
readout device, dispositivo de lectura
real circuit (line), circuito real, línea real, circuito combinante
real power, potencia activa
real time (switch), conmutación en tiempo actual (en contraposición a almacenaje) conmutación sin almacenar la numeración (*conmut*)
real time operation, operación en tiempo actual
rear elevation, alzado trasero, elevación posterior
rear view, vista posterior
rearrangement (switch), cambio de orden o arreglo (*conmut*)
reattempts (switch), renovaciones
rebalance (to) (a circuit), reajustar el equilibrio
rebate a charge (to), reembolsar una tasa
recall, señal de llamada

receiver, receptor
receiver bandwidth, ancho de banda de receptor
receiver equipment, equipo receptor
receiver gating, desbloqueo periódico del receptor
receiver noise, ruido de receptor
receiver noise threshold, umbral de ruido del receptor
receiver primaries (tv), primarios de receptor (*tv*)
receiver response time, tiempo de respuesta de un receptor
reception, recepción
re-charge of a secondary cell, carga complementaria (de acumulador)
reciprocal, recíproca
reciprocal bearing, marcación recíproca
reciprocal ferrite switch, conmutador ferrita recíproco
reciprocal impedance, impedancia recíproca
reciprocation, reciprocación
reciprocity, reciprocidad
reciprocity theorem, teorema de reciprocidad
reclosing relay, relé de reconexión
recognition signal, señal de identificación
recognition time, duración de identificación
recombination coefficient, coeficiente de recombinación
recombination velocity, velocidad de recombinación
reconditioned carrier reception, recepción de portadora recondicionada
record (to), registrar, grabar
record position, posición anotadora
recorder, indicador, contador, registrador
recorder chart, gráfico registrado
recording, grabación, registro
recording chart, gráfico de registrador, diagrama de registrador
recording galvanometer, galvanómetro registrador
recording head, unidad grabadora
recording instrument, aparato registrador
recording lamp, lámpara de registrador
recording level, nivel de registrar
recording operator, anotadora
recording trunk, enlace de anotaciones
recording voltmeter, voltímetro registrador
recordings, anotaciones
recovery, recuperación, restablecimiento
recovery time, período de restablecimiento
rectangular scanning, exploración rectangular
rectangular wave, onda rectangular
rectangular waveguide, guía onda rectangular
rectification, rectificación
rectification factor, factor de rectificación
rectified signal, señal rectificada
rectifier, rectificador
rectifier stack, pila de rectificadores
rectifier transformer, transformador para rectificadores
rectify (to) (correct (to)), corregir, eliminar defectos
rectify (to) (all meanings), rectificar (todos los sentidos)
rectifying, rectificante
rectilinear scanning, exploración rectilineal
recuperability, abilidad recuperativa
red lead, azarcón
redistribution, redistribución
reduce the gain (to), (re)bajar la ganancia
reduction ratio, relación desmultiplicadora
redundancy, redundancia
redundancy check, verificación de redundancia
redundant character, carácter redundante
redundant code, un código que contiene elementos de redundancia (no necesarios para la información intrínsica)
redundant digit, dígito redundante
reed, lengüeta
reed type frequency meter, frecuencímetro con láminas vibrantes, frecuencímetro de lengüetas
reference, referencia
reference angle, ángulo de referencia
reference coupling, acoplamiento de referencia
reference dipole, dipolo de referencia
reference equivalent, equivalente de referencia
reference frequency, frecuencia de referencia
reference level, nivel de referencia
reference noise, ruido de referencia
reference pilot, piloto de referencia
reference point, punto de referencia
reference quantity, magnitud de referencia
reference range (radar), alcance de referencia (*radar*)
reference system, sistema de referencia
reference time, tiempo de referencia
reference tone, tono de referencia
reference voltage, voltaje de referencia, tensión de comparación
reference volume, volumen de referencia
reference white level, nivel blanco de referencia
reflectance, reflectancia
reflected impedance, impedancia reflejada
reflected power, potencia reflejada
reflected wave, onda reflejada, onda de eco
reflecting electrode, electrodo de emisión secundario
reflecting galvanometer, galvanómetro de reflexión, galvanómetro de espejo
reflection, reflexión
reflection coefficient, coeficiente de reflexión
reflection factor, factor de reflexión
reflection loss, pérdida por reflexión
reflectivity, potencia de reflexión
reflectometer, reflexiómetro, reflectómetro

reflector, reflector, espejo
reflector satellite, satélite (de) reflector (pasivo)
reflector voltage, voltaje de reflector
reflex amplifier, amplificador de reflexión
reflex circuit, circuito reflejo
reflex klystron, klistrón o klystrón reflex
refracted wave, onda refractada
refraction, refracción
refraction index (refractive index), índice de refracción
refraction loss, pérdida de refracción
refractive, refractivo
refractivity, refringencia, refractividad
refractometer, refractómetro
refrigerating, refrigerante, frigorífico
refrigerator, refrigerador
refund a charge (to), reembolsar una tasa
regeneration, regeneración, reacción positiva
regenerative, reactivo
regenerative amplification, amplificación reactiva o de reacción
regenerative circuit, circuito reactivo
regenerative detector, detector de reacción
regenerative divider, divisor regenerativo o reactivo
regenerative feedback, realimentación positiva, retroalimentación positiva
regenerative repeater (binary data or telegraph), repetidor regenerativo (automático), repetidor regenerador (automático)
register, contador, registrador, traductor, transductor
register (to), registrar
register circuit, circuito de registro
register finder, buscador de registrador
register length, total de caracteres que puede almacenar un registrador
register reading, lectura de los contadores
regular, regular
regulate (to), regular, regularizar, arreglar
regulated line section, sección de regulación de línea
regulated power supply, alimentación o fuente de fuerza eléctrica regulada
regulating, regulador, reglaje, regulación
regulating assembly, conjunto regulador
regulating device, dispositivo de regulación
regulating element, elemento de regulación
regulating pilot, piloto de regulación
regulating relay, relé regulador
regulating transformer, transformador de regulación
regulating voltage, voltaje de regulación
regulating winding, arrollamiento de equilibrio
regulation, reglaje, regulación, reglamento, orden
regulator, regulador
reinforced concrete, hormigón armado
reinsertion of carrier, reinserción de portadora
rejection band, banda de eliminación de frecuencias
rel, rel
relative address, dirección relativa
relative articulation, inteligibilidad relativa
relative bearing, marcación relativa
relative coding, codificación relativa
relative delay, retardo relativo
relative dielectric constant, constante dieléctrica relativa
relative equivalent, equivalente relativo
relative error, error relativo
relative gain of an antenna, ganancia relativa de una antena
relative harmonic content, contenido armónico relativo
relative humidity, humedad relativa
relative interference effect, efecto relativo de interferencia
relative level, nivel relativo
relative permeability, permeabilidad relativa
relative permittivity, permitividad relativa
relative power gain, ganancia relativa de potencia
relative regulation, regulación relativa
relative sensitivity, sensibilidad relativa
relaxation, relajación
relaxation circuit, circuito de relajación
relaxation oscillator, oscilador de relajamiento o de relajación
relay, relevador, relé
relay armature, armadura de relevador (relé)
relay broadcast, retransmisión
relay circuit, circuito de relevador (relé)
relay coil, bobina del relevador (relé)
relay contact, contacto de relevador (relé)
relay heel piece, talón del relevador
relay with holding winding, relevador (relé) con retención
relay neutrally adjusted, relevador (relé) a la indiferencia
relay operated, mandado a relevador
relay pivot pin, pivote del relevador
relay selector, selector de relevador o relé
relay with sequence action, relé con acción escalonada
relay (the) is sticking, (el) relé se pega
relay stop pin, tope del relevador
relay system, sistema de retransmisión
relay windings, bobinado de un relé
release, desconexión, desembrague, desenganche, liberación
release (tel relays), reposición, liberación (pref.)
release (to), desconectar, desembragar, desenganchar, librar, soltar
release lag, tiempo de reposición, tiempo de liberación
release magnet, electroimán de liberación
releasing current, corriente de desconexión

reliability, confiabilidad, regularidad de marcha, digno de confianza, fiabilidad
reluctance, reluctancia, resistencia magnética
reluctivity, reluctividad
remanence, remanencia, imantación residual
remodulating repeater, repetidor demodulador
remodulator, remodulador
remote control, control remoto, mando a distancia, telemando, telerregulación
remote control panel, panel de control remoto
remote control system, sistema de telemando
remote cutoff tube, tubo de polarización elevada, tubo de polarización remota
remote display system, sistema de información telemandada
remote indicator, indicador remoto o telemando
remote measurement, telemedido
remote meter, telecontador
remote subscriber, abonado remoto
remote switching control, mando por teleinterruptor
remote(ly) controlled, telemandado
removable, amovible, removible
repair (to), componer, remendar, reparar
repair parts, piezas de reparación, piezas de repuesto, repuestos
repeater, repetidor, estación repetidora
repeater bay, fila de repetidores
repeating, translación; repetición
repeating coil, bobina de repetición, bobina repetidora, transformador de línea
repeller plate, electrodo de repulso(a), placa repulsora
reperforator, reperforador
reperforator-transmitter, reperforador-transmisor
repetition equivalent, equivalente de repetición
repetition frequency, frecuencia de repetición
repetition rate, cadencia de repetición
repetitive unit, unidad cíclica
reply, respuesta, contestación
report, informe
reproduce head, cabeza de regrabación, cabeza de reproducción
reproduction speed, velocidad de reproducción
request repeat system, sistema de código de detección de errores con pedido de retransmisión
reradiation, rerradiación
reroute the traffic (to), desviar el tráfico
rerouting, reconstituir la ruta
rerun (to), repetir parte o todo de una transmisión
reserve group, grupo de reserva
reset, resetting, reposición
reset (to), poner en cero
reset action, acción de reposición
reset key, llave de retención, llave de reposición
resetting, reposición
resetting interval, intervalo de reposición
residual charge, carga residual
residual current, corriente residual
residual error, error residual
residual flux density, densidad de flujo residual
residual magnetism, remanencia
residual voltage, voltaje residual
resin core solder, soldadura en tubo con mordiente interior
resistance, resistencia
resistance box, caja de resistencias
resistance bridge, puente de resistencia (*véase* **Wheatstone bridge**)
resistance–capacitance coupling, acoplamiento por resistencia–capacidad
resistance coupling, acoplamiento a resistencia
resistance drop, caída de voltaje por resistencias
resistance lamp, lámpara de resistencia
resistance loss, pérdida de efecto Joule
resistance material, materia de resistencia
resistance noise, ruido de resistencia (*véase* **thermal noise**)
resistance pad, red de resistencias
resistance per unit length, resistencia unitaria, resistencia lineal
resistance unbalance, inequilibrio resistivo
resistance voltage divider, reductor de voltaje por resistencias
resistance wire, hilo o alambre de resistencia
resistivity, resistividad, resistencia específica
resistor, resistencia, resistor
resistor color code, código de colores de resistores
resistor core, núcleo de resistor
resistor element, elemento de resistor
resistor–transistor logic, lógica resistor–transistor
resnatron, resnatrón
resolution, definición
resolver, descomponedor, sincrotrigonómetro, unidad de resolución
resolving time, tiempo de resolución
resonance, resonancia
resonance bridge, puente de resonancia
resonance curve, curva de resonancia
resonance peak, cresta de resonancia, punta de resonancia
resonant cavity, cavidad resonante
resonant circuit, circuito resonante
resonant frequency, frecuencia resonante, frecuencia de resonancia
resonant gate transistor, transistor de compuerta de resonancia
resonant grid, rejilla de resonador
resonant line, línea resonante

resonant resistance, resistencia resonante
resonant shunt, shunt en resonancia
resonant window, ventana de resonancia (*guía onda*)
resonate (to), resonar
resonator, resonador
resonator grid, rejilla resonadora
response, respuesta, reacción, réplica
response characteristic, curva de réplica, curva de la respuesta
response curve, característica de respuesta, curva de respuesta
response time, inercia, tiempo de arranque, tiempo de establecimiento, tiempo de reacción, tiempo de respuesta
rest potential, potencial de reposo
resting contact, contacto de reposo
resting frequency, frecuencia nominal
restore (to), reponer, restablecer
restore a circuit (to), restablecer normalmente un circuito
restoring arm assembly, conjunto de piezas del brazo de reposición de la flecha
restoring torque, par antagonista
resultant, resultante
retardation, retardación
retardation coil, bobina de inductancia o de retardo
retarding arm, brazo retardador
retarding field, campo de retardo
retarding-field oscillator, oscilador de campo de frenado
retention time, tiempo de retención
retentivity, persistencia, retentividad
retransmission unit, unidad de retransmisión
retroaction, retroacción
return busy tone, tono de ocupación de retorno
return connection, conexión de retorno
return interval, tiempo de retorno
return loss, atenuación de equilibrio, pérdida de retorno
return to normal, vuelta al reposo de un selector (*relé*)
return trace (tv), retorno, trazo de retorno (*tv*)
return wire, hilo de vuelta, conductor de retorno
return to zero code (RZ code), código de retorno a cero
reverberation, reverberación
reverberation time, período de reverberación
reversal (of image), inversión de la imagen
reversal of current, inversión de corriente
reversals, alternancias
reverse, inverso, reverso
reverse bias, polarización inversa
reverse current, contracorriente, corriente inversa
reverse current relay, relé (relevador) de corriente inversa
reverse feedback, contra-reacción, reacción negativa
reverse voltage, tensión (voltaje) inversa
reversible, reversible
reversible capacitance, capacitancia reversible
reversible transducer, transductor reversible
reversing gear, mecanismo de cambio de marcha, mecanismo de inversión
reversing key, manipulador inverso, llave inversora
reversing switch, llave inversora, conmutador inversor
revertive impulses, impulsos inversos
rheostat, reóstato
rhombic antenna, antena en rombo, antena rómbica
rhumb line (nav), loxodromia (*nav*)
ribbon cable, cable cinta
ribbon microphone, micrófono de cinta
ridge waveguide, guía onda estriada
right angle, ángulo recto
right hand polarized wave, onda polarizada a mano derecha
right hand rule, regla de Fleming, regla de (la) mano derecha
right handed thread, rosca a derechas
rigid stay, riostra rígida
ring, corona
ring (to), hacer sonar, llamar, sonar, tocar
ring (tel), llamada (*tel*)
ring (plug, jack), anillo de clavija, hilo B, hilo de anillo, hilo de batería
ring back key, llave de llamada repetida
ring circuit, guía onda en T-híbrida o en anillo
ring counter, contador en anillo
ringdown, llamada manual, indicador de timbre
ringdown operation, servicio con llamada previa
ring down trunk, enlace magneto, troncal de magneto
ring lead (wire), hilo de llamada
ring modulator, modulador en anillo
ring of a plug, collar de clavija, cuello de clavija
ring spring (of a jack), resorte largo (de un jack)
ring winding, arrollamiento en anillo o toroidal
ringer, generador de corriente de llamada; campanilla, llamador, timbre, señalador, panel de señalización
ringing, llamada de timbre, llamada
ringing (tv), una oscilación transitoria (*tv*)
ringing current, corriente de llamada
ringing frequency, frecuencia de llamada
ringing generator, generador de corriente de llamada
ringing interrupter, interruptor de corriente de llamada

ringing key, llave de llamada, botón de llamada
ringing relay, relevador (de) corriente de llamada, relé (de) corriente de llamada
ringing repeater, repetidor de llamada
ringing tone, señal de llamada, tono de llamada, tono (señal) de conexión establecida
ripple, ondulación, ondulación residual, voltaje pulsante
ripple component, componente onduladora, componente de rizado
ripple filter, filtro de rizado
ripple frequency, frecuencia de rizado, frecuencia de ondulación
ripple voltage, voltaje componente de ondulación, tensión de ondulación residual
rise, elevación
rise (to), elevarse, levantarse; aumentar (increase)
rise time, duración de establecimiento, tiempo de subida
rivet, remache
rod, varilla
Roentgen rays, Röntgen rays, rayos (de) Roentgen
roll (tv), retumbo (*tv*)
roll off, una atenuación gradual de la respuesta de ganancia-frecuencia en cualquier o ambos extremos de la banda de paso
roller, rodillo; polea de guía
roof, azotea, techo, tejado
roofing filter, filtro de paso bajo
room temperature, temperatura (del) ambiente
root mean square value (RMS value), raíz cuadrada de la media de los cuadrados, valor eficaz (RMS)
root sum square (RSS), valor cuadrático resultante, raíz de la suma de los cuadrados
rope lay conductor, cable de conductores trenzados
rosette, roseta
rosin core solder, soldadura con núcleo de resina
rotary antenna, antena giratoria
rotary armature, armadura de giro o de rotación
rotary cam, leva de giro o rotación
rotary converter, convertidor giratorio, conmutatriz giratoria, grupo convertidor, convertidor
rotary dog, retén de giro
rotary dog for calling device, retén de giro para disco de llamada
rotary hunting, selección sobre un solo nivel
rotary interrupter contacts, contactos de reposo de electroimán de rotación
rotary joint, junta giratoria, junta rotativa
rotary line switch, preselector rotatorio
rotary pawl, uña de giro, trinquete de giro o rotación
rotary search on several levels, selección rotativa sobre varios niveles
rotary selector, selector rotativo
rotary selector bank, campo de selección radial
rotary step, paso de giro, paso rotativo
rotary stroke, avance de la armadura de giro
rotary switch, interruptor rotativo, conmutador rotatorio, conmutador giratorio
rotary tooth, diente de giro
rotary vane attenuator, atenuador de lámina rotativa
rotate (to), girar
rotating field instrument, aparato de campo giratorio
rotating joint, unión rotativa, acoplamiento giratorio
rotational field, campo rotacional
rotor, rotor, rueda móvil (turbina), inducido (motor eléc.)
rough draft, croquis, borrador
round file, lima redonda
route, arteria, encaminamiento, línea, ruta, trazado, vía
route (to) (traffic), encaminar, dirigir
route of a line, trazado de una línea
routine (computer), programa (calculadoras, computadoras)
routine message, mensaje de rutina
routine test, prueba rutinaria o regular
routing, enrutamiento, encaminamiento
routing chart, plan, carta(s) de ruta
routing director, aguja de tiro
routing form, hoja de rutas
routing indicator, indicador de enrutamiento, indicador de ruta
routing plan, carta de ruta, plan de enrutamiento
row, fila
rule(s), reglamento, reglas
rumble, vibración de baja frecuencia
run, marcha
run around crosstalk, diafonía entre repetidores, diafonía de desviación
running charge, gastos de explotación
rural automatic exchange, central automática rural
rural party line, línea rural colectiva
rural subscriber's line, línea rural de abonado
rust, orín, moho, herrumbre

S-meter, medidor de la intensidad de señal
SHF (super high frequency), FSE (frecuencia super-elevada)
SID (sudden ionospheric disturbance), perturbación ionosférica brusca
SSB modulation, modulación BLU (banda lateral única)
safety, seguridad
safety belt, cinturón de seguridad

safety device, aparato protector, órgano de seguridad
safety factor, factor de seguridad, coeficiente de seguridad
safety interlock, enclavamiento de seguridad, intercierre de seguridad
safety margin, margen de seguridad
safety precautions, precauciones de seguridad
sag, pandeo
salammoniac cell, celda salamoníaco (imperf.), célula de salamoníaco
salient pole, polo saliente
sample, muestra, ejemplar, modelo
sample (to), 'muestrear', sacar una muestra
sampler, dispositivo de muestreo
sampling, muestreo, conmutación electrónica de los colores; muestra
sampling interval (pcm), intervalo de muestreo, rato de muestreo (*pcm*)
sand load, carga de arena
sandpaper, papel esmeril o de lija, lija
satellite, satélite
satellite exchange (tel), central auxiliar, central satélite (*tel*)
satellite transmitter, transmisor repetidor
saturable reactor, reactor saturable
saturable transformer, transformador saturable
saturating signal, señal de saturación
saturation, estado de saturación, saturación
saturation current, corriente de saturación
saturation effect, efecto de saturación
saturation induction, inducción de saturación
saturation intensity, intensidad de saturación
saturation point, punto de saturación
saturation resistance, resistencia de saturación
saturation state, régimen de saturación
saturation value, valor de saturación
saturation voltage, voltaje de saturación
saw, serrucho, sierra
sawtooth generator, generador de dientes de sierra
sawtooth oscillator, oscilador de diente de sierra
sawtooth voltage, voltaje en diente de sierra
sawtooth wave, onda de diente de sierra
scalar product, producto escalar
scalar quantity, magnitud escalar
scale, escala, cuadrante
scale division, graduación (de escala)
scale error, error de escala
scale factor, factor de escala
scale length, longitud de una escala, longitud de una graduación
scale marks, graduación(es)
scale multiplier, multiplicadora de escala
scaler (electronic), contador de impulsos
scaling, desmultiplicación, graduación
scan, exploración
scan (to), explorar
scanner, explorador
scanning, exploración
scanning circuit, circuito de exploración
scanning field, campo de exploración
scanning line, línea de exploración
scanning speed, velocidad de exploración
scanning spot, punto de exploración, punto de imagen
scatter, dispersión
scatter propagation, propagación por dispersión
scattering, dispersión
schematic diagram, schematic, diagrama esquemático, esquema
Schmidt trigger, gatillo o disparo Schmidt
Schottky effect, efecto Schottky
scintillation, escintilación
scintillator, centelleador
scramble (to), mezclar
screen, pantalla
screen brightness, brillo de pantalla
screen dissipation, disipación del tercer electrodo
screen factor, factor de pantalla
screen grid, tercer electrodo
screened, shielded, blindado
screen(ed) room, recinto apantallado
screening, apantallamiento
screw, husillo, tornillo
screw (to), atornillar
screwdriver, destornillador
sea return (radar), ecos de mar, retornos de mar (*radar*)
seal, cierre
sealing compound, pasta aislante para obturación
search, exploración
search (scan) coil, bobina exploradora
search radar, radar de vigilancia
search time, tiempo de buscar, tiempo de búsqueda
seasonal factors, factores estacionales
seasoning, maduración
second attempt (switch), renovación
second group selector, segundo selector de grupo
second group switch, selector segundo
second group switch toll, selector segundo interurbano
second line finder, buscador secundario
secondary, secundario, segundario
secondary cell, acumulador, acumulador de plomo
secondary circuit, circuito segundario
secondary electron, electrón secundario
secondary emission, emisión secundaria
secondary emission rate, régimen de emisión secundaria
secondary line finder, secondary line switch, buscador secundario, preselector segundo
secondary master switch, guidor de preselector secundario

secondary route, vía secundaria
secondary voltage, voltaje secundario
secondary winding, arrollamiento secundario, devanado segundario, devanado secundario
seconds counter, contador (de) segundos, cuenta segundos
section, sección
section of line, sección de (una) línea, trozo de línea
sector scanning, exploración por sectores o de sector
secure voice, voz segura (asegurada)
security classification, clasificación de seguridad
segment, segmento
seismic, sísmico
seizing signal, señal de toma
seizure, captura, toma de línea, toma
seizure signal, señal de toma de línea
select (to), elegir, seleccionar
selectance, selectancia
selecting bar (cross bar), barra selectora
selecting mechanism, mecanismo de selección
selection, selección
selection check, verificación de selección
selection stage, etapa de selección
selective, selectivo
selective absorption, absorción selectiva
selective amplifier, amplificador selectivo
selective calling, llamada selectiva
selective control, control selectivo
selective fading, desvanecimiento selectivo
selective ringing, llamada selectiva
selectivity, selectividad
selector, selector
selector bank, arco de selector, banco de selector, campo de selección radial, campo de selector
selector bay, bastidor de selectores
selector group, grupo de selectores
selector hunting time, tiempo de selección libre
selector pulse, impulso selector
selector shaft, árbol conmutador
selenium rectifier, rectificador de selenio
self-actuated, automático, de acción automática
self-adjusting, autoajustador
self-aligning system, sistema autoalineador
self-balancing potentiometer, potenciómetro autoequilibrado
self-bias, autopolarización
self-checking code, código de autoverificación
self-compensated motor, motor autocompensado
self-cooled, autoenfriado, con enfriamiento natural
self-excitation, autoexcitación
self-impedance, autoimpedancia
self-indexing, con división automática, de poner en punto automático
self-inductance, autoinductancia, autoinducción
self-induction, autoinducción
self-oscillation, autooscilación
self-powered, automático, autoalimentado
self-quenched detector, detector de autoextinción
self-quenching oscillator, oscilador de superreacción monovalvular
self-regulating, autorregulador
self-reset, de reenganche automático
self-saturation, autosaturación
self-starting, de arranque automático
self-supporting mast (tower), torre autoestable
self-synchronizing, autosincronizador
selsyn, sincro, selsin
selsyn motor, motor del sincro
semi-automatic, semiautomático
semi-automatic exchange, central semiautomática
semi-automatic keying circuits, circuitos de manipulación semiautomática
semi-automatic plant (installation), instalación semiautomática
semi-automatic tape relay, relé de cinta semiautomática
semi-automatic telephone system, sistema telefónico semiautomático
semiconductor device, aparato o dispositivo de semiconductor
semiconductor diode, diodo semiconductor
semiconductor junction, unión (de) semiconductor, juntura (de) semiconductor
semiduplex, semi-duplex, semiduplex
semienclosed, semi-enclosed, semicerrado
send (to) (transmit), emitir
sender, manipulador, transmisor, emisor
sender circuit, circuito emisor
sender selector, register finder, buscador de registrador
sending end impedance, impedancia en el extremo de transmisión
sending leg, local sending leg, rama transmisora local
sense finder, indicador de sentido, aparato para determinar el sentido
sense switch, conmutador de sentido
sensing, detección del sentido
sensing device, dispositivo de lectura
sensing element, elemento de lectura
sensistor, sensistor
sensitive, sensible
sensitive layer, capa sensible
sensitivity, sensibilidad, (also) sensitividad
sensitivity control, regulación de sensibilidad (sensitividad)
sensitized paper, papel sensible
sensor, sensor
separate excitation, excitación independiente

separation, separación
separation filter, filtro de separación
separator, separador
septate coaxial cavity, cavidad resonante obtenida en un cable coaxial por inserción de un diafragma
septate waveguide, guía onda de diafragmas interiores
septum (waveguide), diafragma perforado (*guía onda*)
sequence, secuencia
sequence check, verificación de secuencia
sequence contacts, contactos escalonados
sequence control, verificación de secuencia, control de secuencia
sequence register, registrador secuencial
sequence relay, relé de secuencia
sequence switch, conmutador secuencial, combinador
sequencing equipment, equipo secuencial
sequential, secuencial
sequential access storage, almacenaje de acceso secuencial, almacenamiento de acceso secuencial
sequential hunting, exploración en serie o secuencial
sequential selection, selección secuencial
sequential signal elements, elementos de señal sucesivos
serial, en serie, sucesivo
serial access, acceso en serie
serial bit(s), bites en serie, bitios en serie
serial operation, funcionamiento serial, operación en serie
serial printer, impresora operando en serie
serial programming, programación en serie
serial storage, almacenaje en serie
serial transmission, transmisión en serie
series, serie, progresión
series capacitor, condensador en serie
series circuit, circuito en serie
series coil, bobina en serie
series connection, conexión en serie
series excitation, excitación en serie
series feed, alimentación serie
series loading, carga en serie
series motor, motor-serie, motor devanado en serie
series multiple, cuadro de conmutación en serie
series of operations, serie de operaciones
series–parallel connection, conexión en serie–paralelo
series–parallel switch, conmutador serie–paralelo
series reactor, reactor en serie
series regulator, regulador en serie
series resistor, resistencia en serie
series resonance, resonancia en serie
series resonant circuit, circuito resonante en serie
series winding, arrollamiento en serie, devanado en serie
serrated pulse, impulso dentado
serrations (tv), dentador(es) (*tv*)
serrodyne, serodino
service area, área de servicio
service band, banda de servicio
service call, llamada de servicio
service channel, canal de servicio
service conditions, condiciones de servicio
service instructions, circular para reglas de servicio, instrucciones de servicio
service life, duración de servicio, duración de vida útil
service message, mensaje de servicio
service test, prueba de servicio
servicing, reparación, servicio de revisión
servo, servo, servomecanismo
servo amplifier, servoamplificador o amplificador de servo
servo control, servorregulador
servo device, servomecanismo
servo driven, servoaccionado
servo loop, servocircuito, circuito autorregulador, circuito de servomecanismo
servo mechanism, servomecanismo
servomotor, servomotor
servo system, servosistema
servo transmitter, servoemisor
set, juego, grupo
set screw, tornillo de ajuste
set-up, ajuste, puesta
set up a circuit (to), establecer un circuito
set of wipers, juego de escobillas o rozadores
sferics receiver, receptor radiogoniómetro de estáticas
shackle, argolla, grillete, gancho
shading ring, anillo reductor de ruido
shading signal (tv), señal compensadora (*tv*)
shadow attenuation, debilitamiento de propagación de sombra
shadow loss, pérdida de sombra
shadow region, región de sombra
shaft, árbol, eje, varilla
shaft angle transducer, transductor del ángulo axial
shaft cam, leva de árbol
shaft contact, contacto de eje
Shannon limit, límite de Shannon
shape, forma; condición, estado
shape factor (coils), factor de forma (bobinas)
shaped antenna, antena formada
shaped feed, alimentador formado
shaping network, red correctiva
shared service, servicio compartido
sharp tuning, afinación precisa, sintonización precisa
sharpness of resonance, agudeza de resonancia
shed, barraca, cobertizo, galpón
sheet grating (waveguide), filtro de onda o banda (*guía onda*)

shelf, repisa, estante, caja de montaje
shelf assembly, conjunto de caja, conjunto de estante
shellac, goma laca
shelter (as applied to telecom.), albergue, refugio, cubierto (en el sentido de telecom.)
shield, pantalla (de blindaje), funda, blindaje, pantalla protectora, pantalleado
shield factor, factor de blindaje
shielded, protegido, apantallado, blindado
shielded cable, cable blindado
shielded joint, unión blindada, empalme cubierto
shielded line, línea blindada
shielded pair, par blindado
shielded wire, hilo blindado
shielding, blindaje
shift (to), desplazar, desviar, cambiar
shift register, registrador de conversión de bitios (de) serie a paralelo o paralelo a serie
ship station, estación de barco
shipment, despacho; embarque
shock excitation,excitación parásita,excitación por choque
shock mount, montaje contra sacudidas
Shockley diode, diodo Shockley
shore effect, difracción costera
shore station, estación costera
short, corto
short (to) (to short circuit), cortocircuitar
short circuit, corto circuito
short circuit to ground (earth), corto circuito a tierra, contacto a tierra
short-circuit impedance, impedancia de corto circuito
short-circuit ratio, relación de corto circuito
short wave, onda corta
shorted end (transmission line), línea cortocircuitada
shot effect, efecto de granalla
shot noise, ruido de agitación o de granalla
shovel, pala
shrinkage, contracción, encogimiento
shunt (to), desviar, derivar
shunt, shunt, derivador de corriente, derivación, desviado
shunt circuit, circuito derivado
shunt coil, bobina en derivación
shunt excitation, excitación en derivación
shunt-fed vertical antenna, antena vertical con alimentación en derivación
shunt feed, alimentación en paralelo
shunt loading, carga por bobinas en paralelo
shunt regulator, regulador en derivación
shunt resistance, resistencia en derivación
shunted, derivado
shunted instrument, aparato con shunt o con derivación
shunting resistor, resistencia derivadora
shut down, cierre, parada, paralización
sideband, banda lateral, banda de limitación
sideband frequency, frecuencia de banda lateral
side circuit, circuito real, circuito lateral, circuito combinante
side echo, eco lateral
side lobe, lóbulo lateral
side-to-side crosstalk, diafonía entre real y real
sidetone, tono local, efecto local, autopercepción
sidetone telephone set, aparato telefónico con efecto local
sign digit, señal numérica
signal, señal
signal bias (tty), distorsión disimétrica (*tty*)
signal circuit, circuito de señales
signal component, componente de señal
signal conditioning, elaboración de señal(es)
signal converter, conversor (convertidor) de señales
signal-to-crosstalk ratio, relación diafónica
signal current, corriente de señal
signal element, elemento de señal
signal frequency, frecuencia de (la) señal
signal generator, generador de señales
signal lamp, lámpara de señales
signal level, nivel de señal
signal limiter, limitador de señales
signal-to-noise ratio, relación señal a ruido
signal separation filter, filtro para separación de señal
signal shaping network, red correctora de la forma de señal
signal source, fuente de señal
signal strength, intensidad de señal, potencia de la señal, nivel de señal
signal tracing, rastreo de señal
signal voltage, tensión o voltaje de señal
signal wave, onda de señal
signal-wave envelope, envolvente de onda de señal, envoltura de onda de señal
signal winding, arrollamiento de señal
signaling, señalización, llamada
signaling battery, batería de señalización o de llamada
signaling frequency, frecuencia de llamada, frecuencia de señalización
significant instants (data), instantes significantes (*datos*)
silent period, intervalo de silencio
silica, sílice
silicon, silicio
silicon controlled rectifier, rectificador controlado a silicio
silicon detector, detector de silicio
silicon transistor, transistor de silicio
silver, plata
simple harmonic current, corriente armónica simple
simple tone, tono puro
simplex, simplex

simplex circuit, circuito explotado en alternativa
simplex communication, comunicación simple (simplex)
simplex operation, operación con tráfico simple
simulator, modelo, simulador
sine, seno
sine–cosine generator, generador de seno–coseno
sine function, función sinusoidal
sine squared pulse, impulso en seno cuadrado
sine wave, onda senoidal o sinusoidal
sing (to), cantar
singing, canto, silbido, cebado; cantando
singing margin, margen de silbido, punto de cebado de oscilaciones, margen de canto
singing path, paso de las corrientes de reacción, camino de las corrientes de reacción
singing point, punto de silbido, punto de cebado de oscilaciones, punto de canto
single channel simplex, simplex monocanálica
single conductor cable, cable de un solo conductor
single control, monorregulación
single end amplifier, amplificador de un frente
single frequency duplex, duplex de monofrecuencia
single frequency signaling, señalización de frecuencia común
single phase, monofásico
single-phase motor, motor monofásico
single polarity pulse, impulso de polaridad simple
single pole, unipolar
single shot blocking oscillator, oscilador de bloqueo de ciclo simple
single shot multivibrator, multivibrador monoestable
single shot trigger circuit, circuito desconectador de ciclo simple
single sideband (SSB), banda lateral única
single sideband suppressed carrier (SSSC), banda lateral única con portadora suprimida
single signal receiver, receptor de alta selectividad, receptor de señal fija
single stub transformer transformador de stub o tetón simple
single stub tuner, sintonizador de tetón o stub simple
single switch call, comunicación de tránsito con una sola conexión
single throw switch, interruptor de una vía o de vía única
single tuned amplifier, amplificador sintonizado simple
single tuned circuit, circuito sintonizado simple
single turn, espira
single wire circuit, circuito monofilar, circuito unifilar
single wire line, línea de hilo simple
sink, carga, dispositivo que recibe energía o información de un sistema
sinusoidal, senoidal, sinusoidal
sinusoidal component, componente sinusoidal
site, emplazamiento, sitio, ubicación, local, parcela
siting, localización
sketch, croquis, bosquejo, esbozo
sketch (to), esbozar, bosquejar
skew (facs), distorsión oblicua, oblicuidad (*facs*)
skew factor, factor de inclinación
skewed, oblicuo
skids, rodillos, patines
skin effect, efecto pelicular, efecto Kelvin, efecto superficial
skip distance, distancia de retorno, anchura de la zona de silencio, distancia de salto
skip fading, desvanecimiento de saltos
skip zone, zona de silencio
sky noise, ruido cósmico
sky transmission delay, retraso de transmisión de la onda ionosférica
sky wave, onda de espacio, onda de eco, onda reflejada, onda ionosférica
slack (of a line), flojo de una línea
slack hours (traffic), horas de poco tráfico
slave station, estación esclava
sledge hammer, macho para forja, maza para forja, martillo grande
sleeve (of a jack), hembra de conjuntor, casquillo, cuerpo
sleeve (of a plug), cuerpo de clavija, cubierta de clavija
sleeve (tip-ring-sleeve), cuerpo
sleeve antenna, antena con manguito
sleeving, manguera, manguito
slewing, rotación, giro
slide rule, regla de cálculo
slide-wire bridge, puente de hilo
slide-wire potentiometer, potenciómetro de hilo
slider, cursor, contacto deslizante
sliding contact, contacto deslizante, contacto rozante
sliding load, carga deslizante
sliding short, corto deslizante
slip, resbalamiento
slip ring, anillo colector, anillo rozante
slit, hendedura, ranura
slope (math), pendiente, inclinación
slope equalizer, igualador de pendiente
slope resistance, resistencia diferencial de ánodo
slot, ranura, rendija, hendidura, abertura
slot antenna, antena de ranura
slot coupling, acoplamiento de fendas
slot radiation, radiación de ranura

slotted armature, inducido dentado
slotted line, línea ranurada calibrada
slotted section, sección ranurada
slotted screw, tornillo de cabeza ranurada
slow acting relay, relevador de acción retardada, relé de acción lenta
slow release, interrupción retardada
slow releasing relay, relevador de liberación retardada o lenta
slow scan television, televisión de exploración lenta
slow storage, memoria lenta
slug, cilindro de adaptación, trozo metálico
slug (tuning), cilindro de sintonización, sintonización por núcleo deslizante
sluggish, lento, inerte
sluing (slewing), giro, viración
small circle, círculo menor
small signal, señal pequeña
smear (tv), embarradura (*tv*)
Smith chart, diagrama de Smith
smooth earth, planicie, tierra plana
smooth sphere diffraction, difracción de esfera lisa
smoothing choke, bobina de reactancia igualadora, bobina de impedancia de filtrado
smoothing filter, filtro de aplanamiento
snap switch, interruptor de resorte
snatch block, polea
sneak current, corriente casual poco fuerte
Snell's law, ley de Snell
snow (tv noise), imagen nevada, nieve, parásito, ruido de video (*ruido de tv*)
socket, casquillo, adaptador, enchufe, portabulbo, portalámpara, tomacorriente, zócalo, hembra de conjuntor
socket (wall), tomacorriente, receptáculo
socket wrench, bocallave, llave de cabeza para tuercas, llave de cubo, llave de casquillo
sodium, sodio
soft tube, válvula o tubo de escaso vacío
soft drawn wire, alambre recocido
softening, ablandamiento
software (opposite of hardware), la parte escrita en la electrónica, p.e.: planes, programas, esquemas, estudios, etc.
solar battery, batería solar
solar cell, célula o celda solar
solar noise, ruido solar
solder, estaño, soldadura
solder (to), estañar, soldar
soldered connection, conexión soldada
soldering iron, soldador
soldering paste, pasta para soldar
solenoid, solenoide
solenoid plunger, núcleo de solenoide con acción de émbolo
solid angle, ángulo sólido
solid cable, cable compacto
solid electrolyte fuel cell, celda de combustible de electrolito sólido (imperf.), célula de combustible de electrolito sólido
solid line, línea llena
solid state circuit, circuito de estado sólido
solid state control, control de estado sólido
solid state device, dispositivo en estado sólido
solid state physics, física de estado sólido
solid wire, alambre enterizo
solve (to) (math), resolver
sonar, sonar
sone, sonio
sorter, clasificador
sound channel, canal de sonido
sound energy density, densidad de energía sonora
sound field, campo sonoro
sound intensity, intensidad sonora
sound level, nivel de sonido, nivel sonoro
sound tape, cinta sonora
sound track, pista de sonido, registro sonoro, pista sonora
sound wave, onda de sonido
soundproof, antisonoro, insonoro
source, fuente
source impedance, impedancia de fuente
south magnetic pole, polo sur magnético
space (mark, space), espacio, impulso de reposo
space attenuation, atenuación de espacio
space charge, carga de espacio, carga espacial
space charge effect, efecto de carga espacial
space contact, contacto de reposo (de espacio)
space current, corriente espacial
space current density, densidad de corriente de espacio
space diversity, diversidad de espacio, recepción sobre antenas espaciadas
space permeability, permeabilidad relativa
space phase, diferencia de fase espacial
space quadrature, cuadratura de espacio
space signal, señal de espacio(s)
space wave, onda directa
spacing, espaciado, espaciamiento
spacing (tty), reposo, espacio (*tty*)
spacing bias, polarización de reposo
spacing current, corriente de reposo, corriente de espacio
spacistor, spacistor
span, trecho, vano, tramo
spanner wrench, llave inglesa
spare, de reserva, en reserva, reserva; repuesta(o) (part), de repuesto (part)
spare circuit, circuito de reserva
spare line, línea vacante, línea de reserva
spare pair, par de reserva
spare part, pieza de recambio, repuesto, pieza de repuesto
spark, chispa
spark (to), chispear
spark capacitor, capacitor para amortiguar chispas
spark gap, descargador de chispas
spark killer, condensador o red apagachispas

spark quenching, supresor de chispas, matachispas
sparking, chispeante
sparking voltage, voltaje de formación de chispas
spatial charge, carga espacial
specific conductivity, conductividad específica
specific gravity, gravedad específica, peso específico, densidad relativa
specific resistance, resistencia específica, resistividad
specification, pliego de condiciones, especificación
specifications, especificaciones; características
spectral lines, líneas espectrales
spectral response, característica espectral
spectral selectivity, selectividad espectral
spectral sensitivity, sensibilidad espectral
spectrograph, espectrógrafo
spectroscope, espectroscopio
spectroscopy, espectroscopia
spectrum, espectro
spectrum analyzer, analizador de espectro, analizador (de) espectroscopio
spectrum signature analysis, análisis de las características específicas del espectro (RF)
speech amplifier, amplificador vocal
speech circuit, circuito telefónico
speech clipper, limitador de voz
speech compression, compresión de voz
speech current, corriente de conversación
speech interpolation (*see* **TASI**)**,** interpolación de voz
speech inverter, desmodulador (o modulador) de telefonía criptada; inversor de voz, inversor de habla
speech level, nivel vocal
speech plus signaling, telefonía combinada con señalización
speech plus telegraph, telegrafía combinada con telefonía
speech scrambler, dispositivo de criptar conversación, inversor de habla
speed (**rate**), velocidad; cadencia
speed control, regulation, velocirregulación
speed selector, variador de velocidades
spherical earth attenuation, atenuación de tierra esférica, atenuación por curvatura terrestre
spherical surface, superficie esférica
spherical wave, onda esférica
spider (**mech, elec**), estrella, soporte (*mec, eléc*), armazón, brazos del rotor (*eléc*)
spiderweb antenna, antena direccional en abanico
spike, impulso de hiperamplitud, punta de descarga, transiente de corta duración en forma de impulso
spillover, desbordamiento, desborde
spindle, husillo, huso
spiral, espiral
spiral four cable, cable en cuadretes, cable de cuatro espirales, cable en estrella
spiral four quadded cable, cuadrete en estrella (cable)
spiral spring, resorte espiral
splatter, forma de interferencia de sobremodulación
splice, conexión, junta, unión, empalme
split, dividido
split anode magnetron, magnetrón de ánodo partido
split stator variable capacitor, condensador variable de estator fraccionado
split winding, devanado dividido
spool, bobina, carrete
sporadic E ionization, ionización de E esporádica
sporadic E layer, capa E esporádica
spot, indicador luminoso, mancha
spot noise figure, factor de ruido de un punto
spread spectrum transmission, transmisión de dispersión del espectro
spreading waveform, ensanche de forma de onda
spring (**mech**), muelle, resorte (*mec*)
sprocket pulse, impulso de rueda dentada
spurious, espuria
spurious modulation, modulación espuria
spurious radiation, radiación espuria
spurious response, respuesta espuria
spurious signal, señal espuria
spurt tone, tono brusco (de señalización)
square foot, pie cuadrado
square law, ley cuadrática, ley del cuadrado
square law detection, detección de ley del cuadrado, detección parabólica
square law detector, detector parabólico
square meter, metro cuadrado
square root, raíz cuadrada
square wave, onda rectangular
square wave generator, generador de ondas rectangulares, generador de onda cuadrada
square wave signal, señal de onda cuadrada
square wave tilt, inclinación de onda cuadrada
squegger, oscilador regulado por oscilaciones de relajación
squelch circuit, silenciador, circuito de regulación silenciosa
squirrel cage, jaula de ardilla
stability, estabilidad
stabilize (**to**), estabilizar
stabilized feedback, realimentación estabilizada
stabilized local oscillator, oscilador local estabilizado
stabilized power supply (**unit**), alimentación estabilizada, unidad de poder estabilizado (*unit*)
stabilized voltage, voltaje estabilizado
stabilizer, estabilizador
stack (**computer**), stack, apilado (computador)

stackable, superponible, apilable
stacked array, antena de elementos superpuestos
stage, etapa, paso
stages of selection, pasos de selección
stagger tuned, sintonización escalonada
staggering advantage, ventaja de escalonamiento
stainless steel, acero inoxidable
staircase generator (tv), generador de forma de escalera (*tv*)
stand, pedestal
standard (e.g. clock, frequency), patrón
standard, norma, standard; patrón; normal
standard atmosphere (radio), atmósfera normal (*radioeléctrica*)
standard capacitor, capacitor normal o patrón
standard cell, célula patrón, pila patrón
standard deviation (statistics), desvío cuadrático medio, desviación normal o standard
standard frequency, frecuencia normal, frecuencia patrón
standard instrument, instrumento patrón
standard noise temperature, temperatura de ruido normal
standard propagation, propagación normal
standard refraction, refracción normal
standard resistance (resistor), resistencia patrón (standard)
standard test tone, tono normal de prueba (1000 Hz EUA, 800 Hz Europa)
standard unit (equipment), instrumento patrón
standardization, normalización
standardize (to), normalizar
standards converter (tv), conversor (convertidor) de normas (*tv*)
standby (line), en escucha
standby (standby receiver), de reserva, en reserva (receptor de reserva), preparado
standby equipment, equipo de reserva
standby register, registrador en reserva
standing wave indicator, indicador de ondas estacionarias
standing wave ratio (SWR), relación de onda estacionaria
standing waves, ondas estacionarias
star connected circuit, circuito conectado en estrella
star delta starting, arranque estrella–triángulo
star drill, cincel, pistolete
star quad cable, cable de cuadretes en estrella
start (to), arrancar
start circuit, circuito de arranque
start dialing signal, señal o impulso de puesta en marcha
start signal, start element, señal de arranque, impulso de abertura, elemento de arranque
starter, arrancador, arranque
starting, arranque
starting current, corriente de encendido (de arranque)
starting electrode, electrodo de encendido
starting relay, relé (relevador) de puesta en marcha
starting torque, par inicial de arranque
starting voltage, voltaje de arranque, tensión de encendido
start–stop apparatus, aparato arrítmico
start–stop multivibrator, multivibrador de período simple
state-of-the-art, estado de la técnica, estado del arte
static (noise), ruido atmosférico, atmosféricos
static, estática
static characteristic, característica estática
static charge, carga estática
static eliminator, eliminador de electricidad estática
static storage, almacenaje estático, memorización estática
static subroutine, subrutina estática
station clock, reloj patrón de estación
station of destination, estación de destino
station of origin, estación de origen
stationary, fijo, estacionario
stationary field, campo estacionario
stationary wave, onda estacionaria
statistical data, datos estadísticos
statistics, estadística, datos estadísticos
stator, estator
status, condición
stay, riostra, tirante, viento
stay tightener, tensor de riostra
steady state, estabilidad estática, estado de régimen, régimen permanente
steatite, esteatita
steep front signal, señal de frente inclinado
steepness (of a curve), pendiente, inclinación
steerable antenna, antena orientable
step (stage), etapa
step (switch), paso
step-by-step, por grados, paso a paso
step-by-step action, acción escalonada
step-by-step control, regulación por grados
step-by-step excitation, excitación por grados
step-by-step switch, conmutador paso a paso
step control, regulación por grados
step counter, contador escalonado
step down (to), reducir
step down transformer, transformador reductor
step function, función de paso, función escalonada, impulso unitario
step recovery diode, diodo varactor de restablecimiento escalonado
step response, respuesta de paso
step up (to), aumentar, elevar
step up transformer, transformador elevador
step voltage regulator, regulador de voltaje escalonado
stepped winding, devanado escalonado
stepping, avance paso a paso

stepping relays, relés de avance, relevadores progresivos o de progresión
Sterba curtain (ant), cortina sterba (*ant*)
stereophonic, estereofónico
stiff, rígido
stiffness coefficient, coeficiente de inflexibilidad
Stillson wrench, llave Stillson, llave para tubos
stock (supply), existencias
stop, parada, tope; limitador de carrera
stop (to), detener, parar
stop (tty), limitador de carrera (*tty*)
stop band, atenuación para la banda de frecuencias no transmitidas, banda atenuada
stop element, elemento de parada
stop finger, tope de dedo
stop key, llave de parada
stop mark (tty), marco de parada (*tty*)
stop signal, señal de detención, emisión de detención, señal de parada, impulso de parada
stop spring, muelle de parada
stopper circuit, circuito tapón
storage, almacenamiento, almacenaje, acumulación, carga, memoria
storage allocation, asignación de almacenaje o memoria
storage battery, acumulador, batería de acumuladores
storage capacity, capacidad de almacenaje
storage cell, célula acumuladora, acumulador
storage cycle, ciclo de almacenaje
storage device, dispositivo acumulador de datos, memorizador
storage element, elemento de memoria o almacenaje
storage function, función de acumulación
storage tube, tubo memorizador, tubo de memoria
store (to), almacenar, registrar, memorizar
store and forward (tty, data), almacenaje y entrega adelante (*tty, datos*)
stored program, programa registrado, programa almacenado
stored routine, rutina almacenada
stow (ant), en bandera (p.e.: poner en bandera una antena)
stow position (ant), colocación en bandera (*ant*)
straight forward circuit, circuito de señalización automática en una dirección
strain insulator, aislador tensor
strand, hebra, hilo
stranded wire, hilo múltiple
strapping, conexiones mediante puentes, cableado con hilos desnudos
strapping (magnetron), corto circuito
stray, fuga
stray capacitance, capacitancia parásita
stray (distributed) capacity, capacidad repartida, capacidad distribuída
stray currents, corrientes vagabundas
stray field, campo de dispersión
stray radiation, radiación de fuga
streaking (tv), rayado (*tv*)
strength, resistencia, rigidez
stress, carga, esfuerzo, tensión
striking current, corriente de encendido
striking potential, potencial de ionización, potencial de ruptura
strip line, microstrip, líneas de bandas paralelas
strip recorder, registrador de banda
strip transmission line, línea de transmisión en cinta (microondas)
strobe (to), seleccionar por método estroboscópico
strobe marker, marca estroboscópica
strobe pulse, impulso estroboscópico
stroboscope, estroboscópica
strobe spot, mancha estroboscópica
stroke, avance, carrera, golpe
strut, apoyo, puntal, tornapunta
stub, tetón, stub, taco
stub tuner, stub o tetón adaptador
stud, perno
stud bolt, perno trabado o de extremos roscados
studio, estudio
stunt box (tty), unidad de reconocimiento de caracteres o combinaciones de bitios (*tty*)
stylus, aguja
stylus tip, punto de aguja
subassembly, subunidad, subconjunto
subcarrier, subportadora
subcarrier oscillator, oscilador de subportadora
subchannel (tel), subcanal (*tel*)
subcycle generator, generador subciclo
subframe, subcuadro
subharmonic, subharmónico
submarine cable, cable submarino
submultiple resonance, resonancia submúltiple
subproduct, subproducto
subrefraction, subrefracción
subroutine, subprograma, subrutina
subscriber (telephone, telegraph), abonado, subscriptor, suscriptor
subscriber's line, línea abonado o línea de abonado
subscriber's line switch, preselector
subscriber multiple, múltiple de jacks para abonados
subscriber('s) number, número de(l) abonado
subscriber's register, contador de conversaciones
subscriber set, equipo o aparato del abonado
subscription (tel), abono al teléfono
subset, equipo o aparato del abonado, subconjunto
substrate (ic), el material sobre el que se hace un microcircuito (*ic*)
subsurface wave, onda de subsuelo

subsynchronous, subsíncrono
subtraction (difference), resta
sudden ionospheric disturbance (SID), perturbación ionosférica brusca
sudden phase anomaly (SPA), anomalía brusca de fase
sulphation (sulfation), sulfatación
sulphur, azufre
sulphuric acid, ácido sulfúrico
sum channel, canal totalizante
sum channel signal (Σ), señal del canal de suma (Σ)
summary (traffic), cuadro sinóptico
summation, totalización, suma
summing amplifier, amplificador totalizante
sun spot, mancha solar
superconductivity, superconductividad
supergroup, supergrupo, grupo secundario
supergroup distribution frame (SDF), repartidor de supergrupo
supergroup reference pilot, piloto de referencia de supergrupo
superheterodyne, superheterodino
super high frequency (SHF), frecuencia superelevada (FSE) o superalta
superimpose (to), sobreponer
super-mode laser, laser de supermodo
superpose (to), superponer
superrefraction, superrefracción
superregeneration, superreacción
superregenerative receiver, receptor superreactivo
supervise (to), dirigir, vigilar, supervisar
supervision, vigilancia, dirección, supervisión
supervisor trunk, línea para la supervisora
supervisory control, control dirigente
supervisory equipment, equipo de supervisión o de vigilancia
supervisory signal, señal de supervisión
supplementary group, grupo suplementario
supply, abastecimiento, suministro
supply (to) (elec, electronic), alimentar (*eléc*)
supply (to) (parts), abastecer, suministrar
supply transformer, transformador de alimentación
supply voltage, voltaje de consumo, voltaje de entrada
support, apoyo, poste
support system, sistema de apoyo
suppressed carrier, portadora suprimida
suppressed carrier operation, transmisión por supresión de la portadora
suppression, supresión
suppression of carrier, supresión de la onda portadora
suppressor, supresor
suppressor grid, rejilla supresora
suppressor grid modulation, modulación por rejilla supresora
suppressor pulse, impulso supresor
surface barrier transistor, transistor de barrera superficial
surface charge, carga superficial
surface contact rectifier, rectificador de contacto por superficie
surface controlled avalanche transistor, transistor avalancha controlado a superficie
surface current, corriente superficial
surface duct, conducto atmosférico
surface layer, capa superficial
surface leakage, fuga superficial
surface resistivity, resistividad de superficie
surface wave, onda superficial
surge, onda móvil rápida, sobrecarga brusca, sobrecarga transitoria, sobrevoltaje
surge characteristic, respuesta de transitorios
surge impedance, impedancia característica
surges, sobretensiones
surgistor, surgistor
survey, estudio, estudio topográfico, reconocimiento, estudio de campo, levantamiento
susceptance, susceptancia
susceptibility, susceptibilidad
suspension, parada (stop), suspensión
suspension insulator, aislador de suspensión
sustained oscillations, oscilaciones sostenidas
sway, ladeo, cimbreo
sweep, barrido
sweep (to) (as with a sweep generator), barrer
sweep amplifier, amplificador de barrido
sweep circuit, circuito de barrido
sweep generator, generador explorador
sweep oscillator, oscilador de barrido
sweep test, prueba de barrer
sweep velocity, velocidad de barrido
sweep voltage, voltaje de barrido o de desviación
swing, giro, desviación
swinging choke, bobina de reactancia de hierro saturada
switch, conmutador, interruptor (on–off)
switch (to), conmutar
switch jacks, jacks o clavijas de conmutación
switch off (to), apagar
switch on (to), encender
switch wiper, escobilla de línea
switchboard, cuadro de conmutadores, cuadro de distribución, tablero, tablero de distribución, mesa conmutador
switchboard position, puesto de operadora, posición de telefonista
switchgear, conmutador, equipo de conmutación
switching, conmutación
switching center, centro de conmutación
switching control, control de conmutación
switching diode, diodo conmutador
switching function, función de conmutación
switching network, red de conmutación

switching pad, atenuador de conmutación
switching point, central de tránsito, centro de tránsito
switching stage, etapa de conexión
switching system, sistema de conmutación
switching time, tiempo de conmutación
switching trunk, troncal o tronco interurbano de conmutación
syllabic, de logatomos, silábico
syllabic companding, compresión–expansión silábica
symbol, símbolo
symbolic address, dirección simbólica
symbolic code, código simbólico
symmetrical, simétrico
symmetrical alternating quantity, cantidad alterna simétrica, magnitud alterna simétrica
symmetry, simetría
sync, sinc, sync (abrev. de sincronización)
sync generator, generador de sinc o sync
sync level, nivel de sinc o sync
sync pulse, impulso sincrónico
sync separator, separador (de) sincrónico
synchro, sincro
synchro-angle, ángulo eléctrico (de sincro)
synchro control receiver, sincrorreceptor de control
synchro dephaser, sincrodefasador
synchro differential transmitter, emisor diferencial de sincro
synchro indicator, indicador síncrono
synchro motor, motor sincro
synchro receiver, unidad de sincro, receptor de sincro
synchro system, sistema de sincro
synchro transmitter, sincrotransmisor
synchro unit, unidad de sincro
synchronism, sincronismo
synchronization, sincronización
synchronize (to), sincronizar
synchronizer, sincronizador
synchronizing current, corriente sincronizante
synchronizing pilot, (onda) piloto de sincronización
synchronizing pulse, impulso de sincronización
synchronizing relay, relé de sincronización
synchronizing signal, señal de sincronización
synchronizing switch, interruptor sincronizador
synchronoscope, sincronoscopio
synchronous, síncrono, sincrónico
synchronous communications satellite, satélite síncrono de telecomunicaciones
synchronous computer,computador síncrono
synchronous correction, correción de sincronismo
synchronous detector, detector síncrono
synchronous gate, compuerta síncrona
synchronous generator, generador síncrono
synchronous induction motor, motor síncrono de inducción
synchronous mixer, mezclador síncrono
synchronous motor, motor síncrono, motor sincrónico
synchronous rectifier, rectificador síncrono o sincrónico
synchronous timer, cronómetro sincrónico
synchroscope, sincroscopio
synthesizer, sintetizador
syntony, sintonía
system, sistema, (*eléc*) red
system engineering, ingeniería de sistemas
system function, función de unidades
system layout, disposición de sistema
system parameter, parámetro de (la) red
system of units, sistema de unidades
systematic distortion, distorsión sistemática

T antenna, antena en T
T-junction, juntura T
T network, red en T
T-pad, atenuador en T
T pulse, impulso T
2T pulse, impulso 2T
TE waves (waveguide), ondas transversales eléctricas (*guía onda*)
TED (threshold extension modulator), demodulator con extensión de umbral
TLP (test level point), punto de nivel de prueba
TM mode (waveguide), modo TM (*guía onda*)
TM waves (transverse magnetic waves), ondas TM (transversales magnéticas)
TR switch, interruptor TR
TR tube, tubo TR
TWT (traveling wave tube), válvula de onda progresiva
tabulation, cuadro, planilla, tabla
tacan, tacan
tachometer, tacómetro
tail, cola (de impulsos)
talk battery, batería telefónica o de conversación
tandem, tándem
tandem area, red suburbana, red regional
tandem connection, conexión en tándem
tandem dialing, selección en tándem
tandem exchange, central intermedia, central de tránsito, centro de tránsito
tandem selector, selector de tránsito
tangent, tangente
tangent galvanometer, galvanómetro de tangentes
tangential, tangencial
tangential sensitivity, sensibilidad tangencial
tangential wave path, trayecto de onda tangencial
tank circuit, circuito tanque
tap, bifurcación, derivación, toma
tap (to) (elec), bifurcar (*eléc*)

tap (to) (mech), machuelar, roscar (*mec*)
tap switch, conmutador de derivaciones
tape, cinta
tape copy, mensaje grabado en cinta
tape deck, grabador de cinta
tape feed, alimentador de cinta
tape parity, paridad de cinta magnética
tape perforator (punch), perforador de cinta
tape printer, aparato impresor en cinta
tape reader (tty, data), cabeza lectura de cinta, dispositivo de lectura de cinta (*tty, datos*)
tape relay (tty), retransmisión por cinta (*tty*)
tape-relay center (tty), centro (de) retransmisión por cinta (*tty*)
tape retransmission, retransmisión mediante cinta perforada
tape transmitter, transmisor de cinta
taper (to), ahusar
taper, ahusado
tapered, ahusado
tapped control, control de derivaciones
tapping, acometida, toma, derivación
target (radar, satellite), blanco (p.e.: radar, satélite)
target acquisition, adquisición del blanco
tarpaulin, toldo
technical characteristics, características técnicas
technical evaluation, evaluación técnica
technical load, suma eléctrica de carga solo de equipos (carga técnica)
technical specifications, especificaciones técnicas
telecommunication, telecomunicación
telecommunications engineering, ingeniería de telecomunicaciones
telecontrol, telemando, teleaccionamiento, telecontrol
telegraph (to), telegrafiar
telegraph alphabet, alfabeto telegráfico
telegraph circuit, circuito telegráfico
telegraph code, código telegráfico
telegraph concentrator, concentrador telegráfico
telegraph distributor, distribuidor telegráfico
telegraph network, red telegráfica
telegraph noise, ruido telegráfico
telegraph rate, tasa telegráfica, tarifa de telegramas
telegraph repeater, repetidor telegráfico
telegraphy, telegrafía
telemeter, teleindicador; telémetro
telemetering, telemedición, telemetría
telemetry, telemetría
telephone (to), llamar por teléfono, telefonear
telephone central office, central telefónica, central
telephone channel, canal telefónico
telephone circuit, circuito telefónico
telephone drop, ramal de abonado, bajada telefónica
telephone equipment, equipo telefónico
telephone headset, casco telefónico
telephone installation, instalación telefónica
telephone link, enlace telefónico
telephone pairs, pares telefónicos
telephone plant, planta telefónica, instalación telefónica
telephone repeater, repetidor telefónico
telephone user, abonado telefónico, usuario telefónico, subscriptor
telephony, telefonía
teleprinter, aparato teletipógrafo, aparato arrítmico, teleimpresor, teleimpresora
telescoping, enchufador, telescópico
teleswitching, teleconmutación
teletype, teletipo, teleimpresor
teletypewriter, teleimpresora
teletypewriter code, código de teleimpresora
teletypewriter test tape, cinta de prueba para teleimpresoras
television, televisión
television broadcast band, banda de televisión
television camera, cámara televisora
television channel, canal de televisión
television link, enlace de televisión
television picture, imagen de televisión o de video
television raster, trama de televisión
television transmitter, transmisor de televisión
telewriter, teleinscritor
telex, télex
telex service, servicio de teletipo por líneas telefónicas
temperature coefficient, coeficiente de temperatura
temperature compensated Zener diode, diodo Zener compensado a temperatura
temperature compensating capacitor, capacitor con compensación térmica
temperature gradient, gradiente de temperatura
temperature inversion, inversión de temperatura
temperature regulator, regulador de temperatura
temperature rise, aumento de temperatura
temperature saturation, saturación de temperatura (tubos)
temperature variation, variación de temperatura
temporary duty, servicio transitorio, servicio temporal
terminal, borne, terminal
terminal block, terminal box, caja de cables, caja de bornes
terminal equipment, equipo de terminal, instalación terminal
terminal or connecting lug, broche
terminal lug, contacto, patilla, pata
terminal pair, par de terminales, par de bornes

terminal repeater, repetidor terminal
terminal resistance, resistencia terminal
terminal seizure signal, señal de toma terminal
terminal strip, regleta de conexión, regleta de terminales
terminal trunk exchange, central interurbana extrema
terminated level, nivel de terminación
terminated line, línea terminada
terminating, terminación
terminating jacks, jacks de corte
terminating traffic, tráfico terminando en la red
termination, terminación
ternary, ternario
ternary code, código ternario
terrestrial, terrestre
tertiary exchange, central rural
tertiary winding, devanado terciario
Tesla coil, bobina Tesla
test, ensayo, prueba
test board, cuadro de pruebas y medidas
test equipment, aparato(s) de pruebas, equipo de prueba, equipo de medición
test the fuses (to), probar los fusibles
test level, nivel de pruebas
test loop, bucle para medir
test pattern, patrón de pruebas
test jack, jack de prueba
test plug, clavija de pruebas
test point, punto de prueba
test probe, sonda
test rack, soporte de pruebas, bastidor para pruebas
test routine, rutina de pruebas
test tone, tono de prueba
test translator, traslador de prueba(s)
tester, probador
testing level, nivel de pruebas
tetrode, tetrodo
tetrode transistor, transistor tetrodo
theorem, teorema
theoretical cutoff frequency, frecuencia de corte teórico
theoretical margin, margen teórico
thermal, termal, térmico
thermal agitation, termoagitación
thermal agitation noise, ruido de agitación térmica
thermal conductivity, conductividad térmica
thermal cutout, disyuntor térmico
thermal detector, detector termal o térmico
thermal effect, efecto térmico
thermal electricity, piroelectricidad
thermal expansion, dilatación térmica, expansión térmica
thermal ionization, ionización térmica
thermal noise, ruido de agitación térmica
thermal overload, sobrecarga térmica
thermal regenerative cell, célula térmica de regeneración
thermal relay, relé electrotérmico
thermal resistance, resistencia térmica
thermal tuning, sintonización térmica
thermionic, termiónico
thermionic current, corriente termiónica
thermionic emission, emisión termiónica
thermionic relay, relevador termiónico, relé termiónico
thermistor, termistencia, termistor
thermocouple, par térmico, pila termoeléctrica, termopar
thermocouple instrument, aparato de termopar
thermoelectric effect, efecto termoeléctrico
thermoelement, termoelemento
thermogalvanometer, termogalvanómetro
thermojunction battery, batería termopar
thermomagnetic, termomagnético
thermometer, termómetro
thermopile, termopila
thermostat, termóstato
thermostat control, regulador termostático
thermostatic, termostático
thermoswitch, interruptor térmico
Thevenin's theorem, teorema de Thevenin
thick-film circuit, circuito de cinta espesa, circuito de película gruesa
thick-film resistor, resistor o resistencia de cinta espesa, resistor o resistencia de película gruesa
thickness, espesor, grosor
thickness gauge, galga de espesores
thin-film circuit, circuito de cinta fina, circuito de película delgada
thin-film semiconductor, semiconductor de cinta fina, semiconductor de película delgada
third harmonic, tercer harmónico
Thomson effect, efecto Thomson
thoriated tungsten, tungsteno toriado
thorium, torio
three-db coupler, acoplador de tres decibelios
three-mode control, regulación de tres modos
three-phase, trifásico
three-phase four-wire system, sistema trifásico de cuatro hilos
three-phase seven-wire system, sistema trifásico de siete hilos
three-step control, regulación de triple reducción
three-step relay, relé de tres intervalos
three-wire system, sistema de tres hilos
threshold, umbral
threshold extension, extensión umbral o de umbral
threshold frequency, frecuencia de umbral
threshold voltage, tensión de umbral
through-circuit, circuito de tránsito
through-clearing, desconexión provocada por la central interurbana

through-dialing, selección automática a distancia a través de una estación de tránsito
through-group, conector de grupo(s) (group connector), pasa grupo, grupo de tránsito
through-group filter, filtro de pasa-grupo, filtro de paso de grupo, filtro de conector de grupo, filtro de tránsito
through-level, nivel de paso
through-repeater, repetidor directo, repetidor de tránsito
through-supergroup filter, filtro de paso de supergrupo
through-traffic, tráfico en tránsito, tráfico de escala
thump, golpeteo
thyratron, tiratrón, válvula-relé
thyratron gate, compuerta tiratrón
thyristor, tiristor
tickler coil, bobina de regeneración
tie, abrazadera, corrediza, ligadura
tie cable, cable de liga, cable de unión
tie line, conexión directa, enlace directo, línea de unión, línea privada
tie point, punto de unión
tie wires, alambres de unión
tight coupling, acoplamiento rígido, fuerte
tilt, deformación del cuadro (*tv*); inclinación
time assignment speech interpolation (TASI), tiempo asignado por interpolación de voz
time base, base de tiempo(s)
time base control, regulación de base de tiempos
time base frequency, frecuencia de base de tiempo(s)
time consistent busy hour (tfc), hora ocupada de tiempo consistente (*tfc*)
time constant, constante de tiempo
time delay, retardo
time delay circuit, circuito de acción retardada, circuito retardador
time delay switch, contactor de acción retardada, interruptor de tiempo
time division multiplex (TDM), multiplex por división de tiempo
time element, retardo de actuación; elemento de tiempo
time function, función de tiempo
time gate, compuerta de tiempo
time interval, intervalo de tiempo
time lag, retardo, tiempo de retardo, tiempo de retraso
time of origin, hora de expedición
time out (switch), temporización (*conmut*)
time quadrature, cuadratura de tiempo
time of receipt, hora de recepción
time sharing, compartición de tiempo, subdivisión de tiempo, compartido de tiempo
time sharing computer, computador de subdivisión de tiempo, computador de compartición de tiempo, ordenador de compartido de tiempo, ordenador de compartición de tiempo
time switch, cronointerruptor, interruptor de tiempos
timer, cronizador
timing, cronometración
timing device, dispositivo de cronometración
timing register, contador de tiempo
tin, estaño
tinned wire, alambre estañado, hilo estañado
tip (jacks, plugs), punta, cabeza de clavija
tip side, lado de punta
tip spring (of a jack), resorte corto (de un jack)
toggle switch, interruptor de volquete
tolerance, tolerancia
toll area, red suburbana, red regional, red interurbana
toll cable, cable de larga distancia
toll call, llamada interurbana, comunicación interurbana
toll circuit, circuito interurbano
toll connector, selector final interurbano
toll quality, calidad de larga distancia
toll service, servicio de comunicación suburbana
toll switching center, centro de conmutación de larga distancia
toll traffic, tráfico regional, tráfico limítrofe, tráfico interurbano
tone, tono
tone channel, canal de tono
tone control, control de tono, regulación de tono
tone generator, generador de tonos
tone keyer, manipulador de tonos
tone modulation, modulación de tonos
tone off while idle, tono durante trabajo
tone on while idle, tono durante reposo
tone operated net-loss adjuster, regulador del equivalente accionado por onda sinusoidal
tone telegraph (or voice frequency carrier telegraph, VFCT, VFTG), telegrafía de tonos, telegrafía (h)armónica (TH)
tool box, caja de herramientas, herramental
tool kit, bolsa de herramientas, bolsín
top channel frequency, frecuencia de canal más alto
top loaded vertical antenna, antena vertical de carga terminal
topographic map, mapa topográfico
topographical survey, levantamiento topográfico
torn tape relay, relé de cinta rota, tránsito manual por cinta perforada
toroid, toroide
toroidal coil, bobina toroidal
toroidal transformer, transformador toroidal
toroidal winding, arrollamiento toroidal, devanado toroidal
torque, momento de torsión, par, par motor
torque synchro receiver, sincrorreceptor de par
torsion, torsión

torsion torque, par de torsión
total distortion, distorsión total
touch tone dialing, marcando a tonos tocados
tower loading, cargando de torre; carga de torre
tower radiator, torre-radiador
trace, trazo
trace interval (tv), duración de exploración de línea (*tv*)
track, recorrido, traza, vía
track (computers), huella
track (tape), pista
track width, ancho de la pista
tracking (satellite, radar), seguimiento, rastreo
tracking channel, canal de seguimiento
traffic capacity, capacidad de tráfico
traffic density, intensidad de tráfico
traffic department, departamento de tráfico, sección de tráfico
traffic diagram, diagrama de tráfico
traffic distribution, distribución de tráfico
traffic forecast, prognóstico de tráfico
traffic load, capacidad de tráfico, carga de tráfico, intensidad del tráfico
traffic offered, tráfico presentado
traffic statistics, estadística de tráfico
traffic volume, capacidad de tráfico
trailing edge, flanco posterior
trailing wiper, frotador posterior
train of waves, tren de ondas
training aids, ayudas de adiestramiento
transadmittance, transadmitancia
transceiver, recetransmisor, transceptor
transceiver data link, enlace de datos de transceptor
transconductance, transconductancia
transcriber, registrador, transcriptor
transducer, transductor, translador
transducer gain, ganancia de transferencia
transducer loss, pérdida de transferencia
transductor, transductor; amplificador magnético
transfer, transferencia
transfer admittance, admitancia de transferencia
transfer characteristics, características de transferencia, características mutuas, relaciones entrada–salida
transfer circuit, circuito intermedio
transfer constant, constante de relación entrada–salida
transfer function, función de transferencia
transfer impedance, impedancia de transferencia
transfer switch, conmutador de transferencia
transfer time, tiempo de transferencia
transfer trunk, enlace de transferencia, troncal de transferencia
transfluxor, transfluxor
transformation ratio, razón o relación de transformación
transformer, transformador
transformer coupling, acoplamiento de (a) transformador
transformer loss, pérdida de transformador
transformer substation, subestación de transformación
transient, fenómeno transitorio, transitorio
transient noise, ruidos transitorios
transient phenomena, fenómenos transitorios
transient response, respuesta de transitorios
transient stability, estabilidad transitoria
transient state, régimen transitorio
transients, oscilaciones momentáneas
transistor, transistor
transistor AND gate, discriminador de 'Y' de transistor, compuerta 'Y' de transistor
transistor base, base de transistor
transistor chip, chip transistor
transistor inverter, inversor de transistor
transistor OR gate, discriminador de 'O' de transistor, compuerta 'O' de transistor
transit circuit, circuito de tránsito
transit phase angle, ángulo de fase de tránsito
transit register, registro de tránsito
transit routings, rutas de tránsito
transit seizure signal, señal de toma de tránsito
transit time, tiempo de recorrido; tiempo de propagación, tiempo de tránsito
transit traffic, tráfico en tránsito
transition (data, tty), transición (*datos*, *tty*)
transition card (data), tarjeta de transición (*datos*)
transition element, elemento de transición
transition loss, pérdida de transición
transition point, punto de transición
transition region, zona de transición, zona transitoria
transition time, tiempo de transición
transitron, transitrón
translated digits, cifras traducidas
translation (frequency), translación
translation (switch, data), traducción (conmut, datos)
translator, translador; repetidor
transmission, transmisión, emisión
transmission band filter, filtro de la banda de transmisión
transmission engineering, ingeniería de transmisión
transmission equivalent, equivalente efectivo de transmisión
transmission failure, corte de transmisión
transmission level, nivel de transmisión
transmission line, línea de transmisión
transmission loss, pérdida de transmisión
transmission measuring set, medidor de transmisión, registro de transmisión, hipsómetro
transmission medium, medio de transmisión
transmission mode, modo de transmisión

transmission path, vía de transmisión
transmission performance, calidad de transmisión
transmission quality, calidad de transmisión
transmission regulator, regulador de transmisión
transmission speed, velocidad de transmisión, velocidad de modulación
transmission standards, normas de transmisión
transmission time, tiempo de transmisión
transmission units, unidades de transmisión
transmittance, transmitancia
transmitter, emisor, transmisor
transmitter distortion, deformación en la emisión
transmitter–distributor (TD) (tty), transmisor–distribuidor (TD) (*tty*)
transmitting branch (leg), rama transmisora
transmitting direction, sentido de transmisión
transmitting loop loss, pérdida de bucle de transmisión
transmitting system, sistema emisor
transponder, respondedor
transport efficiency, rendimiento de transporte
transverse electric wave, onda eléctrica transversa
transverse electromagnetic wave, onda electromagnética transversa
transverse interference, interferencia transversa
transverse magnetic E mode, modo E transverso magnético
transverse magnetic wave, onda magnética transversa
transverse wave, onda transversa
trap, circuito eliminador
trapezoidal generator, generador trapezoidal
trapezoidal wave, onda trapezoidal
traveling detector, sonda detectora en líneas ranuradas
traveling plane wave, onda plana progresiva
traveling wave tube (TWT), válvula de onda progresiva
traveling waves, ondas progresivas
treble, triple, treble
trench, zanja, conducto para cables
triac, triac
triad, triad
trial and error calculations, cálculo por aproximaciones sucesivas
triangular noise, ruido triangular (sistemas FM)
trickle charge, carga de compensación
triductor, triductor
trigger, gatillo, disparo
trigger amplifier, amplificador de impulso, amplificador de gatillo
trigger circuit, circuito de disparo, circuito activador
trigger diode, diodo gatillo
trigger level, nivel de disparo
trigger pulse, impulso gatillo (o disparo)
trigger spring, gatillo volante, muelle volante
trigger tube, tubo de disparo, tubo de gatillo
trigonometry, trigonometría
trimmer, compensador, condensador de corrección, regulador
triode, triodo
trip (to), desenganchar, disparar, soltar
trip circuit, circuito desconectador
trip coil, bobina de disparo
trip relay, relevador (relé) de desenganche
trip spring, muelle de desenganche
triple conversion receiver, receptor de triple conversión
triple pole, tripolar
triple stub transformer, transformador de triple stub o tetón
triplexer, triplexer
tripping relay, relé de fin de llamada
trolley, trole
troposphere, troposfera
tropospheric absorption, absorción troposférica
tropospheric duct, conducto troposférico
tropospheric scatter, dispersión troposférica, difusión troposférica
tropospheric wave, onda troposférica
trouble position, cuadro de observación, cuadro de reclamaciones
trouble tone, señal de avería, tono de falla, tono de avería
true horizon, horizonte real
true power, potencia real, vatios efectivos
truncated paraboloid, paraboloide truncada
trunk, línea de enlace, enlace, tronco, línea troncal, troncal
trunk cable, cable troncal, cable interurbano
trunk call, llamada interurbana
trunk circuit, circuito interurbano, circuito de enlace, troncal interurbano
trunk exchange, centro interurbano, central interurbana
trunk finder, buscador troncal
trunk group, grupo troncal
trunk line, línea de enlace
trunk line bank, banco de líneas de enlace (troncal), campo de líneas de enlace (troncal)
trunk network, red interurbana
trunk switchboard, cuadro conmutador interurbano
trunk traffic, tráfico interregional
trunking, enlazamiento
trunking group, grupo de enlazamiento
trunking scheme, diagrama de enlace
tube coefficient, coeficiente de tubo (o válvula)
tube heating time, tiempo para calentar un tubo (o válvula)
tube noise, ruido de tubo (o válvula)

tube voltage drop, caída de voltaje de tubo
tubing (e.g. spaghetti), manguera
tunable-cavity filter, filtro de cavidad sintonizable
tunable magnetron, magnetrón sintonizable
tune (to), afinar, sintonizar
tuned amplifier, amplificador de resonancia
tuned base oscillator, oscilador de base sintonizada
tuned circuit, circuito sintonizado
tuned collector oscillator, oscilador de colector sintonizado
tuned filter, filtro sintonizado
tuned-grid oscillator, oscilador con rejilla sintonizada
tuned grid–tuned plate oscillator, oscilador con rejilla y placa sintonizada
tuned radio frequency (receiver), receptor de radiofrecuencia sintonizada
tuned relay, relé (relevador) sintonizado
tuner, sintonizador
tungsten, tungsteno, volframio
tungsten filament, filamento de tungsteno
tuning, sintonía, sintonización
tuning capacitor, condensador de sintonización
tuning control, control de sintonización
tuning element, elemento sintonizador
tuning fork, diapasón
tuning indicator, indicador de sintonización
tuning range, alcance de sintonía, gama de sintonización
tuning screw, tornillo de sintonización
tuning stub, stub o tetón de sintonización, taco de sintonización
tuning susceptance, susceptancia de sintonización
tuning voltage, voltaje de sintonización
tunnel diode, diodo túnel, diodo de túnel
tunnel effect, efecto (de) túnel
tunnel rectifier, rectificador (de) túnel
tunnel resistor, resistencia de túnel
tunnel triode, triodo túnel
turn (winding), espira
turn off (to), apagar, desconectar
turn on (to), conectar, encender
turnbuckle, templador, tensor, tesador
turns ratio, relación de vueltas
turnstile antenna, antena de molinete
turpentine, aguarrás, trementina
turret keys, torrecilla de llaves
twin contacts, contactos gemelos, doble contacto
twin jacks, conjuntores gemelos
twin lead cable, cable bifilar plano
twin line, línea doble balanceada
twist, torcedura, torsión
twisted pair, conductor doble retorcido, par trenzado
two conductor wiper, escobilla doble
two-fluid cell, celda de dos electrólitos (imperf.), celula de dos electrólitos
two-hole directional coupler, acoplador direccional con dos agujeros
two-part code, código al azar de dos partes
two-phase system, sistema bifásico
two-phase three wire system, sistema bifásico de tres hilos
two-step relay, relé de acción escalonada (2 pasos)
two terminal network, red de dos terminales
two-tone keying, manipulación de dos tonos
two-tone modulation, modulación de dos tonos
two way, bilateral
two-way circuit, circuito explotado en dos sentidos
two-way communication, comunicación bidireccional
two-wire, bifilar, de dos alambres, de dos hilos
two-wire circuit, circuito de dos hilos o alambres, circuito bifilar, circuito a dos hilos
two-wire line, línea bifilar
two-wire repeater, repetidor de dos hilos
two-wire terminating set, dispositivo de terminación de dos hilos
two-wire trunk, línea troncal de dos hilos, línea de enlace de dos hilos
type of duty, tipo de servicio
type of loading, tipo de carga, clase de carga
type test, prueba de prototipo
type wheels, ruedas de tipo
typewriter keyboard, teclado

'U' spring, muelle impulsor en 'U', fleje
UHF (ultra high frequency), hiperfrecuencia, frecuencia ultraelevada (FUE)
ultra audion circuit, circuito ultra-audión
ultrafax, ultrafax
ultra high frequency (UHF), frecuencia ultraelevada (FUE), hiperfrecuencia, ultra alta frecuencia
ultrasonic, ultraacústico, supersónico, ultrasonoro
ultraviolet rays, rayos (de) ultravioleta
unadjusted, no ajustado
unaffected, insensible
unattended station, estación inatendida o no atendida
unbalance, desequilibrio, disimetría
unbalanced, desequilibrado
unbalanced input, entrada desequilibrada
unbalanced line, línea desequilibrada
unbalanced phases, fases desequilibradas
unbiased, impolarizado
unblanking pulse, pulso de desblanquear
unblocking, desbloqueo
uncalibrated, no calibrado
uncompleted call, comunicación no efectuada
undamped oscillation, oscilación inamortiguada
undercurrent tripping, desconexión de hipocorriente
underdamping, amortiguamiento insuficiente

underground cable, cable subterráneo
underlap, no yuxtaposición de las líneas
underload relay, relé (relevador) de mínima, relé de subvoltaje
undersea, submarino
undervoltage, hipovoltaje, subvoltaje
undervoltage relay, relé (relevador) de bajo voltaje
underwriter, asegurador
undesired modulation products, productos de intermodulación
undistorted wave, onda sin distorsión
unidirectional antenna, antena unidireccional
unidirectional coupler, acoplador unidireccional
unidirectional element, elemento unidireccional
unidirectional pulses, impulsos unidireccionales
unidirectional transducer, transductor unidireccional
uniform field, campo uniforme
uniform line, línea uniforme
uniform plane wave, onda plana uniforme
unijunction transistor, transistor de unijuntura
unilateralization, unilateralización
unintelligible crosstalk, diafonía no inteligible
uninterrupted duty, servicio continuo
uniphase, monofásico
unipolar, monopolar, unipolar
unit, unidad, dispositivo
unit call, unidad de llamada, unidad de conversación
unit charge, unidad de carga
unit duration of signal, unidad de duración de emisión
unit element, elemento unitario
unit impulse, impulso unitario
unit interval, intervalo de señal
unit magnetic pole, unipolo magnético
unit step, etapa unitaria
unity, unidad
unity gain bandwidth, ancho de banda de ganancia unitaria
universal cord circuit, cordón universal
universal time, tiempo universal
unload (to), descargar
unloaded, sin carga
unmatched, desapareado, no adaptado, no equilibrado
unmodulated, sin modulación
unsaturated, no saturado
unserviceable, inservible
unstable, inestable
untuned, no sintonizado
unwanted emission, emisión no deseada
up-converter, conversor de frecuencia superior, conversor de frecuencia (de _ mHz a _ gHz)
up-path (satcom), trayecto de subida (*satcom*)
upper case (tty, data), 'cifras' (*tty*, *datos*)
upper contact, contactor (contacto) superior
upper line wiper, escobilla superior de línea
upper sideband, banda lateral superior
upright channel (erect channel), canal derecho
upright sideband, banda lateral derecha
usable range, gama utilizable, rango utilizable
use factor, factor de capacidad
useful power, potencia útil
user, usuario
utility routine, rutina de utilidad
utilization coefficient, factor de utilización
utilization factor, factor de utilización

V-antenna, antena en V
VCXO (voltage controlled crystal oscillator), oscilador cristal controlado a voltaje
VF (voice frequency), frecuencia vocal (FV), frecuencia de voz (FV), audiofrecuencia
VHF (very high frequency), frecuencia muy elevada (FME), muy alta frecuencia
VHF omnirange (aer nav), VHF de varios alcances (*aer nav*)
VLF (very low frequency), FMB (frecuencias muy bajas)
VSWR (voltage standing wave ratio), relación de tensión de ondas estacionarias
VTVM (vacuum tube volt meter), abreviatura para voltímetro de válvula
VU (volume unit), VU (unidad de volumen)
VU meter, volúmetro, decibelímetro
vacuum cleaner, aspirador de polvo, limpiador de succión
vacuum pump, bomba de vacío, bomba de vacuo
vacuum seal, cierre de vacuo
vacuum switch, interruptor vacuoaccionado
vacuum tube, válvula, tubo electrónico, tubo
vacuum tube voltmeter, voltímetro a válvula, voltímetro electrónico
valence band (transistor), banda de valencia
valence electron, electrón de valencia, electrón periférico
valency, valencia
value, valor
valve, válvula
vane (type) wattmeter, vatímetro de paleta
varactor, varactor
variable, variable
variable autotransformer, autotransformador variable
variable availability, disponibilidad variable
variable capacitor, condenser, condensador variable
variable coupling, acoplamiento variable
variable field, campo variable
variable frequency oscillator (VFO), oscilador de frecuencia variable
variable inductor, inductor variable
variable resistor, resistencia variable

variable selectivity, selectividad variable
variable speed controller, regulador de velocidad variable
variable speed device, dispositivo de velocidad variable
variable transformer, transformador regulable
variable voltage, voltaje variable
variac, variac, autotransformador de relación regulable
variation, variación; declinación magnética
variation range, campo de variación
variocoupler, varioacoplador
variolosser, atenuador automático, atenuador regulable
varistor, varistor
Varley loop, bucle Varley
varmeter, vármetro
varying machine, máquina de prueba de límites de funcionamiento de máquina de conmutación, máquina verificadora del movimiento de elevación de selectores
vector, vector
vector diagram, diagrama vectorial
vector field, campo vectorial
vector power, potencia vectorial
vector product, producto vectorial
vector quantity, magnitud vectorial
vector sum, suma vectorial
velocity, velocidad
velocity filter, filtro de velocidad
velocity lag, retardo en la velocidad
velocity modulated oscillator, oscilador modulado por velocidad
velocity modulation, modulación de velocidad
velocity of propagation, velocidad de propagación
vender, vendor, proveedor
vent, respiradero, sopladero
ventilate (to), ventilar
ventilation, ventilación
ventilator, ventilador
verification switches, conmutadores de comprobación
verify, verificar
vernier, nonio
vernier adjustment, regulación de nonio
vernier dial, cuadrante de nonio
versatile, adaptable
vertex, vértice
vertical antenna, antena vertical
vertical armature, armadura de elevación
vertical bank, banco vertical, contactos de ascensión
vertical blanking pulse, impulso de blanqueo vertical
vertical comb, peine vertical
vertical incidence transmission, transmisión de incidencia vertical
vertical interruptor contacts, contactos de reposo del electroimán de elevación
vertical motion, movimiento de elevación
vertical pawl, uña de elevación
vertical play, juego vertical
vertical polarization, polarización vertical
vertical retrace, retrazo vertical
vertical step, paso vertical, paso ascendente
vertical sweep, barrido vertical
vertical synchronization, sinc vertical, sincronización vertical
vertical wiper, escobilla vertical
vertically polarized wave, onda polarizada verticalmente
very high frequency (VHF), muy alta frecuencia, hiperfrecuencia, frecuencia muy elevada (FME)
very low frequency (VLF), frecuencia muy baja (FMB)
vestigial sideband, banda residual, banda lateral residual
via circuit, circuito de tránsito
via traffic, tráfico en tránsito, tráfico de escala
vibrate (to), oscilar, vibrar
vibrating reed, lámina vibrante
vibration, vibración
vibration test, prueba de vibración
vibrator, vibrador
video amplifier, amplificador de video
video carrier, portadora de video
video channel, canal de video, canal de visión
video correlator, correlador de video
video frequency, video frecuencia, frecuencia de video
video integrator, integrador de video
video signal, señal de video
video tape, cinta de video
video-tape recorder (VTR), grabador de cinta (de) video
vidicon, vidicón
virtual amperes, amperaje efectivo
virtual anode, ánodo virtual
virtual height, altura virtual
viscosity, viscosidad
vise, tornillo, tornillo de banco, torniquete
visible signal, señal visible, señal óptica
visual alarm, alarma óptica
visual indicator, indicador óptico
visual range, alcance visual, alcance óptico
visual scanner, explorador visual
visual warning device, aparato avisador visual
vocoder, vocoder
vodas (voice operated device anti-sing), vodas
vogad (voice operated gain adjusting device), regulador vocal, vogad
voice channel, canal de voz o de conversación
voice coder (vocoder), codificador de voz
voice frequency (VF), frecuencia de voz (FV), frecuencia vocal
voice frequency carrier telegraph (VFCT, VFTG), telegrafía harmónica o armónica (TH), telegrafía por frecuencia de voz

voice frequency signaling, señalización en frecuencia vocal
voice frequency telegraphy, telegrafía armónica o harmónica, telgrafía por frecuencias acústicas
voice operated device, dispositivo accionado por la voz
volt, voltio
volt–ampere, voltio–amperio
volt–ampere–hour meter, voltamperihorímetro
Volta effect, efecto de Volta
voltage amplification, amplificación de voltaje
voltage amplifier, amplificador de voltaje
voltage amplifier stage, etapa de amplificación de voltaje
voltage analog (analogue) (of numbers), análogo (numérico) en voltaje
voltage attenuation, atenuación de voltaje, atenuación de tensión
voltage control, regulación o control de voltaje
voltage cut-out, interruptor (disyuntor) de voltaje
voltage divider, divisor de voltaje o de tensión
voltage doubler, doblador de tensión, doblador de voltaje
voltage drop, caída de voltaje o tensión
voltage factor, factor de voltaje
voltage feed, alimentación en voltaje
voltage gain, ganancia de voltaje
voltage gradient, gradiente de potencial
voltage level, nivel de voltaje
voltage limiter, limitador de tensión o de voltaje
voltage multiplier, multiplicador de voltaje
voltage node, nodo de voltaje o de tensión
voltage range, gama de voltajes, rango de voltajes
voltage rating, régimen de voltaje
voltage regulation, regulación de voltaje
voltage regulator, regulador de tensión o voltaje
voltage regulator tube, tubo regulador de voltaje
voltage relay, relé de voltaje
voltage saturation, saturación de voltaje
voltage standing wave ratio (VSWR), relación de tensión de ondas estacionarias
voltage transformer, transformador de voltaje
voltage-tunable tube, tubo de sintonización por voltaje
voltage variation, variación de voltaje o de tensión
voltaic cell, pila voltaica
voltammeter, voltamperímetro
volt ampere, voltamperio
voltmeter, voltímetro
voltohmmeter, voltio-óhmmetro
voltohm milliammeter, voltiohmmiliamperímetro
volume, volumen
volume compressor, compresor de volumen
volume control, regulador de intensidad o de volumen
volume equivalent, equivalente de referencia
volume meter, volúmetro, decibelímetro
volume unit (VU), unidad de volumen (VU)
volume unit indicator, indicador VU, indicador de unidad de volumen
vowel, vocal

wafer switch, interruptor de oblea, conmutador de sectores
waiting call, llamada de espera
waiting time, tiempo de espera
waiting traffic (switch), tráfico en espera (*conmut*)
wall bracket, apoyo empotrado
wall instrument, aparato de muro
wall socket, tomacorriente
warm-up, calentamiento
warm(ing)-up time, período de calentamiento
warning, alarma, aviso
warning device, dispositivo de alarma
warning light, lámpara de alarma
warning signal, señal de alarma
washer, arandela, roldana
watch (to), vigilar, observar
water coolant, agua refrigeradora
water cooled, enfriado por agua
water cooling, enfriamiento por agua
water gauge, indicador del nivel del agua
water jacket, camisa de agua
water level, nivel del agua
waterproof, estanco, impermeable, hidrófugo, a prueba de agua
watt, vatio
wattage, vatiaje
watthour, vathora, watthora
watthour meter, vatihorímetro, watthorímetro
wattmeter, vatímetro, wattímetro
wave, onda
wave analysis, análisis de la forma de la onda
wave analyzer, analizador de ondas
wave antenna, antena de onda completa, antena Beveridge
wave converter, transformador de guía ondas
wave crest, cresta de onda
wave duct, guía-ondas cilíndrico
wave filter, filtro de ondas
wave front, frente de (la) onda
wave function, función de onda
wave impedance, impedancia característica
wave length, longitud de onda
wave shape, forma de onda
wave shaping, modelado de onda, formando la onda, conformación de onda
wave tail, cola de la onda

wave train, tren de ondas
wave trap, eliminador, supresor, circuito antirresonante, trampa de onda
waveform, forma de onda, formas de onda
waveform distortion, distorsión de formas de ondas
waveform generator, generador de formas de ondas
waveform monitor, monitor de formas de onda
waveform response, respuesta de forma de onda
waveguide, guía de ondas, guía onda
waveguide critical dimension, dimensión crítica de guía de onda
waveguide cutoff frequency, frecuencia de corte de guía onda
waveguide run, tendido de guía (de) onda, recorrido de guía (de) onda
waveguide stub, stub o tetón adaptador de guía de ondas
waveguide switch, conmutador de guía de onda
waveguide-to-coax adapter, adaptor guía–coaxial
wavemeter, ondámetro
wax, parafina, cera
weaken (to), atenuar, debilitar
wear (as in worn out), desgaste, deterioro
weatherproof, a prueba de mal tiempo, a prueba de intemperie
weather forecast, prognóstico del tiempo
Weber, Weberio
wedge, cuña
weigh (to), pesar
weighted noise measurement, medida de ruido ponderado
weighting, ponderación, compensación, peso
weighting network, red de compensación, red correctora, red de ponderación, red de peso
weld, welding, soldadura
weld (to), soldar
wet-bulb thermometer, sicómetro
wet cell, celda de electrólito líquido (imperf.), célula de electrólito líquido
wet contact, contacto de corriente
wet electrolytic capacitor, condensador electrólito líquido
wet flashover voltage, voltaje de salto de arco (con aislador húmedo)
wet reed relay, relé lámina con mercurio
Wheatstone bridge, puente de Wheatstone
wheel, volante, rueda
whip antenna, antena de varilla extensible
whistling, silbido
white-to-black frequency swing (facs), desviación de frecuencia blanco a negro (*facs*)
white compression, compresión de blancos
white level (tv), nivel de blanco(s) (*tv*)
white noise, ruido blanco
white peak (tv), cresta de blanco(s) (*tv*)
white signal (tv), señal de blanco(s) (*tv*)
white transmission (tv), transmisión de blanco(s) (*tv*)
wideband, banda ancha
wideband amplifier, amplificador de banda ancha
wideband ratio, relación de banda ancha
wideband repeater, repetidor de banda ancha
wideband switching, conmutación de banda ancha
width control, regulación de anchura de imagen
Wien bridge, puente de Wien
wind (to) (a coil), arrollar
winding, bobinado, devanado, arrollamiento
winged nut, tuerca mariposa
wiper, escobilla, frotador, rozador
wiper shaft, árbol porta-escobillas, eje, varilla
wiper spring, muelle de escobilla
wiping contact, contacto rozador
wire brush, escobilla de alambre
wire chief, jefe de guardahilos
wire drop, alambre de bajada o acometida, hilo de bajada o acometida
wire-mile, hilo-milla
wire photo, telefotografía
wire printer, impresor (a) de hilos
wire-wound, bobinado, (de) hilo arrollado
wire-wound resistance, resistencia bobinada
wirewound resistor, resistencia bobinada, o devanada
wire wrap (elect. connection), enrollada de alambre
wiring, alambrado, cableado, cableaje
wiring diagram, diagrama de circuito(s), dibujo de cableaje o alambrado, esquema de conexiones eléctricas
wobbulator, modulador de vobulación
word, grupo de señales
word articulation, nitidez de palabras
word rate, cadencia o velocidad de palabras
words per minute, palabras por minuto
work (to), funcionar
work (to) (telecomm), ir, marchar; utilizar
work function, función de trabajo
working, funcionamiento, marcha
working conditions, régimen de marcha
working contact, contacto de trabajo o de cierre
working load, carga de régimen
working parts, partes activas, piezas de funcionamiento, órganos activos
working point, punto de funcionamiento
working storage, almacenaje de operaciones
working voltage, voltaje de régimen
worm gear, engranaje de sin fin, tornillo sin fin
wrap-up (to), envolver
wound, arrollado, devanado
wrench, llave para tuercas, llave
wrench (adjustable), llave ajustable, llave inglesa
write (to), escribir
write head, cabeza (de) escribir (cinta magnética)

write pulse, impulso de impreso
wrong number, número equivocado
Wullenweber antenna, antena Wullenweber
Wye, montaje en estrella, en Y, de forma de Y

X-axis, eje de las X
X-band, banda X
X-coordinate, coordenada de las X
X-ray equipment, aparatos de rayos X
X-ray(s), rayos X
X–Y plotting, trazado de X–Y
Xtal (abbrev. for crystal), cristal
xerography, xerografía

Y-axis, eje de las Y
Y-circulator, circulador en Y
Y-connected circuit, circuito conectado en Y
Y-coordinate, coordenada de la Y
YIG device, dispositivo de YIG (yttrium hierro granate)
YIG filter, filtro (de) YIG
YIG tuned parametric amplifier, amplificador paramétrico sintonizado por YIG
Yagi, Yagi
Yagi antenna, antena (de) Yagi
yakker, disco o cinta (para sintonizar receptores HF)
yield (to), producir, rendir
yield, rendimiento
yoke, bobina de desviación (tubo catódico), culata (imanes) (magnets)
Young's modulus, módulo de Young

Zener breakdown, ruptura Zener
Zener diode, diodo de Zener
Zener effect, efecto de Zener
Zener voltage, voltaje de Zener, tensión de Zener
zenith, zenit, cenit
zepp antenna, antena (de) zepp
zero access memory, memoria de acceso cero
zero adjusting, regulación de cero
zero adjustment, ajuste al cero
zero beat, batido a cero, oscilación cero
zero beat indicator, indicador de oscilación a cero
zero bias, polarización cero, polarización nula
zero error, desviación del cero, error de cero
zero frequency, frecuencia (de) cero
zero level, nivel a cero
zero loss, sin pérdida, pérdida cero
zero method, método de reducción a cero
zero output, salida (de) cero
zero potential, potencial cero
zero relative level point, punto cero, nivel relativo cero
zero resetting, reposición a cero
zero resetting device, dispositivo de reposición a cero
zero variation, variación nula
zinc plated, zinc galvanizado
zone, zona
zone blanking (radar), blanqueo en zonas (*radar*)
zone selector, selector de zona
zone of silence, zona de silencio
zoning, zonación, zonificación

Español–Inglés

AIE (Asociación de la Industria Electrónica), EIA (Electronic Industries Association)
ábaco, chart, nomogram
abamperio, abampere
abarque, range
abastecedor, contractor, supplier
abastecer, to supply
abastecimiento, supply
aberración, aberration
aberración cromática, chromatic aberration
abertura de antena, antenna aperture
abertura de haz, beam aperture
abertura de lente, lens aperture
abierto (eléc), open (*elec*)
abierto normalmente, normally open(ed)
abilidad recuperativa, recuperability
ablandamiento, softening
abohmio, abohm
abonado, subscriber (*tel, tty*)
abonado llamado, called subscriber
abonado peticionario, calling subscriber
abonado remoto, remote subscriber
abonado solicitado, abonado solicitante, called subscriber, calling subscriber
abonado a tanto alzado, flat rate subscriber
abonado telefónico, telephone user, telephone subscriber
abonado al teléfono, customer, subscriber
abono al teléfono, subscription (*tel*)
abortar, to abort
abrazadera, clamp
abrazadera corrediza, tie
abrir, to open
abscisa, abscissa
absorbedor, getter
absorbencia, absorptivity
absorción, absorption
absorción atmosférica, atmospheric absorption
absorción de desviación, deviation distortion
absorción dieléctrica, dielectric absorption
absorción fotoeléctrica, photoelectric absorption
absorción de nubes, cloud absorption
absorción selectiva, selective absorption
absorción del suelo, ground absorption
absorción troposférica, tropospheric absorption
abvoltio, abvolt
acabado, finish (paint)
accesibilidad, accessibility
acceso, access
acceso al azar, random access
acceso aleatorio, random access
acceso aleatorio con dirección discreta, random access discrete address (RADA)
acceso dirigido desde tierra, ground controlled approach (GCA)
acceso inmediato, immediate access
acceso no bloqueado, non-blocking access
acceso paralelo, parallel access
acceso en serie, serial access
accesorio, attachment
acción, action, operation
acción (de) automática, self actuated
(de) acción directa, direct acting
acción escalonada, step-by-step action
acción rápida, fast acting, quick acting
acción recíproca, interaction
acción de reposición, reset action
acción retardada, delayed action
accionado por aire comprimido, air driven, air operated
accionado eléctricamente, electrically operated
accionado por engranajes, gear driven
accionado hidráulicamente, hydraulically operated
accionado por leva, cam-actuated
accionado a mano, manually operated, hand driven
accionado mecánicamente, mechanically actuated, power driven
accionado por motor, motor driven
accionado neumáticamente, pneumatically operated
accionamiento (mec), drive (*mech*)
accionamiento directo (mec), direct drive (*mech*)
accionamiento eléctrico, electric drive
accionamiento (de) instantáneo, instantaneously operating
accionamiento mecánico, mechanical drive
accionar, to drive, actuate, energize, operate
aceitar, to oil
aceite de linaza, linseed oil
aceite lubricante, lube oil, lubricating oil
aceleración negativa, negative acceleration
acelerador de electrones, electron accelerator
acentuación, emphasis
aceptador, aceptor, acceptor
acero inoxidable, stainless steel
ácido sulfúrico, sulphuric acid

acimut, azimuth
acometida, branch, tapping (a coil); sewer outlet
acometida común, common branch
acondicionamiento, conditioning
acopio de partes, bill of materials (BOM)
acoplado CC, dc coupled
acoplado en tándem, ganging
acoplador, coupler
acoplador direccional, directional coupler
acoplador direccional con dos agujeros, two hole directional coupler
acoplador directivo, directional coupler
acoplador electrónico, clamper
acoplador híbrido, hybrid coupler
acoplador de tres dB, three dB coupler
acoplador unidireccional, unidirectional coupler
acoplamiento, connecting, connection, coupling
acoplamiento ajustable, loose coupling, adjustable coupling
acoplamiento por capacidad, capacity or capacitive coupling
acoplamiento por condensadores, capacitive coupling
acoplamiento crítico, critical coupling
acoplamiento cruzado, cross coupling
acoplamiento de choque, choke coupling
acoplamiento directo, direct coupling
acoplamiento electromagnético, electromagnetic coupling
acoplamiento electrónico, electron coupling
acoplamiento electrostático, electrostatic coupling
acoplamiento estrecho, close coupling
acoplamiento de fendas, slot coupling
acoplamiento flojo, loose coupling
acoplamiento fuerte, tight or close coupling
acoplamiento giratorio, rotating joint
acoplamiento hidráulico, hydraulic coupling
acoplamiento de impedancia, impedance coupling
acoplamiento inductivo, inductive coupling
acoplamiento de mando, ganging
acoplamiento mecánico, ganging
acoplamiento óptimo, optimum coupling
acoplamiento RC, RC coupling
acoplamiento de reacción, choke coupling
acoplamiento por reacción, feedback coupling
acoplamiento de referencia, reference coupling
acoplamiento a resistencia, resistance coupling
acoplamiento por (a) resistencia–capacidad, resistance–capacitance coupling
acoplamiento rígido, tight coupling
acoplamiento (de) a transformador, transformer coupling
acoplamiento variable, variable coupling
acoplar, to connect, couple, join
acoplo por brida, flanged coupling
acoplo flexible, flexible coupling
acoplo reactivo, feedback coupling
acromático, achromatic
activado, energized
activar, to activate, energize
activo de reserva, hot standby
actuación, actuator; action
actuador, actuator
actuador hidráulico, hydraulic actuator
actuar, to act
acumulador, storage battery, cell, battery
acumulador ácido de plomo o acumulador a plomo, lead acid storage battery or cell, secondary cell
acumulador flotante, floating battery
acumulador de tipo Planté, Planté type battery
acuñar, to bind, stick or jam
acuse de recibo, acknowledgement
adaptable, versatile, adaptable
adaptación, matching
adaptación de impedancias, impedance matching
adaptador, socket, adapter
adaptador guía–coaxial, waveguide-to-coax adapter
adaptador panorámico, panoramic adapter
adelanto (fase), lead (phase)
adelanto de fase, leading (in phase)
adicionar, to add
adireccional, non-directional
aditamento, attachment
adjudicar un contrato, to let a contract
administración, administration, management
administrador, administrator, manager
admisible, allowable
admitancia, admittance
admitancia cíclica, cyclic admittance
admitancia compleja (de un circuito), complex admittance
admitancia de electrodo, electrode admittance
admitancia de transferencia, transfer admittance
admitir, to admit
adquisición, purchase, acquisition (of an item)
adquisición de blanco (radar), target acquisition (*radar*)
adulteración, doping (transistors)
aeolotrópico, aeolotropic
aeroenfriado, air cooled
aerorrefrigeración, air cooling
aficionado de radio, ham, radio amateur
afinación precisa, sharp tuning
afinador de vacío, getter
afinar, to tune
afloje (de una línea), slack
agilitar, to expedite
agitación, jitter

aglomeración de llamadas (tfc), call congestion (*tfc*)
agrandar, to enlarge
agregado, aggregate
agrupación, bunching
agrupación ideal, ideal bunching
agrupador, buncher
agrupamiento, bunching
agua refrigerante, water-coolant
aguadag, aquadag
aguarrás, turpentine
agudeza de resonancia, sharpness of resonance, sharpness of tuning
aguja, dial pointer, index, pointer; stylus
aguja grabadora, cutting stylus
aguja de tiro, routing director
ahusado, tapered, taper
ahusar, to taper
aislado, insulated
aislador, insulator, isolator
aislador acoplado fotónico, photo coupled isolator
aislador de base, base insulator
aislador de campana, petticoat insulator
aislador de carga, load isolator
aislador direccional, directional isolator
aislador de doble campana, double petticoat insulator
aislador de ferrita, ferrite isolator
aislador metálico, metallic insulator
aislador de porcelana, porcelain insulator
aislador de suspensión, suspension insulator
aislador-tensor, strain insulator
aislador unidireccional de ferrita, ferrite isolator
aislamiento, insulation, isolation
aislante, insulating
aislante metálico, metallic insulator
aislar, to insulate, isolate
aislar una línea, to isolate a line
ajustable, adjustable
(no), ajustado unadjusted
ajuste, adjusting, adjustment, control, set-up
ajuste al cero, zero adjustment
ajuste final, final adjustment
ajuste inicial, initial adjustment
ajuste de nivel, level adjustment
ajuste de precisión, fine adjustment
ajuste previo, pre-set
álabe, cam
alambrado, wiring, wired
alambre de acero encobrado, copperweld
alambre aislado, insulated wire
alambre de bajada o acometida, wire drop
alambre dieléctrico, dielectric wire
alambre de distribución, bridle wire
alambre enterizo, solid wire
alambre estañado, tinned wire
alambre de Litz, Litz wire
alambre de puente, jumper wire or bridging wire
alambre recocido, soft drawn wire
alambre de resistència, resistance wire
alambres de unión, tie wires
alarma, warning, alarm
alarma de circuito, circuit alarm
alarma (de) fusible, fuse alarm
alarma óptica, visual alarm
alas de refrigeración, cooling fins
alcance (largo alcance), long haul, long range (haul/range)
alcance de amplitud, amplitude range
alcance dinámico, dynamic range
alcance efectivo, effective range
alcance grande, long range
alcance óptico, visual range, optical range
alcance de radar, radar coverage, range
alcance (de) radio, radio range (not NAVAIDS)
alcance de referencia, reference range
alcance de sintonía, tuning range
aleación, alloy
aleatorio, random, fortuitous
(no) aleatorio, non-random
alerta temprana y control del fuego desde el aire (mil), airborne early warning and control (*mil*)
alfabeto de cinco unidades (o elementos) (tty), five unit alphabet or code (*tty*)
alfabeto fonético, phonetic alphabet
alfabeto telegráfico, telegraph alphabet
álgebra Boolean, Boolean algebra
alicates, pliers
alicates de corte, cutting pliers
alimentación, feed (radio); power supply or pack (more commonly used with dc telegraph with this meaning)
alimentación de (en) batería central, common battery supply
alimentación de corriente alterna (CA), ac supply
alimentación (de) energía de entrada, input
alimentación estabilizada, stabilized power supply (*unit*)
alimentación de fuerza, power supply (*unit*)
alimentación de fuerza de corriente continua (CC), dc power supply
alimentación de fuerza eléctrica regulada, regulated power supply
alimentación paralela, parallel feed
alimentación en paralelo, shunt feed
alimentación de poder, power supply (particularly SA)
alimentación de la red, mains supply
alimentación (en) serie, series feed
alimentación a través, feed through
alimentación en voltaje, voltage feed
alimentador (ant), feed (*ant*)
alimentador de cinta (tty, datos), tape feed (*tty, data*)
alimentador formado (ant), shaped feed (*ant*)
alimentar, to feed; to supply
alineación, alignment, lining up, aligning

alinealidad, non-linearity
alineamiento, alignment
alineamiento del haz, beam alignment
alinear, to align, to line up
alma de cable, cable core
almacenaje, almacenamiento, storage
almacenaje o almacenamiento a granel, bulk storage
almacenaje de acceso secuencial, sequential access storage
almacenaje (almacenamiento) de cifras, digit store, digit storage
almacenaje Di-CAP, Di-CAP storage
almacenaje (almacenamiento) de datos, data storage
almacenaje (almacenamiento) digital, digital store
almacenaje (almacenamiento) de disco, disc storage
almacenaje (almacenamiento) electrostático, electrostatic storage (data)
almacenaje (almacenamiento) estático, static storage
almacenaje (almacenamiento) externo, external storage
almacenaje (almacenamiento) intermedio, intermediate storage
almacenaje (almacenamiento) de línea de retardo, delay line storage
almacenaje de núcleo, core storage
almacenaje (almacenamiento) de operaciones, working storage
almacenaje (almacenamiento) en paralelo, parallel storage
almacenaje (almacenamiento) de programa, program storage
almacenaje (almacenamiento) en serie, serial storage
almacenar, to store
alnico, alnico
alta fidelidad, high fidelity
alta frecuencia, high frequency
alta ganancia, high gain
alta potencia, high power
alta presión, high pressure
alta tensión, high tension, high voltage
alta velocidad, high speed
alta voz, altavoz, loudspeaker
alteración, alteration
alternación de la fase de color, color phase alternation
alternador, alternator
alternancia, alternation
alternancias, reversals (e.g. ac reversals)
alternativo, alternative; alternating
alto nivel, high level
alto potencial, high potential
alto Q, high Q
alto vacío, high vacuum
alto voltaje, high voltage, high tension
altoparlante, loudspeaker
altura efectiva, effective height
altura equivalente, equivalent height
altura libre, clearance (path)
altura real, actual height
altura virtual, virtual height
alumbrado, lighting
alzado delantero, front elevation
alzado trasero, rear elevation
ambar, amber
ambiente, ambient
ambiente electromagnético, electromagnetic environment
amianto, asbestos
amortiguación, damping
amortiguado, damped; dead beat (meters)
amortiguador, dashpot; killer
amortiguador de aceite, dashpot
amortiguamiento, fading; decay; damping
amortiguamiento crítico, critical damping
amortiguamiento insuficiente, underdamping
amortiguamiento mecánico, mechanical damping
amortiguamiento periódico, periodic damping
amortiguar, to damp
amovible, removable
amperaje de carga, charging rate
amperaje efectivo, virtual amperes
amperhorametro, ampere-hour meter
amperímetro, ammeter
amperímetro de abrazadera, clamp-on ammeter, clamp ammeter
amperímetro aperiódico, dead beat ammeter
amperímetro de corriente alterna, ac ammeter
amperímetro de cuadro móvil, moving coil ammeter
amperímetro térmico, hot-wire ammeter
amperio, ampere
amperio efectivo, effective ampere
amperio-hora, ampere-hour
amperio vuelta, amperivuelta, ampere-turn (AT)
amperómetro, ammeter
amplidino, amplidyne
amplificación, amplification
amplificación de corriente, current amplification
amplificación lineal, linear amplification
amplificación de potencia, power amplification
amplificación de reacción o reactiva, regenerative amplification
amplificación de voltaje, voltage amplification
amplificador, amplifier
amplificador analógico, analog(ue) amplifier
amplificador de audio, audio amplifier
amplificador de banda ancha, broadband amplifier, wideband amplifier
amplificador de barrido, sweep amplifier

amplificador de base común, common base amplifier
amplificador de canales múltiples, multichannel amplifier
amplificador en cascada, cascade amplifier
amplificador CC o DC, dc amplifier
amplificador cerámico, ceramic amplifier
amplificador de coincidencia, coincidence amplifier
amplificador de colector común, common collector amplifier
amplificador (de) colector a tierra, grounded collector amplifier
amplificador compensado, balanced amplifier
amplificador/compensador, amplifier/equalizer
amplificador de corrientes portadoras, carrier repeater, carrier current amplifier
amplificador Darlington, Darlington amplifier (transistor)
amplificador degenerativo, degenerative amplifier
amplificador de desbloqueo periódico, gated amplifier
amplificador de desenganche periódico, gated amplifier
amplificador diferencial, differential amplifier
amplificador diodo, diode amplifier
amplificador distribuído, distributed amplifier
amplificador Doherty, Doherty amplifier
amplificador de emisor común, common emitter amplifier
amplificador de emisor a tierra, grounded emitter amplifier
amplificador de exploración o de barrido, sweep amplifier
amplificador exponencial, exponential amplifier
amplificador ferromagnético, ferromagnetic amplifier
amplificador fonográfico, pick-up amplifier
amplificador de un frente, single-end amplifier
amplificador de imagen, picture amplifier
amplificador de impulso, trigger amplifier
amplificador de impulsos, pulse amplifier
amplificador de línea, line amplifier
amplificador lineal, linear amplifier
amplificador lineal de potencia, linear power amplifier
amplificador logarítmico, logarithmic amplifier
amplificador magnético, transductor, magnetic amplifier
amplificador modulado, modulated amplifier
amplificador motriz, driving amplifier
amplificador no lineal, non-linear amplifier
amplificador paramétrico, parametric amplifier
amplificador paramétrico de haz, beam parametric amplifier
amplificador paramétrico de onda progresiva, traveling wave parametric amplifier
amplificador paramétrico sintonizado por YIG, YIG tuned parametric amplifier
amplificador de potencia, power amplifier (PA)
amplificador por potencia, power amplifier
amplificador de reacción, feedback amplifier
amplificador de reacción negativa, negative feedback amplifier
amplificador de reflexión, reflex amplifier
amplificador con rejilla a tierra, grounded grid amplifier
amplificador por resonancia, tuned amplifier
amplificador de salida, final amplifier
amplificador selectivo, selective amplifier
amplificador de sentido, sense amplifier
amplificador separador, buffer amplifier
amplificador de servo (servomotor), servo amplifier
amplificador de sintonizado simple, single tuned amplifier
amplificador sobrecargado, overdriven amplifier
amplificador tampón, buffer amplifier
amplificador totalizante (sumador), summing amplifier
amplificador de video, video amplifier
amplificador vocal, speech amplifier
amplificador de voltaje, voltage amplifier
amplificadores en cadena, amplifier chain
amplificar, to amplify, boost
amplitrón, amplitron
amplitud, amplitude
amplitud cresta a cresta, pico a pico, peak-to-peak amplitude
análisis, analysis
análisis criptográfico, crypto analysis
análisis espectral, spectrum analysis
análisis de la forma de onda, waveform analysis
análisis de la red, network analysis
análisis de ruido, noise analysis
analizador de armónicos, harmonic analyzer
analizador diferencial de incrementos, digital differential analyzer
analizador diferencial digital, digital differential analyzer
analizador dinámico, analyzer
analizador de espectro, spectrum analyzer
analizador espectroscópico, spectrum analyzer
analizador panorámico, panoramic analyzer
analizador de ondas, wave analyzer
analizar, to analyze
analógico, analog(ue)

análogo (numérico) en voltaje, voltage analog(ue) (of numbers)
anaquel, filing cabinet
anciliario, ancillary
ancla, anchor (iron)
ancho (de), wide
ancho de banda, bandwidth
ancho de banda efectivo de ruido, effective noise bandwidth
ancho de banda de emisión, emission bandwidth
ancho de banda de ganancia unitaria, unity gain bandwidth
ancho de banda de un impulso, pulse bandwidth
ancho de banda de información, information bandwidth, intelligence bandwidth
ancho de banda necesario, necessary bandwidth
ancho de banda nominal, nominal bandwidth
ancho de banda ocupado, occupied bandwidth
ancho de banda del receptor, receiver bandwidth
ancho de banda RF, RF bandwidth
ancho nominal de línea, nominal line width
ancho de pista, track width (tape)
anchura de banda, bandwidth
anchura de impulso, pulse width
anchura de la zona de silencio, skip distance
angstrom, angstrom unit
angulares irregulares, hunting
ángulo, angle
ángulo de abertura, angular aperture
ángulo de ataque, angle of attack
ángulo de azimut, azimuth angle
ángulo (de) Brewster, Brewster angle
ángulo crítico, critical angle
ángulo de desfasamiento, image angle
ángulo de divergencia, angle of divergence
ángulo ecuatorial, hour angle
ángulo eléctrico, synchro-angle, electrical angle
ángulo de fase, phase angle
ángulo de fase dieléctrico, dielectric phase angle
ángulo de fase de tránsito, transit phase angle
ángulo de incidencia, incidence angle
ángulo indicado, indicated angle
ángulo recto, right angle
ángulo de referencia, reference angle
ángulo de salida, angle of departure
ángulo sólido, solid angle
ángulo teórico, angular displacement
anillo, ring (tip-ring-sleeve)
anillo de clavija, ring (plug, jack)
anillo colector, slip-ring
anillo de guarda, anillo protector, guard ring
anillo reductor de ruido, shading ring
anillo rozante, slip-ring
anodización, anodizing
ánodo, anode, plate
ánodo acelerador, accelerating anode
ánodo de excitación, excitation anode
ánodo intensificador, post accelerating electrode
ánodo de magnesio, magnesium amplifier
ánodo de mantenimiento, keep alive voltage
ánodo principal, main anode
anodo virtual, virtual anode
ànomalía brusca de fase, sudden phase anomaly (SPA)
anomalía de propagación, propagation anomaly
anómalo, anomalous
anotación posicional, positional notation
anotaciones, recordings
anotadora, recording operator
antena activa (ant), exciter (*ant*)
antena (de) Adcock, Adcock antenna
antena armónica, harmonic antenna
antena artificial, dummy antenna
antena (de) Beverage, wave antenna, Beverage antenna
antena bicónica, biconical antenna
antena (de) bocina, horn antenna
antena de bocina diagonal, diagonal horn antenna
antena cartelera, billboard antenna
antena circular, circular antenna
antena cortina, curtain antenna
antena de cuadro, loop antenna
antena de cuarto de onda, quarter wave antenna
antena dieléctrica, dielectric antenna
antena dipolo, dipole antenna
antena direccional, directional antenna
antena direccional en abanico, spiderweb antenna
antena doblete doble, double doublet antenna
antena de elementos superpuestos, stacked array
antena formada, shaped antenna
antena giratoria, rotary antenna
antena de haz formado, shaped beam antenna
antena helicoidal, helical antenna
antena en hoja, flat top antenna
antena isotrópica, isotropic antenna
antena en jaula, cage antenna
antena de lente, lens antenna
antena logarítmica periódica, log periodic antenna (LP) (LPA)
antena con manguito, sleeve antenna
antena de manguito, sleeve antenna
antena Marconi, Marconi antenna
antena de media onda, half wave antenna, dipole
antena de molinete, turnstile antenna
antena omnidireccional, omnidirectional antenna
antena de onda completa, wave antenna
antena orientable, steerable antenna

antena parabólica, parabolic antenna
antena parasítica, parasitic antenna
antena de plano de tierra, ground plane antenna
antena de ranura, slot antenna
antena rómbica, antena en rombo, rhombic antenna
antena en T, T-antenna
antena unidireccional, unidirectional antenna
antena en V, V-antenna
antena vara dieléctrica, dielectric-rod antenna
antena de varillas múltiples, polyrod antenna
antena de varilla extensible, whip antenna
antena vertical, vertical antenna
antena vertical alimentada en derivación, shunt fed vertical antenna
antena vertical alimentada en serie, series fed vertical antenna
antena vertical de carga terminal, top loaded vertical antenna
antena Wullenweber, Wullenweber antenna
antena Yagi, Yagi antenna
antena Zepp, Zepp antenna
antestudio, anteestudio, preliminary study
anticongelante, antifreeze
antideflagrante, fireproof
antimonio, antimony
antinodo, antinode
antisonido local, anti-sidetone
antisonoro, soundproof
anulación, circuito de, annulling network
anulador de impedancia, annulling network
anular, annular
anular una llamada, to cancel a call
apagar, to turn off
apantallado, shielded
apantallamiento, screening
aparatería, gear (equipment)
aparato, apparatus
aparato de abonado, subset
aparato accesorio, accessory apparatus
aparato arrítmico (tty), start-stop equipment (*tty*)
aparato automático de alarma, auto-alarm device
aparato avisador visual, visual warning device
aparato de campo giratorio, rotating field instrument
aparato detector, detecting instrument
aparato de fototelegrafía, facsimile equipment
aparato impresor en cinta, tape printer
aparato impresor en página, page printer, page printing apparatus
aparato integrador, meter
aparato de lectura directa, direct reading instrument
aparato de mando, control equipment
aparato de medida, indicating instrument, measuring instrument
aparato para medir la continuidad de circuitos, continuity tester
aparato memorizador, digitizing equipment
aparato de muro, wall instrument
aparato protector, safety device
aparato de rayos X, X-ray equipment
aparato registrador, recording instrument; plotter
aparato de semiconductor, semiconductor device
aparato con shunt, shunted instrument
aparato telefónico automático, dial telephone set
aparato telefónico de batería central, common battery telephone set
aparato telefónico con disco de llamada, dial telephone set
aparato telefónico con disco marcador, dial telephone set
aparato teletipógrafo, teleprinter
aparato (equipo) terminal para ondas portadoras, carrier terminal equipment
aparato termopar, thermocouple instrument
aparato trazador, plotter
aparatos de pruebas, test equipment
aperiódico, aperiodic, dead beat (meters)
apertura (imperf), aperture
ápice, apex
apilable (datos), stackable (*data*)
apilado (datos), stack (*data*)
apilador (tarjetas) (datos), hopper, card hopper, stacker (*data*)
aplanado, flattened
(para) aplicaciones diversas de uso general, general purpose
aplicar, to apply
apoyo, support
apoyo empotrado, wall bracket
apoyo logístico integral, integrated logistic support
aprobación final, final acceptance
aprobación provisional, provisional acceptance
aproximación dirigida desde tierra (GCA), ground controlled approach (GCA)
arandela, washer
arandela fiador, lock-washer
arandela plana, flat washer
arandela de presión, lock washer
arandela de seguridad, lock washer
árbol, pivot, shaft
árbol de arrastre, drive shaft
árbol conmutador, selector shaft
árbol de levas, cam shaft
árbol de motor, drive shaft
árbol porta-escobillas, wiper shaft
arco, arc
arco de selector, selector bank
arcosoldadura, arc welding
archivador, filing cabinet
área efectiva, effective area
área efectiva anódica, anode dark space

área de servicio, service area
argolla, shackle
argón, argon
argumento, argument
aritmética interna, internal arithmetic
aritmética de punto fijo (datos), fixed point arithmetic (*data*)
aritmética de punto flotante (datos), floating point arithmetic (*data*)
armado, wiring; erection, assembly
armado de la antena, erection of antenna
armadura, armature
armadura de un condensador, plate of a condenser or capacitor
armadura de elevación, vertical armature
armadura fija de relevador (relé), heel piece (of a relay)
armadura de la flecha, plunger assembly
armadura de giro o de rotación, rotary armature
armadura de relevador, relay armature
armar, to assemble
armario, cabinet, closet
armazón, spider, frame, framework
armónica superior, overtone
arnés, harness
arrancador, starter
arrancar, to start
arranque, starting
arranque automático (de), self-starting
arranque estrella–triángulo, star–delta starting
arrastre, tracking
arrastre de frecuencia, pulling frequency
arreglar, to adjust, regulate, to fix, to arrange
arreglo, adjusting, adjustment, arrangement, layout
arrendamiento, lease
arrítmico (tty, datos), asynchronous (*tty, data*)
arrollado, wound
arrollamiento, winding
arrollamiento en anillo, ring winding
arrollamiento bifilar, bifilar winding
arrollamiento de campo, field winding
arrollamiento en capas, layer winding
arrollamiento concéntrico, concentric winding
arrollamiento dividido, split winding
arrollamiento de equilibrio, regulating winding
arrollamiento inductivo, inductive winding
arrollamiento no inductivo, non-inductive winding
arrollamiento polarizador, bias winding
arrollamiento primario, primary winding
arrollamiento secundario, secondary winding
arrollamiento de señal, signal winding
arrollamiento en serie, series winding
arrollamiento terciario, tertiary or stabilizing winding
arrollamiento toroidal, toroidal winding
arrollar, to wind (e.g. a coil)
arsénico, arsenic
asa, handle
asbesto, asbestos
asegurador, underwriter
asegurarse de la concordancia de las horas, to check the time of day
asfalto, asphalt
asignación, allocation, assignment, distribution
asignación de almacenaje, storage allocation
asignación de frecuencias, frequency allocation or assignment
asignación de grupos, group allocation
asignación de memoria, memory or storage allocation
asignar, to allocate, to assign
asimétrico, out-of-balance
asincrónico, asynchronous
asintonía, detuning
asintótico, asymptotic
aspirador de polvo, vacuum cleaner
atenuación, attenuation, loss
atenuación activa de equilibrado, active return loss
atenuación de adaptación, return loss
atenuación para la banda de frecuencias no transmitidas, stop band
atenuación de las corrientes de eco, active return loss, echo attenuation
atenuación por curvatura terrestre, spherical earth attenuation
atenuación de diafonía, crosstalk attenuation
atenuación de equilibrado, return loss
atenuación de equilibrio, return loss
atenuación de espacio libre, free space attenuation
atenuación de imagen, image attenuation
atenuación de inserción, insertion loss
atenuación de interacción, interaction loss
atenuación pasiva de equilibrado, passive return loss
atenuación de precipitación, precipitation loss or attenuation
atenuación sin reflexión, return loss
atenuación telediafónica, far end crosstalk attenuation
atenuación de tierra esférica, spherical-earth attenuation
atenuación de trayecto, path attenuation
atenuación de voltaje, voltage attenuation
atenuador, attenuator
atenuador automático, variolosser
atenuador de conmutación, switching pad
atenuador de corte, shorting attenuator
atenuador decimal, decimal attenuator
atenuador diodo PIN, PIN diode attenuator
atenuador de escalera, ladder attenuator
atenuador fijo, pad
atenuador H, H pad
atenuador L, L attenuator or pad

atenuador de lámina, flap attenuator
atenuador de lámina rotativa, rotary vane attenuator
atenuador de línea, line pad
atenuador de pistón, piston attenuator
atenuador en T, T pad
atenuador unidireccional, isolator
atenuar, to attenuate, weaken
atmósfera normal, standard atmosphere
atmosféricos, atmospherics, static, atmospheric disturbances
átomo, atom
audición, intelligibility; hearing
audífono, headphone
audiofrecuencia, audio frequency (AF)
audiooscilador, audio oscillator
auditivo, aural
aumentar, to step up, to boost, to rise, to increase, to enlarge
aumentar la ganancia, to increase the gain
aumento de temperatura, temperature rise
aumento de tráfico, increase of traffic
auricular, earphone
autoajustador, self-adjusting
autoalimentado, self-powered
autocorrelación, autocorrelation
autocorrelador, autocorrelator
autodirección activa, active homing guidance
autoenfriado, self-cooled
autoequilibración, hunting; self-equalizing
autoexcitación, self-excitation
autoimpedancia, self-impedance
autoinducción, self-induction
autoinductancia, self-inductance
automático, automatic; self powered, self actuated
automático completo, full(y) automatic
automatización, automation
autooscilación, self-oscillation
autopercepción, sidetone
autopolarización, self-bias
autorreacción, inherent feedback
autorregulador, self-regulating
autosaturación, self-saturation
autosincronizador, self-synchronizing
autosíncrono diferencial, differential autosyn
autosyn (sincrono 'autosyn'), autosyn
autotransformador, autotransformer
autotransformador variable, variable autotransformer
auxiliar, ancillary, auxiliary
avalancha electrónica, electronic avalanche
avalancha iónica, ion avalanche
avance, advance, lead, stroke
avance automático, automatic feed
avance (en) de fase, leading phase
avance de fase, phase lead
avance paso a paso, stepping
avería, fault, breakdown, failure, damage
averiado, defective, out-of-order
averiguar, to detect, find out
aviónica, avionics
avisador, alarm
avisador automático, alarm automatic transmitter
avisador de incendio, fire alarm device
aviso, warning
aviso audible, audible warning
avisos a los navegantes, notices to mariners
axial, axial
ayudas de adiestramiento, training aids
ayudas de aproximación por radio, radio approach aids
azarcón, red lead
azimut, azimuth
azotea, roof

BDP (bastidor principal de distribución), MDF (main distribution frame)
BF (baja frecuencia), LF (low frequency)
baja presión, low pressure
bajada, drop
bajada de antena, antenna lead in
bajada de canales, channel dropping
bajar, to lower
bajo, bass; low
bajo nivel de potencia, low power level
bakelita, bakelite
balance, balance
balance de línea, line balance
baliza, beacon, radiobeacon
baliza de radar, radar beacon
balún, balun
bancada, rack
bancada de baterías, battery rack
banco (conmut), bank (*switch*)
banco de canales, channel bank (carrier multiplier)
banco de contactos, contact bank, bank of contacts
banco de líneas de enlace, trunk line bank
banco privado (conmut), private bank (*switch*)
banco de selector, selector bank
banco vertical, vertical bank
banda, band; range
banda ancha, wide band
banda de audio, audio band
banda baja, low band
banda de base, banda base, baseband
banda base combinada, combined baseband
banda base telefónica combinada, combined message baseband
banda de conducción, conduction band
banda de cruce, crossband
banda efectiva de facsímil, effective facsimile band
banda de eliminación de frecuencias, rejection band
banda de encendido, ignition band
banda estrecha, narrow band
banda de excitación, excitation band
banda de frecuencias, frequency band
banda de guarda, guard band

banda inferior, low band
banda K, K band
banda L, L band
banda lateral, sideband
banda lateral derecha, upright sideband
banda lateral doble, double sideband
banda lateral inferior, lower sideband
banda lateral residual, vestigial sideband
banda lateral superior, upper sideband
banda lateral única (BLU), single sideband (SSB)
banda lateral única con portadora suprimida, single sideband suppressed carrier (SSSC)
banda de limitación, sideband
banda magnética, magnetic track
banda muerta, dead band
banda de paso, banda pasante, pass band
banda prohibida, energy gap
banda proporcional, proportional band
banda de regulación, control range
banda residual, vestigial sideband
banda de servicio, service band
banda de televisión, television broadcast band
banda de valencia, valence band (transistor)
banda X, X-band
bandera (en), stow, in stow (large steerable ants.)
baño de aceite, oil-immersed
baquelita, Bakelite
bario, barium
barra de ancla, anchor rod
barra(s) colectora(s), bus, busbar
barra de distribución, busbar
barra ómnibus, busbar
barra de punta, crowbar
barraca, shed
barras colectoras, bus
barrena, drill
barrer, to sweep (as with a sweep generator)
barrer a cero, to clear
barrera de emisor, emitter junction
barrera de potencial, potential barrier, potential hill
barrera de potencial de contacto, contact potential barrier
barreta, crow bar
barreter, barreter
barrido, sweep (noun)
barrido gatillado, gated sweep
barrido horizontal, horizontal sweep
barrido lineal, linear sweep
barrido de precisión, precision sweep
barrido retardado, delayed sweep
barrido vertical, vertical sweep
basculador flip-flop, flip-flop
base, base
base (de) bayoneta, bayonet base
base de candelero, candelabra base
base decimal, decimal base
base loctal, loctal base
base octal, octal base
base de tiempo, time base
base de tiempo lineal, linear time base
base de transistor, transistor base
bastidor, bay, frame, rack (equipment rack)
bastidor para cables, cable rack
bastidor de conexiones de audio, audio patch bay
bastidor de conexiones CC, dc patch bay
bastidor distribución principal, main distribution frame
bastidor de selectores, selector bay
bastidor de transferencias CC, dc patch bay
batería, battery
batería de bloqueo, blocking battery
batería de carga equilibrada, floating battery
batería central, common battery, office battery
batería central para llamada, common signaling battery
batería de conversación, talk battery, quiet battery
batería de juntura, junction battery
batería local, local battery; common battery (CB)
batería de llamada, signaling battery
batería nuclear, nuclear battery
batería de regulación, end cell
batería seca, dry battery
batería de señalización, signaling battery
batería silenciosa, quiet battery
batería solar, solar battery
batería tampón, floating battery, buffer battery
batería telefónica, talk battery
batería termopar, thermojunction battery
batido, beat, beating (mixing)
batido cero, zero beat
batimiento, beat, beating
baud, baud (unit of modulation rate)
baudio, baud
bazooka, bazooka
bel o belio, bel
beta (estado sólido), beta
bifásico, quarter-phase
bifilar, 2-wire, two-wire
bifurcación, branching (tap)
bifurcar, to branch, to tap
bilateral, two-way
bimotor, bimotor
binario, binary
binaural, binaural
biónicos, bionics
bipolar, bipolar, double pole
bisagra, hinge
bisel, bevel
bismuto, bismuth
bit, bitio, binary digit, bit
bit(e) de paridad, parity bit
bitácora, log (of a station), binnacle
bites en serie, serial bits

bitio, bit
blanco (p.e.: radar, satélite), target (e.g. *radar, satellite*)
blanco de cifras, figure blank
blanco de letras, letter blank
blanqueo, blanking
blanqueo de azimut, azimuth blanking
blanqueo o blanqueador de interferencia, interference blanker
blindado, shielded, armored, screened
blindaje, shield, shielding
blindaje magnético, magnetic shielding
bloque, block
bloque de entrada, input block
bloque de información, block (of information)
bloque protector, protecting block
bloque de salida, output block
bloqueado internamente, internal blocking
bloquear (una línea o aparato), to bar
bloqueo, blocking clamping
bloqueo interno, internal blocking
bloqueo de línea, lock out (device)
bloqueo de un receptor, blanketing
bloqueo de rejilla, grid blocking
bobina, coil, spool
bobina actuadora, actuating coil
bobina ahogadora, choke coil
bobina de autoinducción, choke
bobina de baja pérdida, low loss coil
bobina de campo, field coil
bobina de carga, loading coil
bobina compensadora, bucking coil
bobina de conjuntor–disyuntor, make and break coil
bobina de choque, choke coil
bobina en derivación, shunt coil
bobina de desviación (tubo catódico), yoke
bobina desviadora, deflection coil
bobina de disparo, trip coil
bobina de enfoque, focusing coil
bobina de excitación, magnetic coil
bobina de exploración, exploring coil
bobina exploradora, search (scan) coil, exploration coil
bobina de filtro, filter coil
bobina (de) Helmholtz, Helmholtz coil
bobina híbrida, hybrid coil
bobina de impedancia de filtrado, smoothing choke
bobina de inductancia, retardation coil
bobina longitudinal, longitudinal coil
bobina de oposición o compensadora, bucking coil
bobina de reacción, reaction coil
bobina de reactancia, choke, reactor
bobina de reactancia de hierro saturada, swinging choke
bobina de reactancia igualadora, smoothing choke
bobina de regeneración, tickler coil
bobina del relevador, relay coil
bobina de repetición, repeating coil
bobina de retardo, retardation coil
bobina de retención, holding coil
bobina en serie, series coil
bobina térmica, heat(ing) coil
bobina Tesla, Tesla coil
bobina toroidal, toroidal coil
bobinado, wire wound
bobinado en bancos, bank windings
bobinado primario, primary winding
bobinado de un relé (relevador), relay windings
boca de incendio, fire hydrant
bocallave, socket wrench
bocina, horn, mouthpiece
bocina de alimentación, feed horn
bocina dinámica, dynamic speaker
bocina electromagnética, electromagnetic horn
bocina hiperbólica, hyperbolic horn
bocina magnética, magnetic speaker
bocina piramidal, pyramidal horn
bola aisladora, ball insulator
bolómetro, bolometer
bolsín, tool kit
bomba, pump
bomba de vacío, vacuum pump
bomba de vacuo, vacuum seal
bombear, to pump
bombeo, pumping
bombilla, bombilla eléctrica, bulb
boquilla, mouthpiece
borde, edge
borde de entrada o de ataque, leading edge
borde de imagen, picture edge
borne, binding post, binding screw, lug, terminal; clamp
borne(s) de antena, antenna terminal(s)
borne de base, base terminal; base lead
borne de batería, battery terminal
borne indicador, cable marker; indicator terminal
borne negativo, negative terminal
borne positivo, positive terminal
borne de puesta a tierra, ground(ing) terminal
bornes de entrada, input terminals
borón, boron
borrado automático, automatic clearing
borrador, draft
borradora, blanking
borrar, to erase
bosquejar, to sketch
bosquejo, sketch, sketch-draft
botella de aire comprimido, cylinder of compressed air
botiquín de emergencia o de urgencia, first aid kit
botón, button, knob
botón de corte, cut-off key, reset key
botón con índice, pointer knob
botón de llamada, ringing key

botón de mando, control knob
botón de presión, press button, push button
botón pulsador, push-button
brazo, arm
brazo aguja, needle arm
brazo porta-contactos, brush
brazo de puente, bridge arm
brazo retardador, retarding arm
brazos del rotor (eléc), spider (*elec*)
brida, clip, flange
brillo, luminance, brightness
brillo de imagen, picture brightness
brillo de pantalla, screen brightness
broca, bit (drill)
broche, terminal or connecting lug
brújula, compass
bucle, loop
bucle de batería, battery loop
bucle de control, control loop
bucle control de alimentación, feedback control loop
bucle de histéresis, hysteresis loop
bucle de larga distancia, long distance loop
bucle de línea, line loop
bucle para medir, test loop
bucle de reacción negativa, negative feedback loop
bucle de regulación, control loop
bucle sincronización de fase, phase lock loop
bucle de tierra, ground loop
bucle (de) Varley, Varley loop
buje, bushing
buje de ajuste, adjusting bushing
bulón, bolt
bulón de ojo, eye bolt
buril, cold chisel
busca de averías, fault tracing
buscador, finder, finder switch, line selector
buscador distribuidor, distributor finder
buscador doble, line finder with allotter switch
buscador de enlace, junction finder
buscador fotoeléctrico, photoelectric scanner
buscador de haz de radar, radar homing
buscador de líneas, first line finder, line finder, primary line finder
buscador de llamada, finder switch, call finder
buscador de posición, position finder
buscador primario, first line finder, line finder, primary line switch
buscador de registrador, sender selector, register finder
buscador secundario, second or secondary line finder, secondary line switch
buscador troncal, trunk finder

CA (corriente alterna), alternating current (ac)
CA–CC, ac–dc
CAF (control automático de frecuencia), AFC (automatic frequency control)
CAG (control automático de ganancia), AGC (automatic gain control)
CAV (control automático de volúmen), AVC (automatic volume control)
CC (corriente contínua), dc (direct current)
CCR (central de control remoto), RCX (remote control exchange)
CV (caballo vapor), hp (horsepower)
caballo de fuerza, de potencia, horsepower
caballo vapor, horsepower
cabeza de borrar, erasing head
cabeza de cable, cable end (head)
cabeza de clavija, tip of a plug
cabeza (de) escribir, write head (mag. tape)
cabeza (de) lectura de cinta (tty, datos), tape reader (*tty, data*)
cabeza magnética, magnetic head
cabeza de regrabación, reproduce head
cabeza de reproducción, reproduce head
cabezal detector, detector head
cable, cable
cable aéreo, aerial cable, land line
cable armado, armored cable
cable bifilar plano, twin lead cable
cable blindado, shielded cable
cable BX, BX cable
cable (de) cinta, ribbon cable
cable coaxial o coaxil, coaxial cable
cable compacto, solid cable
cable concéntrico, coaxial cable
cable de conductor múltiple, multiconductor cable
cable de conductores trenzados, rope-lay conductor
cable de cuadretes, quadded cable, spiral four cable
cable con cubierta trenzada, braided cable
cable en estrella, spiral-four cable
cable flexible, flexible cable
cable flexible de conexión, pig tail
cable intermedio, intermediate cable
cable interurbano, trunk cable
cable de ligar, tie cable
cable de larga distancia, toll cable, long distance cable
cable de llegada, pig tail
cable mixto, composite cable
cable en pares, cable pareado, paired cable
cable en pares en estrella, quad pair cable
cable portador, cable messenger
cable protectivo, protective cable
cable de un solo conductor, single conductor cable
cable submarino, submarine cable
cable subterráneo, underground cable
cable de suspensión, messenger cable
cable troncal o de tronco, trunk cable
cable de unión, tie cable
cableado, cabling, wiring; lay of a cable
cableado de bastidor, rack wiring
cableaje, cabling
cabrestante, capstan

cadencia, speed (relative), rate
cadencia de cuadros (pcm), frame rate (*pcm*)
cadencia de palabras, word rate
cadencia de repetición, repetition rate
cadmio, cadmium
caer, to fall back (for a relay)
caída, fall, drop
caída anódica, anode drop, plate drop
caída catódica, cathode drop
caída de corriente de la rejilla, grid dip
caída de línea, line drop
caída pluvial, rainfall
caída de reactancia, reactance drop
caída de RI, IR drop
caída de tensión, voltage drop
caída de voltaje, voltage drop, potential drop
caída de voltaje de electrodo, electrode drop (voltage)
caída de voltaje por resistencias, resistance drop
caja, cabinet, case, housing
caja de bornes, terminal box
caja de cables, terminal box
caja de cambio, gear box
caja de cascada, cascade box
caja de conexiones, junction box
caja de contacto, plug receptacle
caja de control, control box
caja de décadas, decade box
caja de decisiones, decision box
caja de derivación, block terminal
caja de distribución, block terminal
caja de empalmes, junction box
caja de engranajes, gear box
caja de herramientas, tool box
caja de montaje, shelf
caja de regulación, control box
caja de resistencias, resistance box
calaje (de escobillas), lead
calcio, calcium
calco, overlay (maps)
calculador, calculating machine, computer
calculador analógico, analog computer, simulator
calculadora (máquina), computer
calculadora digital, digital computer
calculadora de rumbo, course computer
calculista, computer, calculator; designer
cálculo, calculation, computation
cálculo por aproximaciones sucesivas, trial and error calculations
cálculo de punto flotante (datos), floating point calculation (*data*)
caldeo, heating
caldeo indirecto, indirect heating
calefactor, heater
calentamiento, warm-up
calentar, to warm (up)
calibración, calibration
calibrado, calibrated
(no) calibrado, uncalibrated
calibrador, caliper, gauge
calibrar, to calibrate, to gauge
calibre, caliper, gauge, diameter (of wire); profile
calidad de larga distancia, toll quality
calidad de servicio, grade of service
calidad de transmisión, transmission quality
calor radiante, radiant heat
caloría, calorie
calorímetro, calorimeter
calza, chuck
cámara silenciosa, anechoic room or chamber
cámara subterránea, manhole
cámara televisora, television camera
cambiar, to shift, to change
cambio, change-over, change, inversion
cambio brusco (de la curva B/H), knee (of B/H curve)
cambio de línea (tty, datos), line feed (*tty, data*)
cambio de orden o arreglo (conmut), re-arrangement (*switch*)
cambio de renglón (tty, datos), line feed (*tty, data*)
camino de las corrientes de reacción, singing path
camino de desviamiento, by-pass
camisa, jacket (as in waterjacket)
camisa de agua, waterjacket
campanilla, ringer, bell
campo (conmut), bank (*switch*), field, range
campo de acción real, actual range
campo alternativo, alternating field
campo cercano, near field
campo de conducción, conduction field
campo de corte, cut-off field
campo desmagnetizante, demagnetizing field
campo de dispersión, stray field
campo a distancia, far field
campo eléctrico, electric field
campo electromagnético, electromagnetic field
campo electrostático, electrostatic field
campo elíptico, elliptical field
campo estacionario, constant field, stationary field
campo de exploración, scanning field
campo fijo (datos), fixed field (*data*)
campo de inducción, induction field
campo de jacks, jack field
campo lejano, far field
campo libre (datos), free field (*data*)
campo de líneas de enlace, trunk line bank
campo magnético, magnetic field
campo de medida, effective range, measuring range
campo próximo, near field
campo de radiación, radiation field
campo de retardo, retarding field
campo rotacional, rotational field
campo de selección, bank of contacts, field of selection

campo de selección radial, rotary selector bank, selector bank
campo sonoro, sound field
campo uniforme, uniform field
campo variable, variable field
campo de variación, variation range
campo vectorial, vector field
canal, channel
canal adyacente, adjacent channel
canal para alambres, raceway
canal alterno, alternate channel
canal asignado, allocated channel, assigned channel
canal derecho, upright channel, erect channel
canal doble, dual channel
canal invertido, inverted channel
canal de luminancia, canal de luminiscencia, luminance channel
canal múltiple, multi-channel
canal de piloto, pilot channel
canal del programa recibido, receive program channel
canal del programa transmitido, transmit program channel
canal de radio, radio channel
canal radiofónico, program channel
canal de seguimiento, tracking channel
canal de servicio, service channel
canal de sonido, sound channel
canal telefónico, telephone channel
canal de televisión, television channel
canal de tono, tone channel
canal totalizante, sum channel
canal de visión, video channel
canal de voz, voice channel
canaleta, groove
canalización, channeling, channelization, conduit, duct work
canalizar, to channelize
candado, padlock
cantar, to sing
cantidad alterna simétrica, symmetrical alternating quantity
cantidad alternativa, alternating quantity
cantidad pulsatoria, pulsating quantity
canto, singing
cañería, piping, tubing
cañón electrónico, electron gun
cañón iónico, ion gun
capa, layer (ionosphere)
capa adulterada, doped junction
capa de barrera, barrier layer
capa de conducción, conducting layer
capa conductora, conducting layer
capa cultivada, grown junction
capa de cultivo regulado, rate grown junction
capa E, E layer
capa E esporádica, sporadic E layer
capa emisora, emitting layer, emitting surface, emitter junction
capa F, F layer
capa ionizada, ionized layer
capa de recristalización, fused junction
capa sensible, sensitive layer
capa superficial, surface layer
capacidad, capacitance, capacity
capacidad de almacenaje, storage capacity
capacidad de almacenamiento, storage capacity
capacidad asignada, rated capacity
capacidad de cable, cable capacitance
capacidad de canal, channel capacity
capacidad de circuito, circuit capacity
capacidad de corte (fusible, etc.), interrupting capacity (fuse, circuit breaker)
capacidad distribuída, distributed capacity
capacidad de disyuntor, interrupting capacity (fuse, circuit breaker)
capacidad efectiva, effective capacitance
capacidad de electrodo, electrode capacitance
capacidad de información de una vía, channel capacity
capacidad de memoria, memory capacity
capacidad microfónica, microphone capacitance
capacidad mutua, mutual capacitance
capacidad nominal, rated capacity
capacidad nominal a carga completa, full load rating
capacidad normal, rated capacity
capacidad en paralelo, parallel capacitance
capacidad repartida, stray, distributed capacity
capacidad reversible, reversible capacitance
capacidad de salida, output capacity
capacidad de sobrecarga, overload capacity
capacidad de tráfico, traffic capacity
capacitancia, capacitance
capacitancia diferencial, differential capacitance
capacitancia de entrada, input capacity or capacitance
capacitancia interelectródica, interelectrode capacitance
capacitancia parásita, stray capacitance
capacitancia reversible, reversible capacitance
capacitor (véase condensador), capacitor
capacitor para amortiguar chispas, spark capacitor
capacitor cerámico, ceramic capacitor
capacitor con compensación térmica, temperature compensating capacitor
capacitor fijo, fixed capacitor
capacitor moldeado, molded capacitor
capacitor normal, standard capacitor
capacitor de paso, by-pass capacitor
capacitor patrón, standard capacitor
captación, picking up
captador, pick-up
captador dinámico, dynamic pickup
captador magnético, magnetic pick up

captar, to intercept, to pick up
captura (conmut), seizure (*switch*)
carácter, character
carácter codificado en binario, binary coded character
carácter redundante, redundant character
característica, characteristic
característica de atenuación, attenuation characteristic
característica de carga, load characteristic
característica compuesta, lumped characteristic
característica concentrada, lumped characteristic
característica dinámica, dynamic characteristic
característica de distorsión de amplitud, amplitude distortion characteristic
característica de electrodo, electrode characteristic
característica espectral, spectral response characteristic
característica estática, static characteristic
característica de frecuencia, frequency response
característica de impedancia, characteristic impedance
característica mutua, transfer characteristic
característica de placa, plate characteristic
característica polar (ant), pattern (*ant*)
característica de radiación, radiation characteristic
característica de respuesta, response curve
características, characteristics, specifications, performance
características funcionales, performance characteristics
características técnicas, technical characteristics
características de transferencia, transfer characteristics
carátula, dial
carbón, carbon
carga, burden, charge, load, stress, loading; sink
carga (sin), unloaded
carga anódica, plate load, anode load
carga de arena, sand load
carga artificial, artificial load, dummy load
carga por bobinas en paralelo, shunt loading
carga de compensación, trickle charge, compensating charge
carga complementaria (de acumulador), re-charge of a secondary cell
carga continua, continuous loading
carga a corriente constante, constant current charge
carga deslizante, sliding load
carga eléctrica, electric charge
carga electrónica, electron charge
carga electrostática, electrostatic charge
carga equilibrada, balanced load
carga espacial, space charge, spatial charge
carga de espacio, space charge
carga especificada, rated load
carga estática, static charge
carga fantasma, dummy load
carga fija, bound charge
carga flotante, floating charge
carga fundamental, baseload (generators)
carga inductiva, loading (line); inductive load
carga inicial (de un acumulador), initial loading, initial charge (of a battery)
carga ligera, light loading
carga máxima, maximum load
(con la) carga máxima, full load
carga negativa, negative charge
carga no inductiva, non-inductive load
carga normal, normal loading, rated input, rated load
carga parcial, boosting charge
carga de pico o de cresta, peak load
carga de placa, plate load
carga (de) portadora, carrier loading
carga reactiva, reactive load
carga de régimen, nominal load, working load
carga residual, residual charge
carga en serie, series loading
carga superficial, surface charge
carga técnica, technical load
carga de tono(s), tone loading
carga de torre, tower loading
carga de tráfico, traffic load
cargado (eléc), hot (*elec*), loaded
cargado en derivación, shunt loading
cargador, charger
cargador de baterías, battery charger
cargando de torre, tower loading
carrera, stroke
carrera del émbolo, plunger stroke
carrete, spool
carta, chart
carta aeronáutica, aeronautical chart
carta de crédito, letter of credit
carta de prueba (tv), test pattern (*tv*)
carta de ruta, routing plan
cascada, cascade
cascada (en), in tandem, cascaded
casco telefónico, headset telephone
casillero, filing cabinet
casquillo, base, socket, sleeve (of a jack)
casquillo de bayoneta, bayonet base
casquillo de cojinete, bushing
casquillo de lámpara, lamp base
categoría, category, class, rating
categoría de un circuito, class of circuit
cátodo, cathode
cátodo calentado directamente, directly heated cathode
cátodo calentado indirectamente, indirectly heated cathode
cátodo caliente, hot cathode

cátodo con depósito de óxidos, oxide cathode
cátodo equipotencial, indirectly heated cathode
cátodo frío, cold cathode
cavidad, cavity
cavidad de resonancia, cavity resonator
cavidad resonante obtenida en un cable coaxial por inserción de un diafragma, septate coaxial cavity
cavidad resonante o de resonancia, cavity resonator or tuned resonating cavity
cebado, singing
celda (imperf.) (véase célula), cell (of a battery)
celda acumulador (**imperf.**), storage cell
celda de cadmio (**imperf.**), cadmium cell
celda de combustible de electrólito sólido (**imperf.**), solid electrolyte fuel cell
celda de dos electrólitos (**imperf.**), two fluid cell
celda de electrólito líquido (**imperf.**), wet cell
celda de gas (**imperf.**), gas cell
celda de mercurio (**imperf.**), mercury cell
celda de niquel–cadmio (**imperf.**), nickel–cadmium cell
celda patrón (**imperf.**), standard cell
celda de piloto (**imperf.**), pilot cell
celda de plomo–ácido (**imperf.**), lead–acid cell
celda primaria (**imperf.**), primary cell
celda de sal amoníaco (**imperf.**), sal ammoniac cell
celda solar (**imperf.**), solar cell
celosía, lattice
celsio, celsius
célula binaria, binary cell
célula de cadmio, cadmium cell
célula de combustible de electrólito sólido, solid electrolyte fuel cell
célula de dos electrólitos, two-fluid cell
célula electrolítica, electrolyte cell
célula de electrólito líquido, wet cell
célula fotoeléctrica, photoelectric cell
célula fototrónica, phototronic cell
célula fotovoltaica, photovoltaic cell
célula fotox, photox cell
célula de gas, gas cell
célula de Kerr, Kerr cell
célula de memoria, memory cell
célula de mercurio, mercury cell
célula de niquel–cadmio, nickel–cadmium cell
célula patrón, standard cell
célula (**de**) **piloto,** pilot cell
célula de plomo–ácido, lead–acid cell
célula primaria, primary cell
célula radárica, radar cell
célula solar, solar cell
célula térmica de regeneración, thermal regenerative cell
cenit, zenith
centelleador, scintillator
centellear, to flash
centelleo, flutter
central, central office, exchange
central automática, automatic exchange, dial central office, central office
central automática rural, rural automatic exchange
central auxiliar, satellite exchange
central eléctrica, power station
central de energía, power plant
central intermedia, intermediate exchange
central interurbana, trunk exchange, toll exchange
central interurbana extrema, terminal trunk exchange
central manual, manual exchange, manual central office
central regional, toll exchange
central rural, tertiary exchange, rural exchange
central satélite, satellite exchange
central semiautomática, semiautomatic exchange
central suburbana, toll exchange
central telefónica, exchange, telephone central office, central office
central de tránsito, switching point, transit exchange, tandem exchange
central urbana, local exchange
centro, center, centre
centro de (**la**) **carga,** load center
centro de conmutación, switching center
centro de conmutación de larga distancia toll switching center
centro de curvatura, center of curvature
centro de distribución, load center, distribution center
centro de elaboración de datos, data processing center
centro eléctrico, electrical center
centro de fase, phase center
centro internacional de tráfico, international transit exchange
centro internacional terminal de entrada, incoming international terminal exchange
centro de mensajes, message center
centro de proceso de datos, data processing center
centro de retransmisión por cinta, tape relay center
centro seccional, sectional center
cerámico, ceramic
cero absoluto, absolute zero
cerrado, closed, locked; enclosed
cerrado normalmente, normally closed
cerrajería, hardware
cerrar, to close; to lock
cerrar y abrir un circuito, to close and open a circuit
cerrar el circuito, to make a circuit
cerrar un circuito, to complete a circuit

cerrarse, to make contact
certificado, certificate
cesio, cesium, caesium
cibernética, cybernetics
ciclo, cycle
ciclo de almacenaje, storage cycle
ciclo cerrado, closed cycle
ciclo de cuenta (computador), count cycle (computer)
ciclo de funcionamiento, de servicio, duty cycle
ciclo de trabajo, duty cycle
(por) ciento, percent
cierre, locking; seal, shut-down; make
cierre eléctrico, lock-out (device)
cifra, digit
cifra imaginaria, imaginary number
cifrar, encipher (to)
cifras funcionales, function digits
cifras traducidas, translated digits
cilindro, cylinder
cilindro de adaptación, slug
cilindro de aire, air cylinder
cilindro hidráulico, hydraulic cylinder
cilindro de sintonización, tuning slug
cimbreo, sway
cimiento(s), foundation
cincel, chisel; star drill
cinescopio, kinescope
cinético, kinetic
cinta, tape
cinta aislante, insulating tape
cinta alquitranada, friction tape
cinta ferromagnética, ferromagnetic tape
cinta de interceptación, intercept tape
cinta magnética, magnetic tape
cinta métrica, measuring tape
cinta operculada (tty, datos), chadless tape (*tty, data*)
cinta de papel (tty, datos), paper tape (*tty, data*)
cinta perforada (tty, datos), punched tape, chad tape, chadded tape (*tty, data*)
cinta de programa, program tape
cinta de prueba para teleimpresores (tty), teleprinter test tape
cinta semiperforada (tty, datos), chadless tape (*tty, data*)
cinta sonora, sound tape
cinta de video, video tape
cinturón de seguridad, safety belt
circuitería, circuitry (imperf)
circuito, circuit, circuit line, network
circuito de absorción, absorption circuit
circuito de absorción eliminador, absorption wavetrap
circuito de acción retarda(da), time delay circuit
circuito de acoplo catódico, cathode follower
circuito actividor, trigger circuit
circuito de adición, adder
circuito de alarma, alarm circuit
circuito amortiguador, losser circuit, quenching circuit
circuito de anillo, loop circuit
circuito anódico, anode circuit, plate circuit
circuito de anticoincidencia, anticoincidence circuit
circuito (de) anticorona, crowbar circuit
circuito de antifluctuación, antihunt circuit
circuito de antirresonancia, antiresonant circuit
circuito antirresonante, antiresonant circuit, wavetrap
circuito de anulación, annulling network
circuito (de) apagachispas, quenching circuit
circuito aperiódico, aperiodic circuit
circuito aplique, applique circuit
circuito de arranque, start(ing) circuit
circuito arrendado, leased circuit
circuito asignado, allocated circuit or channel
circuito autodino, autodyne circuit
circuito autorregulador, servo-loop
circuito averiado, circuit out of order
circuito de bajo voltaje, low voltage circuit
circuito de balance (véase equilibrador), balancing circuit
circuito de barrido o barredor, sweep circuit
circuito bifilar, metallic circuit, loop circuit, two-wire circuit
circuito bifilar (sin vuelta por tierra), loop circuit
circuito de bloqueo, blocking circuit
circuito en buen estado, circuit in good order
(el) circuito canta, circuit is singing
circuito de carga, load circuit
circuito cátodo–tierra, cathode follower
circuito en celosía, lattice network
circuito cerrado, closed circuit, loop (also used in the expression back-to-back, e.g. the equipment is connected back-to-back – el equipo está conectado en circuito cerrado)
circuito de cinta espesa, thick film circuit
circuito de cinta fina, thin film circuit
circuito (de) colector, collector circuit
circuito combinado, phantom circuit
circuito combinante, real line, real circuit, side circuit
circuito compensado, balanced circuit
circuito de compensación, compensating circuit
circuito complementario de simetría, complementary symmetry circuit
circuito compuesto, composite(d) circuit
circuito conectado en estrella, star-connected circuit
circuito conectado en Y, Y connected circuit
circuito de conexión, connecting circuit
circuito de conferencia, conference circuit
circuito por conjunción, AND circuit
circuito constituente, physical circuit, real line, real circuit

circuito (de) contador, counter circuit
circuito en contrafase, push-pull circuit
circuito de control, control circuit
circuito de control automático, automatic control circuit
circuito de cordón, cord circuit
circuito (de) (a) cuatro hilos (alambres), 4-wire circuit, four-wire circuit
circuito delta, delta circuit
circuito derivado, shunt circuit
circuito descodificador, decoder
circuito desconectador, trip circuit
circuito desconectador de ciclo, simple single shot trigger circuit
circuito de desconexión periódica, gate
circuito diferenciador, differentiating circuit (peaking)
circuito discriminador, gate
circuito de disparo, trigger circuit
circuito de disparo biestable, bistable trigger circuit
circuito (de) (a) dos hilos (alambres), 2-wire circuit
circuito eléctrico, electric circuit
circuito eliminador, trap
circuito emisor, sender circuit, register circuit
circuito de enclavamiento, interlock circuit
circuito de enlace, trunk circuit; link circuit
circuito para ensayos, circuit model
circuito de entrada, input circuit, incoming circuit
circuito (de) entrada del receptor, front end (of a receiver)
circuito equivalente, circuit analog(ue), equivalent circuit
circuito de estado sólido, solid state circuit
circuito estampado, printed circuit
circuito de excitación, energizing circuit
circuito de exploración, scanning circuit
circuito explotado en alternativa, simplex circuit
circuito explotado en (los) dos sentidos, two-way circuit, duplex circuit
circuito (de) fantasma, phantom circuit, side circuit
circuito de fijación, clamping circuit
circuito de fijación de amplitud, clamp
circuito físico, side circuit
circuito grabado (en agua fuerte), etched circuit
circuito de guarda, guard circuit
circuito híbrido, hybrid circuit
circuito de híbrido equilibrado de precisión, precision balanced hybrid circuit
circuito hipotético de referencia, hypothetical reference circuit
circuito igualador, corrective network, equalizing circuit or network
circuito impreso, printed circuit
circuito imprimido, printed circuit
circuito de impulsión, impulse circuit
circuito inductivo, inductive circuit
circuito no inductivo, non-inductive circuit
circuito integrado (CI), integrated circuit (IC)
circuito integrado monolítico, monolithic integrated circuit (MIC)
circuito integrado monolítico por difusión, all-diffused monolithic integrated circuit
circuito integrador, integrating circuit
circuito intermedio, transfer circuit
circuito intermitente, gating circuit
circuito interurbano, toll circuit
circuito interurbano con selección a distancia, dial toll circuit
circuito a larga distancia, long-haul circuit
circuito lateral, side circuit
circuito de lazo, looped circuit
circuito lineal, linear circuit
circuito local, local circuit
circuito lógico de núcleo magnético, magnetic core logic circuit
circuito magnético, magnetic circuit
circuito de mando, control circuit
circuito de medida, measuring circuit
circuito memorizador, memory circuit
circuito metálico, loop circuit, metallic circuit
circuito microfónico, microphone circuit
circuito modificador de impedancia, building out circuit (section)
circuito monobrido, monobrid circuit
circuito monofásico, single phase circuit
circuito monofilar, single wire circuit
circuito neutralizante, neutralizing circuit
circuito no inductivo, non-inductive circuit
circuito O, OR circuit
circuito oscilador, oscillator circuit
circuito oscilante, oscillating circuit
circuito oscilatorio, oscillatory circuit
circuito en paralelo, parallel circuit
circuito de película delgada, thin film circuit
circuito de película gruesa, thick film circuit
circuito en pi o T, pi or T network
circuito piloto, pilot circuit
circuito polifásico, polyphase circuit
circuito en puente, bridge circuit
circuito radiofónico, radiotelephone circuit
circuito (de) RC, RC circuit
circuito reactivo, regenerative circuit
circuito real, side circuit, physical circuit, real circuit, real line
circuito reflejo, reflex circuit
circuito de relajación, relaxation circuit
circuito de relé (relevador), relay circuit
circuito de reserva, spare circuit
circuito resonante, resonant circuit
circuito resonante en serie, series resonant circuit
circuito resonante de hiperfrecuencia, losser circuit
circuito de restauración de la componente cc, direct current restorer

circuito retardador, time delay circuit, delay circuit
circuito de retardo, delay circuit
circuito de retardo a tierra, ground or earth return circuit
circuito de retroacción, feedback circuit
circuito de salida, outgoing circuit, output circuit
circuito secundario, secondary circuit
circuito de señales, signal circuit
circuito separador, buffer
circuito en serie, series circuit
circuito del servomecanismo, servo loop
circuito silenciador, muting circuit
circuito silencioso, quiet circuit
circuito sintonizado, tuned circuit
circuito sintonizado doble, double tuned circuit
circuito sintonizado simple, single tuned circuit
circuito para un solo sentido, one-way circuit
circuito tampón, buffer
circuito tanque, tank circuit
circuito telefónico, speech or telephone circuit
circuito telegráfico, telegraph circuit
circuito de transferencia, orderwire, call circuit, intercept trunk, transfer circuit
circuito de tránsito, through circuit, via circuit, transit circuit
circuito ultra-audión, ultra-audion circuit
circuito unifilar, single wire circuit (earth return), longitudinal circuit
circuito de usuario común, common user circuit
circuito verificador, check circuit
circuito con vuelta por tierra, ground return circuit
circuito 'Y', 'AND' circuit
circuitos estampados, printed circuits
circuitos de manipulación semiautomática, semiautomatic keying circuits
circuitrón, circuitron
circulador, circulator
circulador de ferrita, ferrite circulator
circulador T, T circulator
circulador en Y, Y circulator
circular, service instructions
circular de instrucciones, instruction manual
circular para reglas de servicio, service instructions, service manual
círculo máximo, great circle
círculo menor, small circle
círculos de espera, orbiting
clase, grading, grade, class, type, rating
clasificación, classification, rating
clasificación de seguridad, security classification
clasificador (datos), sorter (*data*)
clave, key, legend
clavija, plug, pin
clavija abierta, open plug
clavija para conectar, interconnecting plug
clavija para jack, plug
clavija macho, male jack
clavija de pasador, pin jack
clavija de piso, floor plug
clavija polarizada, polarized plug
clavija de pruebas, test plug
clavija de puente, bridging plug
clavija con punta cónica, banana jack
clavo, nail, pin
cloro, chlorine
coaxil, coaxial, coaxial
cobalto, cobalt
cobertizo, shed
cobre, copper
coca, bend, kink, knee
cociente, quotient
codador analógico, analog(ue) shaft encoder
codan, codan (carrier operated device anti-noise)
codificación, coding, encoding
codificación y correlación de impulsos, pulse coding and correlation
codificación óptima, optimum coding
codificación relativa, relative coding
codificado, coded
codificado en decimal binario, binary decimal coded, binary coded decimal (BCD)
codificador, coder, encoder
codificador analógico, analog(ue) encoder
codificador digital, digital encoder
codificador de voz (vocoder), voice coder, vocoder
codificar, to encode
código, code
código de abreviaturas, brevity code, condensation code
código absoluto, absolute code
código de acceso, access code
código al azar de dos partes, two part code
código binario, binary code
código binario de columna, column binary code
código cíclico, cyclic code
código en colores, color code
código de colores para condensadores, capacitor color code
código de condensación, brevity code, condensation code
código decimal, decimal code
código decimal binario, binary decimal code
código de direcciones múltiples, multiple address code
código de exceso tres, excess-three code
código de Hollerith (un código de 12 unidades usado con tarjetas perforadas), Hollerith code (IBM cards)
código de instrucciones, instruction code, order code
código de mínimo acceso, minimum access code

código de modulación, modulation code
código de N direcciones, N-address code
código de ocho niveles, eight level code
código óptimo, optimum code
código de programación, programming code
código de relación constante, constant ratio code
código simbólico, symbolic code
código telegráfico, telegraph code
código de teleimpresores, teleprinter code
código ternario, ternary code
código sin vuelta a cero, non-return to zero code (NRZ code)
código vuelto a cero (vuelta a cero), return to zero code
codillo, elbow
codistor, codistor
codo, bend, elbow
codo E (guía onda), E bend (*waveguide*)
codo H (guía onda), H bend (*waveguide*)
coeficiente, coefficient, factor, modulus, rate
coeficiente de absorción, absorption coefficient
coeficiente de amortiguamiento, damping coefficient
coeficiente de autoinducción, coefficient of self-inductance
coeficiente de carga, load factor
coeficiente de desimantación, demagnetizing factor
coeficiente dieléctrico, dielectric coefficient
coeficiente de distorsión armónica, coefficient of harmonic distortion
coeficiente de histéresis, hysteresis factor
coeficiente de inflexibilidad, stiffness coefficient
coeficiente de ocupación (tfc), occupation efficiency, efficiency (*tfc*)
coeficiente de ocupación de un circuito (tfc), circuit usage, usage coefficient of a circuit (*tfc*)
coeficiente de pérdida(s), loss factor
coeficiente de recombinación, recombination coefficient
coeficiente de reflexión, reflection coefficient
coeficiente de resistencia, coefficient of resistance
coeficiente de seguridad, safety factor
coeficiente de temperatura, temperature coefficient
coeficiente de tubo (válvula), tube coefficient
coeficiente de utilización, usage coefficient, utilization factor
cojinete, bearing, ball bearing
cojinete de bolas, ball bearing
cola de impulsos, tail (pulse tail)
cola de onda, wave tail
coleccionar, to collect
colector, commutator, collector
colgado, on-hook
colgantes para cables, cable hangers
colimación (ant), collimation (*ant*)
colimador, collimator
colina de potencial, potential hill
colocación en bandera (ant, satcom), stow position (*ant, satcom*)
columna, column
columna positiva, positive column
collar de la clavija, ring of a plug
collarín ensamblador de sector, bank collar
comba, bulge
combinación de predetección, predetection combining
combinador, combiner (i.e., ratio squarer, multiplex sequence switch)
Comité Consultivo Internacional de Radiocomunicaciones (CCIR), International Consultive Committee for Radio (communications) (CCIR)
Comité Consultivo Internacional de Telégrafo y Teléfono (CCITT), International Consultive Committee for Telephone and Telegraph (CCITT)
compacidad, compactibilidad, compactness
compansor, compandor
comparación, comparison
comparador, comparator; collator
comparador de ángulos, angle comparator
comparador electrónico, electronic comparator
comparar, to compare
compartición de tiempo, time sharing
compás micrómetro de puntas secas, micrometer calipers
compensación, compensation, equalization. equalizing
compensación automática de bajos, automatic bass compensation (ABC)
compensación de avance de fase, phase lead compensation
compensación de fases, phase compensation
compensación de frecuencia, frequency compensation
compensación de ruido, noise weighting
compensador, trimmer; equalizer; compensating; compensator
compensador de fase, phase equalizer; phase advancer, phase modifier
compensar, to compensate
compilador, compiler
componente, component, element
componente de audio, audio component
componente desvatiado, quadrature component
componente en fase (vatiado), in-phase component
componente de (h)armónicas, harmonic component
componente de modulación, modulation component
componente de la onda portadora, carrier wave component
componente onduladora, ripple component

componente reactivo, reactive component, quadrature component
componente RF, RF component
componente de rizado, ripple component
componente de ruido, noise component
componente de señal, signal component
componente sinusoidal, sinusoidal component
componente vatiado, in-phase component
componentes, components, component parts
componer, to overhaul, to repair
comportamiento, behaviour, performance
compresión de datos, data compression
compresión–expansión instantánea, instantaneous compression–expansion
compresión–expansión silábica, syllabic companding
compresión de voz, speech compression
compresor, compressor
compresor de aire, air compressor
compresor de volumen, volume compressor
comprobación, calibration; check, checking, checkout; monitoring
comprobación continua, continuous monitoring
comprobación diaria del tráfico, daily traffic check
comprobación de procesos, process monitoring
comprobado, monitored
comprobador de densidad, density monitor
comprobar, to check; to accept; to monitor
compuerta, gate
compuerta de coincidencia, coincidence gate
compuerta por conjunción o 'Y', 'AND' gate
compuerta de dígitos, digit switch, digit gate
compuerta por disyunción o 'O', 'OR' gate
compuerta (de) excepción, EXCEPT gate
compuerta indicadora, indicator gate
compuerta inhibida, inhibit gate
compuerta 'O', OR gate
compuerta sincrónica, synchronous gate
compuerta de tiempo, time gate
compuerta 'Y', AND gate
compuesto aislante de relleno, cable fill
computador, computer
computador de compartición de tiempo, time-sharing computer
computador digital, digital computer
computador síncrono, synchronous computer
computador de subdivisión de tiempo, time sharing computer
cómputo, calculation
cómputo analógico, analog(ue) computation
comunicación bidireccional, two-way communication
comunicación de corriente portadora, carrier current communication
comunicación diferida, deferred call
comunicación interurbana, toll call
comunicación de llegada, incoming call
comunicación minuto (tfc), message minute (*tfc*)
comunicación no efectuada, uncompleted call, lost call
comunicación simple, simplex communication
comunicación telefónica colectiva, conference call
comunicación de tránsito con una sola conexión, single switch call
comunicaciones adaptivas, adaptive communications
comunicaciones de luz coherente, coherent light communications
concentración iónica, ion concentration
concentración en minoría, minority concentration
concentración minoritaria, minority concentration
concentrador, concentrator
condensador, condenser, capacitor
condensador de aire, air capacitor
condensador apagachispas, spark killer
condensador de bloqueo, blocking capacitor
condensador de cerámica, ceramic capacitor
condensador cerámico, ceramic condenser or capacitor
condensador con compensación térmica, temperature compensating capacitor
condensador de corrección, trimmer
condensador electrolítico, electrolytic condenser or capacitor
condensador de electrólito líquido, wet electrolytic capacitor
condensador fijo, fixed capacitor
condensador de fuga, by-pass capacitor
condensador de mica, mica capacitor
condensador neutralizante, neutralizing capacitor
condensador no lineal, non-linear capacitor
condensador de papel, paper capacitor or condenser
condensador de patrón, standard capacitor
condensador separador, buffer capacitor
condensador en serie, series capacitor
condensador de sintonía (de la antena), tuning capacitor (of the antenna)
condensador de sintonización, tuning capacitor
condensador variable, variable capacitor
condensador variable de estator fraccionado, split-stator variable capacitor
condensadores acoplados mecánicamente, ganged capacitors
condición, status, condition
condiciones de contorno, boundary conditions
condiciones de funcionamiento, operating conditions

condiciones de servicio, service conditions
conducción por huecos, hole conduction
conducción por impurezas, impurity conduction
conducción iónica, ionic conduction
conducción obscura, dark conduction
conducción de oscuridad, dark current
conducir, to conduct; to drive
conductancia, conductance
conductancia de electrodo, electrode conductance
conductancia mutua, mutual conductance, slope (of a reaction curve)
conductibilidad (calor), conductivity (heat)
conductibilidad (eléc), conductance, conductivity (*elec*)
conductividad (eléc), conductivity (*elec*)
conductividad asimétrica, asymmetrical conductivity
conductividad efectiva, effective conductivity
conductividad específica, specific conductivity
conductividad molecular, molecular conductivity
conductividad térmica, thermal conductivity
conductividad tipo P, P type conductivity
conducto, duct (for cables, etc.)
conducto atmosférico, atmospheric duct
conducto atmosférico de superficie, surface duct
conducto para cables, conduit, cable trench, trench
conducto eléctrico, raceway
conducto troposférico, tropospheric duct
conductor, conductor
conductor de bajada, down lead
conductor doble retorcido, twisted pair
conductor exterior, outer conductor
conductor flexible, flex, flexible cable
conductor interior, inner conductor
conductor neutral, neutral conductor
conductor principal, mains
conductor de retorno, return wire, return lead
conductor de tierra, ground, ground wire, ground connection, ground lead
conductores E, M, F, y N, E, M, F, and N leads (signaling)
conductores principales de corriente alterna, ac mains
conectado, on
conectado–desconectado, on–off
conectar, connect, turn on
conectar a tierra, to ground
conectivos lógicos, logical connectives
conector, connector
conector con brida, flanged connector
conector de enlace de impulsos, pulse link connector
conector final, final selector
conector de grupo, group connector, through group
conector de precisión, precision connector
conexión, termination, connection, junction, link
conexión en cascada, cascade connection
conexión (por) cruzada, cross connect(ion)
conexión delta, delta connection
conexión directa, tie line
conexión mediante puentes, strapping
conexión en paralelo, parallel connection
conexión perpendicular, radial lead
conexión de retorno, return connection
conexión de salida, outgoing connection
conexión en serie, series connection
conexión en serie–paralelo, series–parallel connection
conexión soldada, soldered connection
conexión en tándem, tandem connection, cascade connection
conexión transversal, cross connection
conexión triángulo–estrella, delta–star connection
conexión triángulo–triángulo, delta–delta connection
conferencia telefónica, conference call; long distance call
confiabilidad, reliability
confiabilidad de canal(es), channel reliability
configuración electromagnética de una instalación, electromagnetic complex (RFI)
configuración de polo y cero, pole and zero configuration
conformador de impulsos, pulse shaper
confrontación, comparison
confrontar, to compare
confusión, flutter
congestión (tfc), congestion (*tfc*)
conicidad de mano izquierda, left hand taper
cónico, taper
conjunto, assembly, unit; array (*ant*)
conjunto de bastidor, back assembly
conjunto de cables, cabling
conjunto de caja, shelf assembly
conjunto colineal (ant), collinear array (*ant*)
conjunto de equipo, assembly (of equipment)
conjunto de la flecha, plunger assembly
conjunto de línea, line jack
conjunto de piezas del brazo de reposición de la flecha, restoring arm assembly
conjunto regulador, regulating assembly
conjuntor, jack; contactor
conjuntor auxiliar, auxiliary jack
conjuntor–disyuntor, make–break, make and break
conjuntor de línea, line jack
conjuntor de llamada, calling jack
conjuntor a operadora, four-way jack
conjuntor de respuesta, answering jack
conjuntor de ruptura, break jack

conjuntor sin contacto de ruptura, bridging jack
conjuntor de transferencia, break jack; patching jack
conjuntores gemelos, twin jack
conmutación, switching, change over
conmutación automática, automatic change over
conmutación de banda ancha, wideband switching
conmutación electrónica de los colores, sampling
conmutación manual, manual switching
conmutación en tiempo actual, real time switching
conmutador, commutator, switching, switchboard, switchgear, switch
conmutador de accionamiento neumático, air pressure switch
conmutador (de) antena–tierra, antenna grounding switch
conmutador automático, automatic switch
conmutador auxiliar, auxiliary switch
conmutador de banco y escobillas, bank and wiper switch
conmutador de bandas, band switch
conmutador a barras transversales, cross (bar) switch
conmutador central, concentrator
conmutador conectador–desconectador, on–off switch
conmutador de contactos múltiples, multi(ple) contact switch
conmutador de control, control switch
conmutador con cuernos apagaarcos (apaga-arcos), horn gap switch
conmutador de derivaciones, tap switch
conmutador diodo, diode switch
conmutador electrónico automático, electronic automatic switch
conmutador de ferrita, ferrite switch
conmutador de ferrita recíproco, reciprocal ferrite switch
conmutador giratorio, rotary switch
conmutador de guía onda, waveguide switch
conmutador de inserción, insertion switch
conmutador de línea, line switch
conmutador lógico, logic switch
conmutador múltiple, gang switch
conmutador paso a paso, step by step switch
conmutador principal, master switch, main switch
conmutador rotatorio, rotary switch
conmutador de sectores, wafer switch
conmutador secuencial, sequence switch
conmutador de sentido, sense switch
conmutador serie–paralelo, series–parallel switch
conmutador de silencio, muting switch
conmutador TR (radar), TR switch (*radar*)
conmutador tambor, drum switch
conmutador de transferencia, transfer switch
conmutadores de comprobación, verification switches
conmutar, to switch
conmutatriz giratoria, rotary converter
cono, cone
cono de nulos, cone of nulls
cono de silencio, cone of silence
conocimiento de embarque, bill of lading, voucher
consecución, acquisition (of a signal or freq.)
consecución de la frecuencia piloto, pilot frequency acquisition
conservación, maintenance
consol (nav), consol (*nav*)
consola, console
constancia de un relé, constancy of a relay
constante, constant
constante de aceleración, acceleration constant
constante (de) dieléctrica, permittivity; dielectric constant
constante dieléctrica relativa, relative dielectric constant
constante distribuída, distributed constant
constante de fase, phase constant
constante de galvanómetro, galvanometer constant
constante de histéresis, hysteresis constant
constante de integración, constant of integration
constante de propagación, propagation constant
constante RC, RC constant
constante RL, RL constant
constante de la red, network constant
constante de la relación entrada–salida, transfer constant
constante de tiempo, time constant
constante de tiempo corto, fast time constant
constante de tiempo de entrada, input time constant
constante de transferencia, transfer constant
constantes distribuídas, distributed constants
consumo, drain (*elec*), consumption
consumo de corriente, current consumption
consumo de energía, energy consumption
consumo máximo, maximum demand
contabilidad, accounting, accountability
contabilidad automática de mensajes, automatic message accounting, toll ticketing
contacto, contact, connection
contacto de abertura, break contact
contacto de apertura (imperf.), break contact
contacto de cerrar–abrir, make and break contact
contacto de cierre, working contact
contacto de corriente, wet contact
contacto deslizante, sliding contact

contacto de dos direcciones, double-throw contact
contacto de eje, shaft contact
contacto eléctrico, electrical contact
contacto de espacio, space contact
contacto fijo, fixed contact
contacto de impulsión, contacto de impulso, impulse contact
contacto laminado, laminated contact
contacto de marco, mark contact
contacto móvil, movable contact, moving contact
contacto óhmico, ohmic contact
contacto de posición central, mid-position contact
contacto principal, main contact
contacto de relevador (relé), relay contact
contacto de reposo, normal contact, break contact
contacto de reposo o posterior, back contact
contacto de resorte, spring contact
contacto de rozador, wiping contact
contacto rozante, sliding contact
contacto de ruptura, break contact
contacto a tierra, short to ground (earth) contact
contacto de trabajo, make contact, mark contact, front contact, working contact
contacto de trabajo y reposo, make and break contact
(de) contacto ultrarrápido, quick make
contactor, contactor
contactor de acción retardada, time delay switch
contactor electromagnético, electromagnetic contactor
contactor superior, upper contact
contactos de ascensión, vertical bank
contactos auxiliares, auxiliary contacts
contactos escalonados, sequence contacts
contactos escalonados de cambio, make before break contacts
contactos gemelos, twin contacts
contactos de reposo del electroimán de elevación, vertical interruptor contacts
contactos de reposo del electroimán de rotación, rotary interruptor contacts
contactos secos, dry contacts
contador, counter; meter (panel), register, recorder
contador de amperioshoras, ampere–hour meter
contador en anillo, ring counter
contador binario, binary counter
contador de coincidencia, coincidence counter
contador de conversaciones, subscriber's register
contador de corriente alterna, ac meter
contador decatrón, dekatron counter or scaler
contador electrónico, electronic counter
contador escalonado, step counter
contador de factor de potencia, power factor meter
contador de frecuencia, counter; frequency meter
contador Geiger–Müller, Geiger(–Müller) counter
contador de impulsos, impulse counter, impulse meter, scaler, pulse counter
contador de kilovatios, kilowatt meter
contador manual de ocupación, peg counter
contador mecánico, mechanical counter
contador proporcional, proportional counter
contador (de) segundos, seconds counter
contador de tiempo, timing register
contadora de décadas, decade counter
contar, to count
contenido de armónicas, harmonic content
contenido de hierro, iron content
contestar, to answer
contorno (curva cerrada), contour
contorno de profundidad, depth contour
contracción, shrinkage, contraction
contracorriente, counter current, reverse current
contrafuego, fireproof
contramedidas, countermeasures
contramedidas electrónicas, electronic countermeasures
contramedidas radáricas (o de radar), radar countermeasures
contrapeso, counterpoise
contraprueba, check test
contrarreacción, negative feedback, primary feedback
contrastación de la calidad, quality control
contraste, contrast; calibration
contratensión, back-lash
contrato, contract
contratuerca de seguridad, lock nut
control, control, checking; drive
control automático de fase (CAFa), automatic phase control (AFaC)
control automático de frecuencia (CAF), automatic frequency control (AFC)
control automático de ganancia (CAG), automatic gain control (AGC)
control automático de luminosidad, automatic brightness control
control automático de ruido, automatic noise control
control y aviso de aviones, aircraft control and warning (A & CW)
control de bajos, bass control
control de balance, balance control
control de bloqueo (conmut), private control (*switch*)
control de brillo, brightness control
control de bucle abierto, open loop control
control de conmutación, switching control
control de contraste, contrast control
control de convergencia, convergence control

control a cristal, crystal control
control cruzado, cross control
control de derivaciones, tapped control
control dirigente, supervisory control
control de enfoque, focus(ing) control
control de estado sólido, solid state control
control de ganancia, gain control
control de ganancia de crominancia, chrominance gain control
control integral, integral control
control lineal, linear control
control de linealidad, linearity control
control maestro, master control
control mecánico, mechanical control
control de la radiación electromagnética, control of electromagnetic radiation
control remoto, remote control
control de secuencia, sequence control
control selectivo, selective control
control de sintonización, tuning control
control de tono, tone control (volume control)
control de voltaje regulable, adjustable voltage control
controlado numéricamente, numerically controlled
controlador de radar, radar controller
controlar, to check, to control
convenio, contract, agreement, pact, convention
convergencia, convergence
conversación, call; effective call
conversación personal, person-to-person call
conversación tasada, paid call
conversación urbana, local call
conversión (de) binario a decimal, binary-to-decimal conversion
conversión de frecuencia, frequency conversion, mixing converter
conversor, converter
conversor de código, code converter
conversor digital a análogo, digital to analog converter
conversor de frecuencia, frequency converter
conversor de frecuencia inferior, down converter
conversor de frecuencia superior, up converter
conversor de imagen (óptico), image converter
conversor de modo, mode changer or converter, mode transducer
conversor paramétrico, parametric converter
convertidor, dynamotor or converter (rotary)
convertidor (pref. conversor) binario-decimal, binary-to-decimal converter
convertidor de corriente continua (cc), dc converter
convertidor de fase, phase converter
convertidor giratorio, rotary converter
convertidor de señales (pref. conversor), signal converter
convertidor de sistema analógico a sistema numérico, analog(ue)-to-digital conversion, analog(ue)-to-digital converter
convertir, to convert
coordinación de niveles, level coordination
coordenada de las X, X-coordinate
coordenada de las Y, Y-coordinate
coordenadas geográficas, geographic coordinates
copia de (en) cinta, tape copy
copia dura, hard copy
copia heliográfica, blueprint
copiar, to copy
copperweld, copperweld
coraza electrostática, electrostatic shield
cordón de línea directa, patch cord
cordón de transferencia, patch cord
cordón universal, universal patch cord
corona, ring, corona
corona de contactos, contact bank
corrección, adjustment; correction
corrección automática de errores, automatic error correction
corrección de fase, phase correction
corrección de frecuencia, frequency correction
corrección de sincronismo, sync correction, sub-product
corrector de costados de los impulsos, pulse stretcher
corregir, to adjust, to 'debug', to rectify
correlación, correlation, linkage
correlador de video, video correlator
corriente, current
(con) corriente, alive, live, on
(sin) corriente, off
corriente de absorción, absorption current
corriente activa, active current
corriente alterna, alternating current
corriente anódica, plate current, anode current
corriente de arranque, starting current
corriente de base, base current
corriente de calentador, heater current
corriente de campo, field current
corriente de carga, charging current
corriente casual poco fuerte, sneak current
corriente de colector, collector current
corriente de compuerta, gate current
corriente de conducción, conduction current
corriente de contacto, contact current
corriente de convección, convection current
corriente de conversación, speech current
corriente de corte, cutoff current
corriente de cresta, peak current
corriente de desconexión, releasing current
corriente de desplazamiento, displacement current
corriente desvatiada, reactive current
corriente dieléctrica, dielectric current

corriente diferencial, differential current
corriente directa (diodo–diodo), direct current; forward current
corriente doble, polar current (polar keying)
corriente de drenaje, bleeder current
corriente efectiva, effective current
corriente de electrodo, electrode current
corriente de emisión, emission current
corriente de emisión en campo nulo, field free emission current
corriente (de) emisor, emitter current
corriente de encendido, starting current; striking current
corriente(s) equilibrada(s), balanced current(s)
corriente espacial, space current
corriente especificada, rated current
corriente excitatriz, exciting current
corriente fotoeléctrica, photoelectric current
corriente de fuga, leakage current
corriente de fuga de superficie, channel effect (transistor)
corriente de gas, gas current
corriente (h)armónica simple, simple harmonic current
corriente de haz, beam current
corriente inducida, induced current
corriente inversa, inverse current, reverse current
corriente inversa de electrodo, electrode inverse current
corriente inversa de rejilla, reverse grid current or backlash
corriente iónica, ion current
corriente de ionización, ionization current
corriente de llamada, ringing current
corriente de llamada intermitente, interrupted ringing (current)
corriente en mayoría, majority current
corriente en minoría, minority current
corriente minoritaria, minority current
corriente (de mando) necesaria, minimum working current
corriente normal (circuito bifilar), loop current
corriente obscura, dark current
corriente ondulatoria, pulsating current
corriente de oscuridad, dark current
corriente parásita, parasitic current
corriente de pérdida a tierra, earth leakage current
corriente de pérdidas (de superficie), leakage current
corriente periódica, periodic current
corriente pico de cátodo, peak cathode current
corriente de placa, plate current
corriente de polarización, polarization current
corriente polarizadora, polarizing current
corriente portadora, carrier current
corriente de preconducción, preconduction current
corriente de puente, bridge current
corriente pulsante o pulsatoria, pulsating current
corriente de rayo, beam current
corriente RF, RF current
corriente reactiva, idle current; reactive current
corriente de régimen, rated current; operating current
corriente de rejilla, grid current
corriente de reposo, spacing current
corriente residual, residual current
corriente de retención, hold current
corriente de retorno por tierra, ground return current
corriente de saturación, saturation current
corriente de servicio, operating current
corriente simple, neutral current; (or in meaning) neutral keying
corriente sincronizante, synchronizing current
corriente de sobrecarga, overload current
corriente superficial, surface current
corriente telúrica, earth current
corriente termiónica, thermionic current
corriente de trabajo (tty, datos), marking current (*tty, data*)
corriente vatiada, active current
corrientes de fuga, eddy currents
corrientes homopolares, out-of-balance currents
corrientes metálicas, metallic currents
corrientes simétricas, balanced currents
corrientes vagabundas, eddy currents, stray currents
corrimiento, drift
corrimiento absoluto, absolute drift
corrimiento corregido, drift corrected
corrimiento de frecuencia, frequency change (drift)
cortacircuito, circuit breaker
cortacircuito de mano, manual circuit breaker
cortafierro, cortafrío, cold chisel
cortar, to disconnect; to interrupt
cortar (comunicación), to break
corte, break, cut off; cut over
corte (de una línea), disconnection
corte cuchillo (microondas), knife edge (diffraction) (*microwave*)
corte de límite, cutoff limiting
corte de transmisión, transmission system failure
cortina radiante, radiating curtain
cortina Sterba, Sterba curtain
corto, short (also for short circuit)
corto circuitado, short (circuit)
corto deslizante, sliding short
cortocircuitar, to short (a circuit)

cortocircuito, short-circuit; strapping (magnetron)
cortocircuito a tierra, short circuit to ground (earth)
cortocircuito total, dead short
coseno, cosine
cota fija, bench mark (surveying)
coulombio, coulomb
cremallera, zipper; rack
cresta, peak, pip
cresta de absorción, absorption peak
cresta a cresta, peak-to-peak (P–P)
cresta de interferencia, interference peak
cresta de ondas, wave crest
cresta de potencial, potential peak
cresta de resonancia, resonance peak
criba (radar, ecm), chaff (*radar*, *ecm*)
criogénica, cryogenics
criosistor, cryosistor
criotrón, cryotron
cripto, crypto
criptocanal, cryptochannel
criptografía de enlace, link encryption
criptografiar, encrypt (to)
criptológico, cryptologic
cristal, crystal (Xtal)
cristal de cuarzo, quartz crystal
cristal de cuarzo armónico, overtone crystal
cristal (de) modulador, modulator crystal
cristal piezoeléctrico, piezoelectric crystal
cristalógeno, crystal growing
criterio de funcionamiento, performance criteria
criterio de Nyquist, Nyquist's criterion
crítico, critical; optimum
croma, chroma
crominancia, chrominance
cronizador, timer
cronointerruptor, time switch
cronometración, cronometrización, timing
cronómetro, chronometer, clock
cronómetro sincrónico, synchronous timer
cronoscopio, chronoscope
croquis, rough draft, sketch
cruce, contact
cruzada, jumper
cuadrante, quadrant; dial, scale
cuadrante (de aparato), instrument dial
cuadrante graduado, calibrated dial
cuadrante de nonio, vernier dial
cuadratura, quadratura
cuadratura de espacio, space quadrature
cuadratura de fase, phase quadrature, quadrature
cuadratura de tiempo, time quadrature
cuadrete, quad
cuadrete en estrella, spiral-four quadded (cable)
cuadrícula, raster
cuadriculado, raster
cuadrifilar, four-wire
cuadro, frame, panel; table (of figures)
cuadro de conjuntores, jack panel
cuadro de conmutación en serie, series multiple (switchboard)
cuadro conmutador, switchboard
cuadro conmutador de batería local, local battery switchboard
cuadro conmutador interurbano, trunk switchboard
cuadro conmutador con llaves, cordless switchboard, PBX (cordless)
cuadro conmutador múltiple, multiple switchboard
cuadro de conmutadores, switchboard
cuadro de contador, meter panel
cuadro de control, monitoring switchboard
cuadro de control técnico, technical control board
cuadro de datos, data display panel
cuadro de distribución, switchboard
cuadro de distribución de fuerza motriz, power switchboard
cuadro de doble cara, dual switchboard
cuadro de entrada, incoming positions, inward position, B-board
cuadro de imanación normal, normal magnetization curve
cuadro de indicaciones, display board
cuadro de instrumentos, instrument panel
cuadro de jacks, jack panel
cuadro monitor, monitoring switchboard
cuadro de observación, trouble position
cuadro personal de servicio, attendants switchboard
cuadro de posiciones A, A-position
cuadro de pruebas y medidas, test board
cuadro de pupitre, desk
cuadro de reclamaciones, trouble position
cuadro de salida, outgoing position, outward board
cuadro sinóptico (tfc), summary (*tfc*)
cuántico, quantum
cuantificación, quantization
cuanto de energía, energy quantum
cuarto de onda, quarter wave (length)
cuarzo, quartz
cuaternario, quaternary
cuatrifilar, four-wire
cubierta, housing, cover
cubierta de clavija, sleeve of a plug
cubierta de cobre, copper sheath
cubierto, shelter
cubrejunta, gasket
cuello de la clavija, ring of a plug
cuenta, count
cuenta a perla aisladora (líneas coaxiles), bead (coaxial transmission lines)
cuenta segundos, seconds counter
(de) cuernos apagaarcos, horn gap
cuerpo, sleeve (tip-ring-sleeve)
cuerpo de clavija, sleeve of a plug
cuerpo negro, black body
culata (imanes), yoke

culata del imán, magnet yoke
cuña, wedge
cuña dieléctrica, dielectric wedge
cúpula, cover
cúpula de antena, radome
cursar el servicio, to carry traffic
cursar el tráfico, to handle traffic
cursor, cursor, slider
curva, curve
curva característica, characteristic curve
curva de carga, load curve
curva de consumo, load curve
curva logarítmica, logarithmic curve
curva polar, polar curve
curva de potencial, potential curve
curva de probabilidad, probability curve
curva de rendimiento, performance curve
curva de réplica, response curve
curva de resonancia, resonance curve
curva de respuesta, response curve
curvatura, bend, curvature

chalana, barge
chanfle, bevel
chaqueta, jacket
chasis, chassis
chasquido, crack, hash
chasquidos de manipulación, key clicks
chequear, to check (a system or unit)
chequeo, check
chip, chip
chip transistor, transistor chip
chirriar, to chatter
chispa, spark
chispear, to spark
chispero, arrester, spark arrester
chispero de agujas, needle gap
choque (guía onda), choke (*waveguide*)
choque eléctrico, electric shock
chorro electrónico, electron beam

dBm (dB relacionado a un milivatio), dBm (dB related to a milliwatt)
DE (diámetro exterior), OD (outside diameter)
daño, damage
dar, to deliver, give
dar corriente, to deliver (current), to fire
dar lectura, to read
daraf, daraf
datos, data
datos alfa-numéricos, alpha numeric data
datos digitales, digital data
datos estadísticos, statistical data
datos de medida, measurement data
datos meteorológicos, meteorological data
datos no elaborados, raw data
deacentuación, deemphasis
debilitación, debilitamiento, decay
debilitamiento de impulso, pulse decay
debilitamiento de propagación, shadow attenuation
debilitar, to weaken
decalar, to off-set
decámetro de cinta, measuring tape
decibel (dB), decibelio, decibel (dB)
decibelímetro, volume meter, VU meter; noise meter, decibelmeter
decibelio (dB), decibel (dB)
decibelios ajustados (dBa), adjusted decibels (dBa)
decimal, decimal
decisión lógica, logical decision
declinación, decay
declinación magnética, variation
decremento, decrement
decremento logarítmico, logarithmic decrement
decripción, decriptor, decryption
dedo selector, selecting finger
deénfasis, deemphasis
defasaje (desfasaje), phase shift; lead (phase)
defecto, bias; defect, fault, flaw
defectuoso, defective, out-of-order
definición, definition, resolution
definición alta, high definition
deflector, baffle
deflexión, deflection
deflexión electrostática, electrostatic deflection
deflexión magnética, magnetic deflection
deflexión máxima, maximum deflection
deflexión total, full scale
deformación armónica (harmónica), harmonic distortion
deformación asimétrica (tty, datos), bias distortion (*tty, data*)
deformación característica (tty, datos), characteristic distortion (*tty, data*)
deformación disimétrica, disymmetric distortion
deformación en la emisión, transmitter distortion
deformación de imágenes, image distortion
deformación irregular (tty, datos), irregular distortion; fortuitous distortion (*tty, data*)
deformación máxima, maximum distortion
deformación de modulación, modulation distortion
deformar(se), to distort
degeneración, degeneration, degeneracy
delga de colector, commutator segment
delineación, drawing
delineante, draftsman
demodulación, demodulation
demodulador, demodulator
demodulador de crominancia, chrominance demodulator
demora, delay
demora de la respuesta, answering interval
demultiplicador binario, binary counter
densidad de bites (de bitios), bit density
densidad de campo, flux density
densidad de caracteres, character density

densidad de corriente, current density
densidad de (corriente de) espacio, space current density
densidad de energía sonora, sound energy density
densidad de flujo, flux density, flow density
densidad de flujo magnético, magnetic flux density
densidad de flujo residual, residual flux density
densidad de huecos, hole density
densidad iónica, ionic density, ion density
densidad de llamadas, calling rate
densidad relativa, specific gravity
departamento de tráfico, traffic department
dependiente, dependent; clerk
depósito, depot; chamber; warehouse
depósito de aire, air tank
derecho de prioridad, preemption
deriva, drift
deriva absoluta, absolute drift
derivación, branch, branching, bypass, shunt, tap
derivación de canales, channel dropping
derivación central, center tap
derivación común, common branch
derivación de puente, bridged tap
derivada, derivative
derivada parcial, partial derivative
derivado, shunted
derivador de corriente, shunt
derivar, to branch, shunt
desacoplador, decoupler
desacoplamiento, decoupling
desacoplar, disconnect
desacordar, to be put out of tune
desactivar, deactivate; fall back (for a relay)
desacuerdo, detuning
desagrupación, debunching
desalineación, misalignment
desalineado, out of line (alignment)
desapareado, unmatched
desarmar, disassemble
desbloqueado, line free
desbloqueo, unblocking
desbloqueo periódico, gating
desbloqueo periódico del receptor, receiver gating
desbordamiento, displacement; spillover
desborde, overflow, spillover
descaminar, misroute
descarga, discharge
descarga en alud, avalanche breakdown
descarga atmosférica, atmospheric discharge
descarga en (de) avalancha, avalanche breakdown
descarga de corona, corona discharge
descarga disruptiva, breakdown, disruptive discharge
descarga a gas, gas discharge
descarga luminiscente normal, normal glow discharge
descarga oscura, dark discharge
descargador de chispas, spark gap
descargar, to unload; to discharge
descentrar, to off-set
descifrar, to decode
descodificador, decoder
descodificador de color, color decoder
descodificar, to decode
descolgado, off-hook
descomponedor, resolver
descomposición, decomposition, dispersion
descompuesto, out of order
desconcentración por modulación, modulation defocusing
desconectado, off
desconectador de fin de carrera, limit switch
desconectar, to clear; to disconnect; to release; to snap
desconexión, disconnection, break, clearing, release
desconexión de hipocorriente, undercurrent tripping
desconexión e indicación de ocupado, disconnect–make-busy
desconexión prematura, premature release
desconexión provocada por la central interurbana, through clearing
desconexión rápida, quick release
desconexión por sobrevoltaje, overvoltage tripping
descrestador de impulsos, pulse chopper
descriptografiar, decrypt (to)
descubrir, to ascertain, reveal, discover
desecación, drying out, desiccation
desembragado, out-of-gear
desembragar, to disengage, to release
desembrague, release
desembrague automático, automatic release
(de) desembrague rápido, quick release
desenganchar, to snap, to trip
desenganche, drop out, release
desenganche automático, automatic release, automatic tripping
desenganche no automático, non-automatic tripping
desenganche rápido, instantaneous release
desenrollar, to layout
desensamblar, disassemble
desensibilización, desensitization
desequilibrado, unbalanced
desequilibrar, mismatch (to)
desequilibrio, mismatch, maladjustment, out-of-balance, unbalance
desequilibrio de impedancias, impedance mismatch
desexcitar, deactivate, deenergize, fall back (for a relay)
desfasado, out-of-phase
desfasador, phase shifter
desfasador múltiple, phase splitter
desfasaje, phase shift, phase displacement

desfasamiento, phase difference, phase angle, impedance angle
desfase, phase angle
desfocalización, defocusing
desgajar, to drop (e.g. to drop and insert)
desgasificación, degassing
desgaste, wear (noun)
desgausaje, degaussing
desimanante, desimantante, demagnetizing
desimantar, deenergize (to)
desintonización, mistuning; detuning
desintonizar, to detune
desionización, deionization
deslizamiento, drift (frequency)
deslizante, cursor
desmodulación, demodulation
desmodulación lineal, linear detection
desmodulación de portadora aumentada, enhanced carrier demodulation
desmodulación de potencia, power detection
desmodulador, demodulator
desmodulador de telefonía criptada, speech inverter
desmodular, to demodulate
desmontar, to disassemble, to dismount
desmultiplex, demultiplex
desmultiplexador, demultiplexer
desmultiplicación, scaling
desmultiplicado, geared down
desmultiplicador binario, binary divider
desmultiplicador de décadas, decade scaler
desocupado, idle
despacho, shipment; office
desplazador, multiplexer (HF)
desplazador de canal, channel shifter
desplazador de fase, phase shifter
desplazamiento, displacement, off-set, shift
desplazamiento dieléctrico, dielectric displacement
desplazamiento Doppler, Doppler shift
desplazamiento eléctrico, electric displacement
desplazamiento de fase, phase shift
desplazamiento del flanco posterior, end distortion
desplazamiento de frecuencia, frequency shift (FS)
desplazamiento magnético, magnetic displacement
desplazamiento de portadora, carrier shift
desplazar, to feed; to shift
despolarización, depolarization
desprendimiento, emission
destornillador, screwdriver
destornillador desviado o descentrado, off-set screwdriver
destrorso, clockwise
desvanecimiento, fading
desvanecimiento de amplitud, amplitude fading
desvanecimiento de polarización, polarization fading
desvanecimiento selectivo, selective fading
desvanecimiento de la señal, fading, signal fading
desviación, deflection; deviation; distortion
desviación angular, angular deviation, angular displacement
desviación azimutal (acimutal), azimuth angle
desviación del cero, zero error
desviación de cresta, peak deviation
desviación de fase, phase deviation
desviación de frecuencia, deviation, frequency deviation
desviación de frecuencia blanco a negro (facs), white to black frequency swing (*facs*)
desviación de haz, beam bending
desviación magnética, magnetic deflection
desviación normal, standard deviation
desviación de pico, peak deviation
desviación remanente, off-set, drift
desviación RMS (valor eficaz) a máxima carga, full load RMS deviation
desviación a tope, full scale deflection
desviado, shunt
desviador, baffle; deviator
desviador de fase, phase shifter, splitter (phase)
desviar, to shunt; to shift; to deflect, to deviate; to divert
desviar el tráfico, to divert the traffic, to reroute the traffic
desvío cuadrático medio, standard deviation (statistics)
detección, detecting, detection
detección anódica, plate detection
detección automática de errores, automatic error detection
detección de averías, fault tracing
detección de correlación, correlation detection
detección de ley (del) cuadrado, square-law detection
detección lineal, linear detection
detección parabólica, square-law detection, parabolic detection
detección de placa, plate detection
detección de potencia, power detection
detectar to detect
detector, detector; locator; barreter
detector de autoextinción, self-quenched detector
detector de averías, fault tracer
detector de cero, null detector
detector coherente, coherent detector
detector cristal, crystal detector
detector cuadrático, quadratic detector
detector de diferencia, difference detector
detector diodo, diode detector
detector de fase, phase detector
detector de ley (de) cuadrado, square-law detector
detector magnético, magnetic detector

detector parabólico, square-law detector
detector de porcentaje de modulación, ratio detector
detector de potencia, power detector
detector (de) producto, product detector
detector de relación, ratio detector
detector de silicio, silicon detector
detector síncrono, synchronous detector
detector termal o térmico, thermal detector
detener(se), to stop
determinar, to determine, to ascertain
devanado, winding, wound; coil
devanado en anillo, ring winding
devanado bifilar, bifilar winding
devanado en bucle, loop winding
devanado de campo, field winding
devanado de control, control winding
devanado diferencial, differential winding
devanado distribuído, distributed winding
devanado de filamentos, filament winding
devanado de inducido, armature winding
devanado inductivo, inductive winding
devanado de lazo, loop winding
devanado de mantenimiento, holding winding
devanado noninductivo, noninductive winding
devanado en paralelo, parallel winding
devanado de potencia, power winding
devanado primario, primary winding
devanado de salida, output winding
devanado segundario (o secundario), secondary winding
devanado en serie, series winding
devanado de tambor, drum winding
devanado terciario, tertiary winding
devanado toroidal, ring winding, toroidal winding
dextrosa, clockwise
día de lectura de contadores, end of billing period
diafonía, crosstalk
diafonía cercana, near-end crosstalk
diafonía de desviación, run-around crosstalk
diafonía inteligible, intelligible crosstalk
diafonía de interacción, interaction crosstalk
diafonía lejana, far-end crosstalk
diafonía múltiple, babble
diafonía no inteligible, unintelligible crosstalk
diafonía entre real y real, side-to-side crosstalk
diafonía entre repetidores, run around crosstalk
diafragma, diaphragm
diafragma de(l) micrófono, microphone diaphragm
diafragma perforado (guía onda), septum (*waveguide*)
diagnóstico, fault tracing
diagrama, chart, diagram, graph
diagrama en bloque, block diagram
diagrama de bloques, block diagram
diagrama cardioide, cardioid diagram
diagrama de circuito, wiring diagram
diagrama de circuito(s), circuit diagram
diagrama de colocación, layout (diagram)
diagrama de conexiones, circuit diagram
diagrama de enlace, trunking scheme
diagrama esquemático, block diagram, schematic diagram
diagrama de flujo, flow chart
diagrama lógico, functional diagram; logical diagram
diagrama de nivel(es), hypsogram, level diagram
diagrama (de) Nyquist, Nyquist diagram
diagrama polar, polar diagram
diagrama primario (ant), primary pattern (*ant*)
diagrama de radiación, radiation pattern, polar diagram, pattern
diagrama de registrador, recording chart
diagrama de secuencia de operaciones, flow diagram
diagrama sinóptico, block diagram
diagrama de Smith, Smith chart
diagrama de tráfico, traffic diagram
diagrama vectorial, vector diagram
diámetro interior, inside diameter
diapasón, tuning fork
dibujante, draftsman
dibujar en escala, to draw to scale
dibujo, drawing, sketch
dibujo de alambrado, wiring diagram
dibujo detallado en el orden de colocación de las diversas partes de la pieza, exploded view
dieléctrico, dielectric
diente, tooth; notch
diente de giro, rotary tooth
diferencia de fase, phase difference or displacement
diferencia de fase angular, angular phase difference
diferencia de fase espacial, space phase
diferencia de potencial, potential difference, voltage drop
diferencia de potencial (de) contacto, contact potential difference
diferenciador, differentiator
diferenciador de frecuencia, discriminator
diferencial, differential
difracción, diffraction
difracción costera, shore effect
difracción de esfera lisa, smooth sphere diffraction
difracción por obstáculo, knife edge diffraction
difusión, diffusion, scattering
difusión troposférica, tropospheric scatter
digitalizar, to digitize
digitizar, to digitize
dígito, digit

dígito binario, bit, binary digit
dígito redundante, redundant digit
dígito de verificación, check digit
dilatación térmica, thermal expansion
dilatar, to expand
dimensión, measurement, dimension
dimensión crítica de guía onda, waveguide critical dimension
dimensionado, dimensioning, dimensioned
dimensionar, to dimension
dimensiones extremas, overall dimensions
dina, dyne
dínamo excitadora, exciter
dinamómetro, dynamometer
dinamómetro de absorción, absorption dynamometer
dinamómetro friccional, absorption dynamometer
dinamotor, dynamotor
diodo, diode
diodo de avalancha, avalanche diode
diodo (de) conmutador, switching diode
diodo de contacto por punta, point contact diode
diodo de corto circuito, catching diode
diodo de cristal, crystal diode
diodo de desbloqueo periódico, gate trigger diode
diodo Esaki, Esaki diode
diodo de gas, gas diode
diodo de gatillo o disparo, trigger diode
diodo de germanio, germanium diode
diodo de junta estirada, drawn junction diode
diodo de juntura, junction diode
diodo LSA, LSA diode
diodo (de) semiconductor, semiconductor diode
diodo (de) Shockley, Shockley diode
diodo termiónico, thermionic diode
diodo de túnel, tunnel diode
diodo de unión, junction diode
diodo varactor de restablecimiento escalonado, step recovery diode
diodo de Zener, Zener diode
diodo de Zener compensado a temperatura, temperature compensated Zener diode
diplex, diplex
diplexer, diplexer
dipolo de referencia, reference dipole
dirección, address, supervision, management
dirección absoluta, address (absolute)
dirección (de) base, base address
dirección directa, forward direction; direct address
dirección efectiva (datos), effective address (*data*)
dirección flotante (datos), address (symbolic) (*data*)
dirección de incidencia, direction of incidence
dirección inmediata (datos), immediate address (*data*)
dirección de preferencia, preferential direction
dirección de primer nivel (datos), first level address (*data*)
dirección de propagación, wave normal, direction of propagation
dirección relativa (datos), address (relative) (*data*)
dirección simbólica, address (symbolic)
direccional, directional
directamente acoplado, directly coupled
(no) directiva, non-directional
directividad, directivity
director, director
dirigida, directional
dirigir, to route (traffic: to supervise)
discado directo a distancia (DDD), direct distance dialing (DDD)
discar, to dial
disco, disc
disco de carga, loading disc (for vertical antennae)
disco interruptor, chopper disc
disco maestro, matrix
disco magnético, magnetic disc
discontinuidad, discontinuity
discontinuo, discontinuous
discriminación en distancia, range resolution
discriminación de filtro, filter discrimination
discriminador, discriminator
discriminador 'E' de transistor, transistor AND gate
discriminador de fase, phase discriminator
discriminador 'O', OR gate
discriminador 'O' de transistor, transistor OR gate
discriminador de retraso constante, constant delay discriminator
disimetría, unbalance
disipación anódica, plate dissipation
disipación de electrodo, electrode dissipation
disipación de placa, plate dissipation
disipación de potencia, power dissipation
disipación de tercer electrodo, screen dissipation
disipador, dissipative, dissipator
disminuir, to lower, decrease
disparar, to trip
disparo, drop out; trigger; flashover
disparo falso, false trip
disparo (de) Schmitt, Schmitt trigger
dispersión, dispersion, scatter; dissipation
dispersión adelante, forward scatter
dispersión anómala, anomolous dispersion
dispersión troposférica, tropospheric scatter
disponer, to lay out
disponibilidad, availability
disponibilidad constante, constant availability
disponibilidad limitada, limited availability

disponibilidad variable, variable availability
disponible, available; idle
disposición, layout
disposición de(l) circuito, circuit arrangement, circuit layout
disposición simétrica, push–pull
disposición de sistema, system layout
dispositivo, device
dispositivo accionado por la voz, voice operated device
dispositivo acumulador de datos, storage device
dispositivo de alarma, alarm device, warning device
dispositivo de almacenamiento de datos, data storage device
dispositivo de bloqueo, locking device, blocking device
dispositivo a campo cruzado, crossed field device
dispositivo de criptar conversación, speech scrambler
dispositivo de cronometración, timing device
dispositivo detector de errores, error sensing device
dispositivo de entrada, input device
dispositivo en estado sólido, solid state device
dispositivo de fijación, clamping device
dispositivo de lectura, sensing device; read-out; reader; reading mechanism
dispositivo de lectura de cinta, tape reader
dispositivo de lectura y de impresión, read–write head
dispositivo de lectura de tarjetas perforadas, punched card reader
dispositivo de liberación, disconnector release
dispositivo limitador, limiting device
dispositivo localizador de averías, fault finder
dispositivo de medida, measuring device
dispositivo monitor, monitoring device
dispositivo paramétrico, parametric device
dispositivo protector, protective device
dispositivo refrigerante, cooling system
dispositivo de regulación, regulating device
dispositivo de reposición a cero, zero resetting device
dispositivo de seguridad en caso de avería, fail-safe device
dispositivo sujetador o de sujetación, locking device, clamping device
dispositivo de terminación de dos hilos, two-wire terminating set
dispositivo de velocidad variable, variable speed device
dispositivo YIG, YIG device
dispositivos calculadores, computing devices
disruptiva, breakdown
distancia, range, distance
distancia de correlación, correlation distance
distancia eléctrica, electrical distance
distancia entre ejes, center distance
distancia entre puntos, needle gap
distancia focal, focal length, distance
distancia de imagen, image distance
distancia en línea recta, crow-fly distance
distancia radár(ica) al blanco, radar range
distancia real, slant range
distancia de retorno, skip distance
distintivo colectivo de llamada, collective call sign
distintivo indefinido de llamada, indefinite call sign
distintivo de llamada, call sign, call letters
distintivo de llamada internacional, international call sign
distorsión, distortion
(sin) distorsión, linear
distorsión de abertura (apertura), aperture distortion
distorsión de desviación, deviation distortion
distorsión disimétrica (tty, datos), bias distortion (*tty, data*), signal bias
distorsión de fase, phase distortion
distorsión fortuita (tty, datos), fortuitous distortion (*tty, data*)
distorsión de frecuencia, frequency distortion
distorsión harmónica o armónica, harmonic distortion
distorsión de imagen, image distortion
distorsión de impulso, pulse distortion
distorsión irregular (tty, datos), fortuitous distortion (*tty, data*)
distorsión lineal, linear distortion
distorsión no lineal, non-linear distortion
distorsión oblicua (facs), skew (*facs*)
distorsión de polarización (tty, datos), bias distortion (*tty, data*)
distorsión de retardo, delay distortion
distorsión sin desviación, nondeviated absorption
distorsión sistemática, systematic distortion
distorsión total, total distortion
distorsionar, to distort
distribución de alternada, interlacing
distribución del campo en la abertura, aperture illumination
distribución de frecuencias, frequency allocation
distribución de grupos, group allocation
distribución de probabilidad, probability distribution
distribución (de) Rayleigh, Rayleigh distribution
distribución de tráfico, distribution of traffic
distribuidor, distributor, distribution frame, divider
distribuidor de cifras, digit distributor

distribuidor intermediario de líneas, line intermediary distribution frame (LIDF)
distribuidor de llamadas, allotter, call distributor
distribuidor telegráfico, telegraph distributor
disyuntamiento de sobrecorriente, overcurrent tripping
disyuntor, circuit breaker, cutout
disyuntor de fusible, fuse cutout
disyuntor de seguridad, limit switch
disyuntor termal o térmico, thermal cutout
divergencia, divergence
diversidad, diversity
diversidad de espacio, space diversity
diversidad de frecuencia, frequency diversity
dividido, divided, split
división de la fase, phase splitting
(con) división automática, self-indexing
divisor, divider
divisor de carga, load divider
divisor de fase, phase splitter
divisor de frecuencia, frequency divider
divisor de potencia, power divider
divisor de potencial regulable, adjustable voltage divider
divisor regenerativo, regenerative divider
divisor de tensión regulable, adjustable voltage divider
divisor de voltaje, voltage divider
doblador de tensión, voltage doubler
(de) doble acción, double-acting
doble contacto, twin contacts
doble diodo, double diode
(de) doble efecto, double-acting
doble perillo, double dog (switching)
dominio anódico, anode region
dominio catódico, cathode region
dosimetría, dosimetry
dosímetro, dosimeter
dosímetro de irradiaciones, radiation dosimeter
ducto, conduit
ducto atmosférico, atmospheric duct
ducto de onda, wave duct
duplex, duplex
duplex completo, full duplex
duplexado, duplexing
duplexaje, duplexing
duplicador de frecuencia, frequency doubler
duración, duration, life, time or term (e.g. long term, short term), length of time
duración del acceso, access time
duración de amortiguamiento del impulso, pulse decay time
duración de cierre, locking time
duración de debilitamiento del impulso, pulse decay time
duración del establecimiento, rise time, build(ing) up time
duración del establecimiento del impulso, pulse rise time
duración de exploración de línea, trace interval
duración en funcionamiento, operational life
duración del impulso, pulse width, pulse duration, pulse length, pulse time
duración máxima de una conversación, maximum duration of a call
duración de media amplitud, half-amplitude duration
duración de servicio, service life
duración de vida útil, service life

ebonita, hard rubber
ebullidor, ebullator
ebullómetro, ebulliometer
eco, echo
eco lateral, side echo
eco permanente, permanent echo
ecos de mar (radar), sea return (*radar*)
ecuación, equation
ecuación diferencial, differential equation
ecuación lineal o de primer grado, linear equation
ecuación de segundo grado, quadratic equation
efectivo, effective
efecto angular, corner effect
efecto (de) Barkhausen, Barkhausen effect
efecto de captación, capture effect
efecto de carga espacial, space-charge effect
efecto de constricción, pinch effect
efecto corona, corona effect or discharge
efecto dinatrón, dynatron effect
efecto (de) Doppler, Doppler effect
efecto de flanqueo, flanking effect
efecto fotoeléctrico, photoelectric effect
efecto fotovoltaico, photovoltaic effect
efecto de granalla, shot effect
efecto (de) Gunn, Gunn effect
efecto (de) Hall, Hall effect
efecto de imagen (ant), image effect (*ant*)
efecto (de) Kelvin, skin effect, Kelvin effect
efecto de lente, lens effect
efecto de mano, body capacitance
efecto de Miller, Miller effect
efecto de Nernst, Nernst effect
efecto nocturno, night effect
efecto de noche, night effect
efecto ondulatorio, flutter
efecto pelicular, skin effect
efecto piezoeléctrico, piezoelectric effect
efecto (de) Pockel, Pockel's effect
efecto de proximidad, proximity effect
efecto relativo de interferencia, relative interference effect
efecto de saturación, saturation effect
efecto (de) Schottky, Schottky effect
efecto superficial, skin effect
efecto térmico, thermal effect

efecto termoeléctrico, thermoelectric effect
efecto de trayectos múltiples, multipath effect
efecto trémulo, flutter effect, flutter
efecto (de) túnel, tunnel effect
efecto volante, flywheel effect
efecto de Volta, Volta effect
efecto de Zener, Zener effect
efectos secundarios (segundarios), secondary effects
efemérides, ephemeris
eficiencia de radiación, radiation efficiency
efluvio, glow
eje, shaft, axial, axis; pin
eje de banda estrecha, narrow band axis
eje eléctrico, electrical axis
eje imaginario, imaginary axis
eje de levas, camshaft
eje magnético, magnetic axis
eje nulo, null axis
eje de ordenadas, ordinate axis
eje polar, polar axis
eje principal, principal axis
eje de revolución, axis of revolution
eje secundario (segundario), secondary axis
eje de visación, line of sight (LOS)
eje de las Y, Y axis
ejemplar, sample
ejercicio, maintenance (wide meaning)
elaboración, processing, working up of material
elaboración continua, continuous processing
elaboración de (los) datos, data processing
elaboración por lotes (datos), batch processing *(data)*
elaboración de señal, signal conditioning
elaborador, processor
ele, elbow
electricidad negativa, negative electricity
electricidad positiva, positive electricity
electroaccionar, to operate
electrodo, electrode
electrodo de aceleración, accelerating electrode
electrodo activo, active electrode
electrodo auxiliar, auxiliary electrode
electrodo colector, collector electrode
electrodo de contacto, contact electrode
electrodo de control, control electrode
electrodo desacelerante, decelerating electrode
electrodo de descarga, discharge electrode
electrodo de desviación, deflecting electrode
electrodo de emisión secundaria, reflecting electrode
electrodo de emisor, emitter electrode
electrodo de encendido, starting electrode
electrodo de enfoque, focusing electrode
electrodo de entrada, input electrode
electrodo formador de haz, beam forming electrode
electrodo de mando, control electrode
electrodo de modulación, modulating (modulation) electrode
electrodo posacelerador, intensifier electrode
electrodo recogedor, catcher (klystron)
electrodo de repulsor(a), repeller plate
electrodo a tierra, grounding electrode
electrofiltro, electric filter
electroimán, electromagnet, magnet
electroimán de campo, field magnet
electroimán de elevación, lifting magnet
electroimán de embrague, electroimán de enganche, clutch magnet
electroimán de liberación, release magnet
electrólisis, electrolysis
electrolítico, electrolytic, galvanic
electrólito, electrolyte
electroluminiscencia, electroluminescence
electrómetro, electrometer
electromagnético, electromagnet(ic)
electromagnetismo, electromagnetism
electrón de conducción, conduction electron
electrón para llenar lagunas (huecos), hole electron
electrón periférico, valence electron
electrón positivo, positive electron
electrón primario, primary electron
electrón segundario, secondary electron
electrón de valencia, valence electron
electrón-voltio (EV), electron-volt
electrones libres, free electrons
electrónica, electronics (electronic)
electrónica molecular, molecular electronics
electronivoltímetro, electronic voltmeter
electroscopio, electroscope
electroselector, selecting magnet
electrostática, electrostatic(s)
elegir, to select, to choose
elemento, component, element
elemento aceptante o aceptador, acceptor element
elemento activo, active element
elemento alineal, non-linear element
elemento de almacenaje (almacenamiento) (datos), cell; storage element *(data)*
elemento de arranque (tty, datos), start element *(tty, data)*
elemento calentador o de caldeo, heating element
elemento de circuito, circuit element
elemento constructivo, constructional element
elemento de control, control or controlling element
elemento de datos, data element
elemento de decisión, decision element
elemento donante, donor element
elemento excitado, driven element
elemento de fuerza, counter EMF cell
elemento de imagen, picture element
elemento irreversible, irreversible element
elemento de lectura, sensing element

elemento de mando, control element, controlling element
elemento de medida, measuring element
elemento de memoria (datos), cell, storage element (*data*)
elemento de motor, motor element
elemento de parada, stop element
elemento parasítico (ant), parasitic element (*ant*)
elemento pasivo, passive element
elemento de programa, program element
elemento radiante, radiating element
elemento de regulación, regulating element
elemento de resistor, resistor element
elemento de señal, signal element, code element, unit interval
elemento sintonizador, tuning element
elemento de transición, transition element
elemento unidireccional, unidirectional element
elemento unitario, unit element
elementos, component parts
elementos de señal sucesivos, sequential signal elements
elevación, rise; elevation
elevación de frente de bastidor, rack face elevation
elevación frontal, front elevation
elevación posterior, rear elevation
elevador de voltaje, booster
elevar, to step up
elevar de voltaje, to boost
elevarse, to rise
eliminador wave trap
eliminador de electricidad estática, static eliminator
eliminador de interferencias, interference filter
eliminador de parásitos, noise suppressor
eliminar defectos, to rectify (e.g. defects)
eliminar los defectos, to 'debug'
elíptico, elliptic, elliptical
emanar de, to originate at
embalaje, packing
embarque, shipment
émbolo (conmut), plunger (*switch*)
embrague, clutch
embrague de fricción, friction clutch
embrague magnético, magnetic clutch
embrague mecánico, mechanical clutch
emisión, transmission, emission
emisión del campo, field emission
emisión de detención, stop signal
emisión electrónica, electron emission
emisión de fase, phasing signal
emisión no deseada, unwanted emission
emisión de puesta en fase, phasing signal
emisión primaria, primary emission
emisión secundaria, emisión segundaria, secondary emission
emisión termiónica, thermionic emission
emisor, transceiver; emitter, transmitter
emisor diferencial de sincro, synchro differential transmitter
emisor indicador, emisor indicativo, answer back
emisor mayoritario, majority emitter
emisor semiconductor, semiconductor emitter
emisor de sonido (tv), aural transmitter (*tv*)
emitir, to emit; to send, transmit
empalmador, connector
empalme, joint, junction, interface; cable splice
empalme cubierto, shielded joint
empalme para manguera, hose coupling
empaque, gasket
empaquetadura, gasket
emparejado, pairing
emplazamiento, site, emplacement
(de) empleo múltiple, all purpose
empotrado, built-in
encabezamiento, heading, header (of a message)
encaminamiento, route, routing
encaminamiento alternativo, alternate route or routing
encaminar, to route (traffic)
encapsulación, encapsulation
encender, to turn on, to light
encendido, ignition; 'on'
encerrado, enclosed
enclavamiento, locking, interlock
enclavamiento de seguridad, safety interlock
enclavar, to lock
encripción, encryption
encripción automática del enlace entero, link encription
encriptor, encryption, encrypting
enchufable, plug-in
enchufador, telescoping
enchufar, to plug in
enchufe, socket, plug
enchufe de banano, banana plug
enchufe polarizado, polarized receptacle
enderezador, transrectifier
energía, energy
energía (p.e.: alimentación de energía), power (e.g. power supply)
energía cinética, kinetic energy
energía de disociación, dissociation energy
energía de ionización, ionization energy
energía en la línea, power on
energía primaria, primary power
energía radiada, radiated energy
energía radiante, radiation energy
energía de salida, output, power output
en fase, in phase
énfasis, emphasis
enfocar, to focus
enfoque, focus
enfoque electrostático, electrostatic focusing
enfoque PM, PM focusing

enfoque PPM, PPM focusing
enfriado por agua, water cooled
enfriado por aire, air cooled
enfriamiento, cooling
enfriamiento por aceite, oil cooling
enfriamiento por aire, air cooling
enfriamiento por aire natural, natural air cooling
enfriamiento por aire a presión, forced air cooling
enfriamiento por agua, water-cooling
(con) enfriamiento natural, self-cooled
enganchar, to hook, to latch
enganche, latch; lock
engaño electrónico, electronic deception
engaño de radio, radio deception
engranaje, gear, gearing
engranaje de giro, bull gear
engranaje sin fin, worm gear
engranar, to engage
engrane, gear
engrasar, to grease
enlace, link, trunk
enlace de anotaciones, recording trunk
enlace común, common trunk
enlace de datos, data link
enlace directo, tie line
enlace magneto, ring down trunk
enlace de radio, radio link
enlace de retención, holding trunk
enlace telefónico, telephone link
enlace de televisión, television link
enlace de transferencia, transfer trunk
enlaces de salida, outgoing trunks
enlazamiento, trunking
enmascarante, masking
enrutamiento, routing
enrutamiento directo, direct route or routing
ensamblado, built-in; assembly; assembled
ensamblar, to assemble
ensamble, assembly; joining, coupling
ensanche de banda, bandspread
ensanche de forma de onda, spreading wave form
ensayo, test
ensayo de aislamiento, insulation test
ensayo de apreciación, random sampling
entintador, inker
entrada, input; gate
entrada desequilibrada, unbalanced input
entrada diferencial, differential input
entrada de 'O', OR gate
entrada de 'Y', AND gate
entradas de los circuitos de alarma, alarm inputs
entramado, raster
entrecierre, interlock
entrecortada, intermittent
entrefases (generador), interphase (generator)
entrehierro, gap, air gap
entrehierro de contacto, contact gap
entrelazamiento de impulsos, pulse interleaving
entrepaño, bay
entropía, entropy
envejecimiento, aging
envoltura, envelope; housing
envoltura de cables (estación terrestre), cable wraps
envoltura o envolvente de modulación, modulation envelope
envoltura moduladora, modulating envelope
envoltura de onda (de) señal, signal-wave envelope
envoltura de plomo, lead wrapped
envolvente, envelope
envolvente de onda de señal, signal-wave envelope
envolver, to wrap up
equilibrado, balance, balanced
equilibrador, equalizer, balancing network
equilibrador de atenuación, attenuation equalizer
equilibrador medio, compromise network
equilibrador de nivel, level compensator, level equalizer
equilibrador ómnibus, compromise network, compromise balance
equilibrador de precisión, precision network
equilibrar, to equalize, to match
equilibrio, equalization, balance; equilibrium
equilibrio diferencial, hybrid balance, differential balance
equilibrio híbrido, hybrid balance
equilibrio de impedancias, impedance matching
equipo, equipment
equipo de abonado, subscriber set
equipo común, common equipment
equipo de línea, line equipment
equipo en línea, on-line equipment
equipo de modulación de grupo, group translating equipment, group modulating equipment
equipo multicanal, equipo multiplex, multiplex equipment, multiplexer
equipo de prueba(s), test equipment
equipo receptor, equipo de recepción, receiving equipment
equipo de reserva, equipo en reserva, standby equipment
equipo secuencial, sequencing equipment
equipo a selección automática, automatic dialing system
equipo de supervisión, supervisory equipment
equipo telefónico, inside plant; telephone equipment
equipo terminal, terminal equipment
equipo de transmisión de datos, data transmission equipment
equipo de traslación de canal, channel translating equipment

equipo de traslación de grupo, group translating equipment
equipo de vigilancia, supervisory equipment
equipotencial, equipotential
equivalente, net loss, net gain
equivalente de articulación, articulation equivalent
equivalente de circuito, circuit equivalent
equivalente efectivo de transmisión, transmission equivalent
equivalente mínimo admisible, minimum equivalent
equivalente de referencia, volume equivalent, reference equivalent
equivalente relativo, relative equivalent
equivalente de repetición, repetition equivalent
ergio, erg
errático, erratic
error, error
error absoluto, absolute error
error de ángulo de fase, phase angle error
error de dirección, misrouting
error de escala, scale error
error heredado, inherited error
error relativo, relative error
error residual, residual error
esbozar, to sketch
esbozo, sketch
escala, scale
(**sin**) **escala,** no stop, non-stop
escala absoluta, escala (de) Kelvin, Kelvin scale, absolute temperature scale
escala binaria, binary scale
escala de brillo, luminance scale
escala de calibración, calibration scale
escala cromática, color scale
escala de diagrama, chart scale
escala de espejo, mirror scale
escala gráfica, graphic scale
escala lineal, linear scale
escala no lineal, non-linear scale
escalera, ladder
escalonamiento de frecuencias, frequency staggering
escape de portadora, carrier leak
escintilación, scintillation
escoba, brush
escoba pequeña, line wiper
escobilla, brush, wiper
escobilla de alambre, wire brush
escobilla colectora, collector brush
escobilla doble, two conductor wiper
escobilla de línea, switch wiper, line wiper
escobilla superior de línea, upper line wiper
escobilla vertical, vertical wiper
escotadura de flecha, plunger slot
escribir, to write
escucha entre señales, break-in
esfera, dial
esfuerzo, stress, force
esfuerzo dieléctrico, dielectric stress
esfuerzo eléctrico, electric stress
esfuerzo de llamada, call attempt
esfuerzo de tracción, pull
eslabonamiento (mec), linkage (*mech*)
esmalte, enamel
espaciado, spacing
espacimiento de canales, channel spacing
espacio, gap, space; also space as in mark & space (*tty*)
espacio de aceleración, acceleration space
espacio de agrupamiento o de corrimiento, drift space
espacio anular, annular space
espacio de fase, phase space
espacio libre (mec), clearance (*mech*)
espacio obscuro anódico, anode dark space
espacio obscuro catódico, cathode or Faraday dark space
espacio obscuro de Faraday, Faraday dark space
espacio de reflexión, reflector space
espalda-a-espalda, back-to-back
especificación, specification, rating
espectro, spectrum
espectro continuo, continuous spectrum
espectro electromagnético, electromagnetic spectrum
espectro de frecuencias, frequency spectrum
espectro de interferencia, interference spectrum
espectro de radiofrecuencias, radio frequency spectrum
espectro de ruido, noise spectrum
espectrógrafo, spectrograph
espectroscopia, spectroscopy
espectroscopio, spectroscope
espejo, reflector, mirror
espera, hold; delay
espera promedia, average delay
espesor, thickness
espira, turn (winding); loop; helix; spiral line; single turn (coil)
espuria, spurious
esquema, diagram, scheme, outline
esquema de o en bloque(s), block diagram
esquema de cables y troncales (troncos), cable and trunk schematic
esquema de circuitos, circuit diagram
esquema de conexiones eléctricas, wiring diagram
esquema de montaje, layout
esquema de utilización, allocation scheme
estabilidad, stability
estabilidad estática, steady state
estabilidad de frecuencia, frequency stability
estabilidad transitoria, transient stability
estabilización de frecuencia, frequency stabilization
estabilizado de corrimiento, drift stabilized
estabilizador, stabilizer
estabilizar, to stabilize

establecer una comunicación, to establish a connection
estación aeronáutica, aeronautical station
estación de aeronave, estación de avión, aircraft station
estación de barco, ship station
estación cabeza de línea internacional, international exchange
estación corresponsal, distant office
estación costera, coast(al) station
estación de destino, office or station of destination
estación de emisión, radio transmitting station
estación esclava, slave station
estación fija o estacionaria, fixed station
estación inatendida, unattended station
estación intermedia, intermediate exchange office
estación localizadora, localizer station
estación de origen, station of origin, originating exchange
estación principal, main exchange office
estación de prueba, boresight
estación de radio, radio station
estación de radiofaro direccional, homing beacon
estación repetidora, repeater
estación (o buque) responsable, radio guard
estación secundaria, estación segundaria, minor exchange
estacionario, stationary
estadística(s), statistics
estadística(s) de tráfico, traffic statistics
estado de energía, energy state
estado de mantenimiento, maintenance status
estado neutral, neutral state
estado quiescente, quiescent state
estado de régimen, steady state
estado de reposo, quiescent state (space in tty)
estado de saturación, saturation
estado de la técnica (del arte), state-of-the-art
estador, stator
estanco, waterproof
estante, shelf
estante de baterías, battery rack
estañar, to solder
estaño, solder, tin
estar adelantado en fase, to lead (in phase)
estar de reposo o normal, to be at normal (position)
estar disintonizado, out-of-tune (to be)
estática, static
estator, stator
esteatita, steatite
estereofónico, stereophonic
estirado sólido en frío, hard drawn
estrella, spider
estroboscopio, stroboscope
estudio, study, survey; studio
estudio de factibilidad, feasibility study
estudio preliminar, preliminary study
estudio topográfico, survey (for path profiling)
estufa, oven
etapa, driver; stage
etapa de aislamiento, buffer stage
etapa de amplificación de voltaje, voltage amplifier stage
etapa amplificadora, amplifying stage
etapa de contrafase, push–pull stage
etapa conversora, mixing stage, conversion stage
etapa de entrada, input stage
etapa de frecuencia intermedia (FI), intermediate frequency stage, IF stage
etapa de inserción cc (tv), dc inserter stage (*tv*)
etapa de modulación, modulation stage
etapa modulada, modulated stage
etapa multiplicador(a), multiplier stage
etapa de potencia, power stage
etapa de salida, output stage
etapa separadora, buffer stage, isolator
etapa tampón, buffer stage, isolator
etapa unitaria, unit step
etapas de conmutación, switching stages (steps)
etapas de preselección, preselection stages (steps) (*switch*)
etiqueta, label
etiquetado, labeled
evaluación técnica, technical evaluation
exactitud, accuracy
excedente, excess
excéntrica, excéntrico, cam
exceso, excess
excitación, excitation
excitación por choque, shock excitation
excitación en derivación, shunt excitation
excitación por grados, step-by-step excitation
excitación de impulsos, impulse excitation
excitación independiente, separate or independent excitation
excitación paramétrica, parametric excitation
excitación en serie, series excitation
excitado, energized
excitado al máximo, fully energized
excitador, exciter
excitadora, driver
excitar, to excite, to energize
excitatriz, exciter
excursión, excursion
excursión de frecuencia, frequency swing or excursion
existencias, stock (supply)
expansión (de) Fourier, Fourier expansion
expansor, expander
exploración, scan, scanning, raster, sweep, search (*radar*), exploration
exploración al azar, random hunting
exploración de campo, field scan

exploración entrelazada, interlaced scanning
exploración intercalar, exploración intercalada, interlaced scanning
exploración lineal, linear scanning
exploración mecánica, mechanical scanning
exploración progresiva, progressive scanning
exploración rectangular, rectangular scanning
exploración rectilineal, rectilinear scanning
exploración por sectores, sector scanning
exploración en serie o secuencial, sequential hunting
explorador, scanner
explorador visual, visual scanner
explorar, to scan, to explore, to hunt
explosión de color, color burst
explotación, operation, working
explotación automática, fully automatic working
explotación por cierre de circuito o por envío de corriente, open circuit working
explotación por corriente doble, polar current working (keying)
explotación por corriente simple, neutral current working (keying)
explotación por corte de corriente, closed circuit working
explotación en duplex, duplex working
exponencial exponential
exponente, index, exponent (math)
expresor, compander
extensión en fase, phase space
extensión (de) umbral, threshold extension
exterior, out door, out-of-doors
extinguir, to extinguish, to quench
extintor, fire extinguisher
extralimitación, override
extrapolar, to extrapolate
extremo, end, extreme (e.g. as in distant end or far end of a circuit)
extremo cerrado (de un cable), dead end (of a cable)
extremo lejano, far end (of a circuit)

FEA (frecuencia extremadamente alta), EHF (extremely high frequency)
FEM (fuerza electromotriz), EMF, e.m.f. (electromotive force)
FI (frecuencia intermedia), IF (intermediate frequency)
FSE (frecuencia superelevada), SHF (super high frequency)
fabricación, processing
facilidades, facilities
facsímile, facsimile
factor, factor
factor de amortiguamiento, damping factor, damping coefficient
factor de amplificación, amplification factor
factor de amplitud, crest factor
factor de blindaje, shield(ing) factor
factor de capacidad, use factor
factor de consumo (eléc), demand factor (*elec*)
factor de corrección, correction factor
factor de corrimiento, drift factor
factor de cresta, crest factor
factor de demanda, demand factor
factor desvatiado, reactive factor
factor de desviación o deflexión, deflection factor
factor diferencial, hybrid balance
factor de disipación, dissipation factor
factor de disminución, derating factor
factor de escala, scale factor
factor de fase característico, phase factor
factor de forma (bobinas), form factor, shape factor
factor de inclinación, skew factor
factor de modulación, modulation factor
factor (de) mu, mu-factor
factor de pantalla, screen factor
factor de pérdida dieléctrica, dielectric loss factor
factor de pérdida de ondas estacionarias, standing wave loss factor
factor de pérdidas, loss factor
factor de peso sofométrico, psophometric weighting factor
factor de ponderación sofométrica, psophometric weighting factor
factor de potencia, power factor
factor de potencia dieléctrica, dielectric power factor
factor de primer orden, first order factor
factor promedio de ruido, average power factor
factor de propagación, propagation factor
factor de proporcionalidad, proportionality constant
factor Q, Q factor
factor reactivo, reactive factor
factor de rectificación, rectification factor
factor de reflexión, reflection factor
factor de ruido, noise figure
factor de ruido de un punto, spot noise figure
factor de seguridad, safety factor
factor de utilización, occupation efficiency, duty factor, load factor, utilization factor
factor de voltaje, voltage factor
factores estacionales, seasonal factors
fading, fading, desvanecimiento
falta de circuito, power off
falta de continuidad, discontinuity, break, open
falla, fault, failure
falla primaria, primary fault
familia de curvas, family of curves
fanotrón, phanotron
fantasotrón, phantasotron
fasaje, phasing
fasamiento, phasing
fase, phase
(en) fase, in phase

fase de acción, fase de actuación, action phase
fase de amplificación, amplifying stage
fase de color, color phase
fase diferencial, differential phase
fase en retardo, lagging phase
fase sincronizada, phase lock or synchronization
fases desequilibradas, unbalanced phases
fases equilibradas, balanced phases
fasitrón, phasitron
fasómetro, phase meter
fatiga, fatigue
fatiga dieléctrica, dielectric fatigue
fecha de instalación, installation date
fechador horario automático, automatic time stamp
fenómeno transitorio, transient
fenómenos transitorios, transient phenomena
feristor, ferristor
ferretería, hardware
ferrita, ferrite
ferroeléctrica, ferroelectric
(**no**) **ferroso,** non-ferrous
fiabilidad, reliability
fiador, ratchet
ficha, plug; ticket, coupon, token
ficha de información, inquiry ticket
ficha de orden, call ticket
fichas, plugs
fidelidad, fidelity
fieltro, felt
figuras de Lissajous, Lissajous figures
fijación, fixing, holding, clamping
fijar, to clamp, to fix; to ascertain, to determine
fijo, stationary, fixed
fila, row
fila de repetidores, repeater bay
filamento, filament
filamento de tungsteno, tungsten filament
filtrado, filtered, filtering
filtrar, to filter
filtro, by-pass, filter
filtro de absorción, notch(ing) filter
filtro de aplanamiento, smoothing filter
filtro de armónicas, o filtro harmónico, harmonic filter
filtro de banda (**guía onda**), sheet grating (*waveguide*)
filtro de banda de bloqueo, band-stop filter
filtro de banda eliminada, band-stop filter
filtro de banda de transmisión, transmission band filter
filtro no calculado, brute force filter
filtro de canal, channel filter
filtro de cavidad sintonizable, tunable cavity filter
filtro en celosía, lattice (type) filter
filtro corrector, line equalizer, equalizer
filtro a cristal, crystal filter
filtro de cuarzo, quartz filter
filtro de desacoplamiento, decoupling filter
filtro direccional, directional filter
filtro eléctrico, (electric) wave filter
filtro de empalme, junction filter
filtro de entrada con condensador, capacitor input filter
filtro de entrada inductiva, choke input filter
filtro de escalera, ladder or lattice filter
filtro de impulsos, impulse filter
filtro para interferencias, interference filter
filtro de línea, line filter
filtro mecánico, mechanical filter
filtro de modo(s), mode filter
filtro de onda eléctrica, electric (wave) filter
filtro de ondas, wave filter
filtro pasa-bajos, low pass filter
filtro de paso bajo, low pass filter, roofing filter
filtro de paso de banda, band pass filter
filtro de paso grupo, through group filter
filtro peine, comb filter
filtro de piloto, pilot pickoff filter
filtro de polvo, dust filter
filtro de radiación, radiation filter
filtro radial (**guía onda**), radial grating (*waveguide*)
filtro de ranura, notch filter
filtro de red, network filter
filtro de ruido, noise filter
filtro de separación, isolation filter, separation filter
filtro para separación de señal, signal separation filter
filtro sintonizado, tuned filter
filtro de supresión de banda, band stop filter
filtro de supresor de banda, band elimination filter
filtro de tránsito, through filter
filtro de unión, junction filter
filtro de velocidad, velocity filter
filtro YIG, YIG filter
finura del barrido, fineness of scanning (sweep)
finura de la red, fineness of scanning
física de estado sólido, solid state physics
flanco posterior, trailing edge (of a pulse)
flanqueo, flanking
flecha (**conmut**), plunger (*switch*)
fleje, 'U' spring
flexible, cord
fluctuación, fluctuation
fluctuante, fluctuating
flujo, flux, flow
flujo concatènado, linkage, linked flux
flujo eléctrico, electric flux
flujo de electrones, electron drift
flujo electrónico, electron flow
flujo magnético, magnetic current or flux
flujo primario, primary flow
flujo de señal, signal flow

fluorescencia, fluorescence
focalización, focusing
focalización de gas, gas focusing
foco, focal point, focus
foco electromagnético, electromagnetic focusing
folleto de instrucciones, instruction manual
fondo, base
fonocaptor, pickup
forma, shape
forma de impulso, pulse shape
forma de onda, wave form, wave shape
forrado de plomo, lead lined
fortran (un lenguaje de programación de datos), fortran
fosdic (dispositivo óptico de lectura de película para entrada a computadores), fosdic (film optical sensing device for input to computers)
fosforescencia, persistence (of luminescence), phosphorescence
fósforo, phosphor
fotocátodo, photocathode
fotocélula, photocell
fotoconductiva, photoconductivity
fotoconductor, photoconductor
fotocorriente, photocurrent
fotodiodo, photodiode
fotoeléctrico, photoelectric
fotoelectrón, photoelectron
fotoemisivo, photoemissive
fotograbado, blueprint
fotogramétrico, photogrammetric
fotometría, photometry
fotómetro, photometer, light meter
fotón, photon
fotonegativo, photonegative
fotopila, photovoltaic cell
fotopositivo, photopositive
fotoresistente, light negative, photoresistant
fotosensible, light positive, photosensitive
fototelegrafía, phototelegraphy
fototransistor, phototransistor
fototubo, phototube
fotovaristor, photovaristor
fotovoltaico, photovoltaic
fracción octal, octal fraction
fractura, failure, break
frecuencia, frequency
frecuencia angular, angular frequency, radian frequency, pulsation
frecuencia de banda lateral, sideband frequency
frecuencia de base de tiempo, time base frequency
frecuencia de batimiento, frecuencia de batido, beat frequency
frecuencia bombeada, frecuencia de bombeo, pump(ing) frequency
frecuencia de canal más alto, top channel frequency
frecuencia central, center frequency
frecuencia cero, zero frequency
frecuencia de corte, cut-off frequency, quench frequency
frecuencia de corte teórica, theoretical cut-off frequency
frecuencia crítica, critical frequency; cutoff frequency
frecuencia de cronometración, clock frequency
frecuencia de cruce, crossover frequency
frecuencia diferencial, beat frequency
frecuencia extremadamente alta, extremely high frequency (EHF)
frecuencia fundamental, carrier frequency, fundamental frequency
frecuencia de grupo, group frequency
frecuencia heterodina, heterodyne frequency
frecuencia de imagen, picture frequency, image frequency
frecuencia de impulsos, pulse or impulse frequency
frecuencia instantánea, instantaneous frequency
frecuencia intermedia (FI), intermediate frequency (IF)
frecuencia de interrupción, quench frequency
frecuencia límite, cutoff frequency
frecuencia límite superior, maximum usable frequency (MUF)
frecuencia de línea (eléc), line frequency (*elec*)
frecuencia de llamada, ringing frequency; signaling frequency
frecuencia de manipulación, keying frequency
frecuencia máxima de manipulación, maximum keying frequency
frecuencia máxima de modulación, maximum modulating frequency
frecuencia media, mean frequency; medium frequency (MF)
frecuencia media de portadora, mean carrier frequency
frecuencia de medida, measurement frequency
frecuencia mínima útil, lowest useful frequency (LUF)
frecuencia de modulación, modulating frequency
frecuencia muy alta (FMA), very high frequency (VHF)
frecuencia muy baja (FMB), very low frequency (VLF)
frecuencia natural, natural frequency
frecuencia nominal, nominal frequency; resting frequency
frecuencia normal, standard frequency
frecuencia de ondulación, ripple frequency
frecuencia óptima de trabajo, optimum working frequency (OWF)

frecuencia óptima de tráfico, optimum traffic frequency (FOT)
frecuencia patrón, standard frequency
frecuencia (de) piloto, pilot frequency
frecuencia portadora, frecuencia de la portadora, carrier frequency
frecuencia primaria, primary frequency
frecuencia propia, natural frequency
frecuencia de pulsación, beat frequency
frecuencia de referencia, reference frequency
frecuencia de referencia de CAF, AFC reference frequency
frecuencia de régimen, rated frequency, nominal frequency
frecuencia de reloj, clock frequency
frecuencia de repetición de impulsos, pulse repetition frequency (PRF), pulse frequency
frecuencia resonante, resonant frequency
frecuencia resultante, beat, beat frequency
frecuencia de rizado, ripple frequency
frecuencia de salida, output frequency
frecuencia de (la) señal, signal frequency
frecuencia de señalización, signaling frequency
frecuencia de socorro internacional, international distress frequency
frecuencia superelevada (FSE), super high frequency (SHF)
frecuencia de trabajo, working frequency, operating frequency
frecuencia de trama (tv), frame frequency, field frequency (*tv*)
frecuencia de transición, crossover frequency
frecuencia ultraelevada (FUE), ultra high frequency
frecuencia (de) umbral, threshold frequency
frecuencia vocal (FV), voice frequency (VF)
frecuencia de voz (FV), voice frequency (VF)
frecuencias muy elevadas (FME), very high frequency (VHF)
frecuencias de llamada, calling frequencies
frecuencias ultraelevadas (FUE), ultra high frequencies
frecuencímetro, frequency meter
frecuencímetro con láminas vibrantes, reed type frequency meter
frecuencímetro de lengüetas, reed type frequency meter
freno magnético, magnetic brake
frente, front, leading edge
frente de onda, wavefront
fresar, to mill
frigorífico, refrigerating
frotador, wiper
frotador de contacto, line wiper, contact wiper, contact brush
frotador posterior, trailing wiper
fuente, source
fuente de alimentación, power supply (*unit*), power pack
fuente (de) bomba, fuente de bombeo, pump source (parametric amplifiers)
fuente de energía, power supply
fuente de energía regulada, regulated power supply
fuente de poder (SA), power supply
fuente de poder de cc (corriente continua) (SA), dc power supply
fuente de poder regulada (SA), regulated power supply
fuente de ruido, noise source
fuente de señal, signal source
fuera de ajuste, out of adjustment
fuera de línea, out of line (out of alignment)
fuera de servicio, out of service
fuerza, refers in general to electric power
fuerza de brazos, manpower
fuerza continua (sin interrupción), no-break power
fuerza contraelectromotriz, counter EMF, e.m.f.
fuerza eléctrica, power, electric power
fuerza electromotriz, electromotive force (EMF, e.m.f.)
fuerza humana, manpower
fuerza imanante, magnetizing force
fuerza magnética, magnetic force
fuerza magnetizante, magnetizing force
fuerza magnetomotriz, magnetomotive force
fuerza mecánica, mechanical force
fuerza motriz, moving power, motive power
fuerza primaria, primary power
fuga, leak, leakage
fuga superficial, surface leakage
función, function
función de acumulación, storage function
función de autocorrelación, autocorrelation function
función de conmutación, switching function
función escalonada, step function
función de onda, wave function
función de paso, step function
función de Poisson, Poisson distribution
función sinusoidal, sine function
función de tiempo, time function
función de trabajo, work function
función de transferencia, transfer function
función de unidades, system function
funcionamiento, behaviour, operating, operation, performance, working
funcionamiento en circuito abierto, open circuit working
funcionamiento defectuoso, mismatch; defective operation
funcionamiento en duplex, duplex operation
funcionamiento lógico, logical operation
funcionamiento periódico, periodic duty
funcionamiento polarizado, polar operation
funcionamiento serial, serial operation
funcionamiento en tampón, floating
funcionar, to operate
funda (tubos), shield

funda de iones, ion sheath
fundación, foundation
fusible, fuse
fusible de alarma, alarm fuse
fusible protector, protective fuse
fusible de ruptura brusca, quick break fuse

GAA (galga americana para alambres), AWG (American wire gauge)
gafas protectoras, goggles, protective glasses
gálbido, templet, pattern, mold
galena, galena
galga ó calibrador B & S (galga de Brown and Sharpe), B & S gauge (Brown and Sharpe gauge)
galga de espesores, thickness gauge
galvánico, galvanic
galvanómetro, galvanometer
galvanómetro aperiódico, aperiodic galvanometer
galvanómetro de Arsonval, d'Arsonval galvanometer
galvanómetro balístico, ballistic galvanometer
galvanómetro diferencial, differential galvanometer
galvanómetro de espejo, mirror galvanometer (reflecting)
galvanómetro de reflexión, reflecting galvanometer
galvanómetro registrador, recording galvanometer
galvanómetro de tangentes, tangent galvanometer
gama, range (especially of frequencies)
gama dinámica, dynamic range
gama de frecuencia(s), frequency range
gama de sintonización, tuning range
gama utilizable, usable range
gama de voltajes, voltage range
ganancia, gain, amplification
ganancia de amplitud, amplitude gain
ganancia de antena dirigida (ant), power gain (*ant*)
ganancia de bucle de realimentación, loop gain
ganancia de conversión, conversion gain
ganancia de corriente, current gain
ganancia diferencial, differential gain
ganancia disponible, available gain
ganancia de diversidad, diversity gain
ganancia efectiva, overall gain, effective gain
ganancia de inserción, insertion gain
ganancia isotrópica, isotropic gain
ganancia neta, net gain
ganancia plana, flat gain
ganancia de potencia, power gain
ganancia de potencia relativa, relative power gain
ganancia relativa de una antena, relative gain of an antenna
ganancia de transferencia, transducer gain
ganancia de voltaje, voltage gain
gancho, hook; shackle
gancho conmutador, hook switch
gas degenerado, degenerate gas
gastos de explotación, operating costs, running charge(s)
gatillo, dog; trigger
gatillo (de) Schmitt, Schmitt trigger
gatillo volante, trigger spring
gato (para levantar grandes pesos), jack (lifting)
gausio, gauss
gaveta de canal, channel drawer
gemela (de dos hilos, de tres hilos), plug (two-way, three-way)
generador amplidino, amplidyne generator
generador armónico, o de armónicas, harmonic generator, or producer
generador de barras (tv), bar generator (*tv*)
generador de base de tiempos, time base generator
generador de corriente alterna, ac generator
generador de corriente continua (cc), dc generator
generador de corriente de llamada, ringing generator
generador de dientes de sierra, sawtooth generator
generador diferencial, differential generator
generador explorador, sweep generator
generador de forma de escalera (tv), staircase generator (*tv*)
generador de formas de onda, waveform generator
generador de frecuencias portadoras, carrier (frequency) generator
generador de función arbitraria, arbitrary function generator
generador de funciones, function generator
generador homopolar, homopolar generator
generador de impulsos, (im)pulse generator
generador de impulsos de selección, gating pulse generator
generador de mira, pattern generator
generador de números al azar, random number generator
generador de onda cuadrada, square wave generator
generador de ondas rectangulares, square wave generator
generador de programa, program generator
generador de relajación biestable, bi-stable multivibrator
generador de ruido al azar, random noise generator
generador de ruidos complejos, random noise generator
generador de senocoseno, sine–cosine generator
generador de señales, signal generator
generador de sinc, sync generator
generador sincro, sincro generator

generador síncrono, synchronous generator
generador síncrono polifásico, polyphase synchronous generator
generador subciclo, subcycle generator
generador de tonos, tone generator
generador trapezoidal, trapezoidal generator
generar, to generate
gerente, manager
geter, getter
gilbertio, gilbert
girar, to rotate
giro, slew, sluing (slewing); turn; swing
giro de cable(s), cable wrap (*satcom, radar*)
girofrecuencia, gyro frequency
glicol, glycol
global, overall
gobernar, to pilot, to control
golpe, stroke
golpe eléctrico, electric shock
golpeteo, thump
goma laca, shellac
goniómetro, goniometer
gozne, hinge
grabación, recording
grabador de cinta, tape deck
grabador de cinta (de) video, video tape recorder (VTR)
grabador magnético, magnetic recorder
gradiente, gradient
gradiente de potencial, potential gradient, voltage gradient
gradiente de temperatura, temperature gradient
grado, grading, grade, degree
grado (de multiplicidad), order (of multiplicity)
grado de confianza, confidence level
grado Kelvin, Kelvin degree
grado de precisión, degree of accuracy
grado de ruido, noise grade
(por) grados, step-by-step
grados eléctricos, electrical degrees
graduación, scaling, scale marks, graduation
graduación de escala, scale division
gradual, serial, gradual
graduar, to calibrate
gráfico, chart, graph, curve, diagram
gráfico de perfil, profile chart
grafito, graphite
(de) gran constante, long time constant
(de) gran radio de acción, long range
granulación, granulation
grapa de empotramiento, expansion bolt
grasa, grease
gravámenes, rates, charges
gravedad específica, specific gravity
grifa, clamp
grillete, shackle
grúa, crane
grupo, group, set, assembly
grupo de base, grupo básico, basegroup
grupo de canales, channel group
grupo de centro, group center
grupo combinable, phantom group
grupo convertidor, motor generator (set), rotary converter
grupo electrógeno, generating set, power unit (supply, generator, etc.)
grupo de enlace, trunk group
grupo de enlazamiento, trunking group
grupo de entrada, instruction word
grupo fantasma, phantom group
grupo fecha–hora, date–time group
grupo generador, generating set
grupo para indicar dirección, address indicating group
grupo indicativo de dirección, address indicating group
grupo individual de troncales, individual trunk (group)
grupo de línea, line group
grupo maestro, master group
grupo moto-generador, motor generator (set)
grupo de pistas, band
grupo secundario, grupo segundario, super group
grupo secundario de base, basic supergroup
grupo de selectores, selector group
grupo de señales, word
grupo suplementario, supplementary group
grupo troncal, trunk group
guardia de radio, radio guard
guerra electrónica, electronic warfare
guía de la flecha, plunger guide
guía (de) onda, waveguide
guía onda dieléctrica, dielectric (wave)guide
guía onda elíptica, elliptical waveguide
guía onda estriada, ridge waveguide
guía onda con placas paralelas, parallel plate waveguide
guía para fabricar piezas idénticas, jig
guía onda radiante, radiating guide
guía onda rectangular, rectangular waveguide
guías axiales, axial leads

hacer en anillo con dos circuitos, loop (to) back one circuit with another
hacer contacto, to make contact
hacer sonar, to ring
harmónica, harmonic
haz, beam
haz de acumulación, holding beam
haz dirigido, radio beam
haz de electrones, electron beam, electron ray
haz electrónico, electron beam
haz-guía de aterrizaje, landing beam
haz iónico, ion beam
haz de lápiz, pencil beam
hebra, strand
hecho de encargo, custom built
hecho a medida, custom built
hélice, helix

helicoidal, helical
helio, helium
hembra de conjuntor, sleeve of a jack, socket (jack)
hendidura, slit, slot
henrímetro, inductance meter
henrio, henry
heptodo, heptodo
hermético, air tight
herramienta telefónica, inside plant, telephone equipment
hertzio, hertz
hertzios (plural), hertz
heterodino, heterodyne
hexodo, hexode
híbrido, hybrid
hidráulico, hydraulic
hidrófugo, waterproof, moisture proof
hidrógeno, hydrogen
hidrómetro, hydrometer
higrómetro, hygrometer
hilo, strand, lead, wire
hilo de anillo, ring (plug, jack)
(de) **hilo arrollado,** wire wound
hilo B, ring (plug, jack)
hilo de bajada o acometida, wire drop
hilo de batería, ring (plug, jack)
hilo blindado, shielded wire
hilo desnudo, bare wire, open wire
hilo estañado, tinned wire
hilo de fase, phase conductor
hilo de llamada, ring lead (wire) (of a tel. plug)
hilo-milla, wire mile
hilo múltiple, stranded wire
hilo de órdenes, orderwire
hilo de puente, jumper connection or wire
hilo recocido, annealed wire
hilo de resistencia, resistance wire
hilo de tierra, ground lead, ground wire
hilo de unión, bonding wire
hilo volante, jumper wire or connection
hilo de vuelta, return wire
hilos de Lecher, Lecher wires
hiperfrecuencia, very high or ultra high frequency
hipersensible, high sensitivity
hipofrecuencia, very low frequency (VLF)
hipovoltaje, undervoltage
hipsógrafo, level recorder
hipsograma, level diagram
hipsómetro, level measuring set, hypsometer, transmission measuring set
histéresis, hysteresis
histéresis dieléctrica, dielectric hysteresis
histéresis magnética, magnetic hysteresis
hombre-hora(s), man-hour(s)
hora activa (tfc), busy hour (*tfc*)
hora activa de un circuito o un grupo de circuitos, circuit busy hour
hora cargada (tfc), busy hour (*tfc*)
hora de expedición, time of origin
hora de Greenwich, Greenwich mean time (GMT)
hora de mayor tráfico (tfc), busy hour (*tfc*)
hora ocupada (tfc), busy hour (*tfc*)
hora ocupada de tiempo consistente (tfc), time consistent busy hour (*tfc*)
hora (de) pico (tfc), busy hour (*tfc*)
hora punta, hora punto (tfc), busy hour (*tfc*)
hora de recepción, time of receipt
hora solar media, Greenwich mean time (GMT)
horas de poco tráfico (tfc), slack hours (*tfc*)
horas de servicio, business hours, hours of service
horas de trabajo, hours of work, working hours, hours of service, business hours
horizonte intermedio, intermediate horizon
horizonte natural, apparent horizon
horizonte óptico, optical horizon
horizonte de radio, radio horizon
horizonte real, true horizon
hormigón armado, reinforced concrete
hornillo, horno, oven
horno de cristal, crystal oven
hueco (transistor), hole
huecos de transporte (cinta), feed holes (tape)
huella, track (computer)
humectación, humidifying
humectar, to damp(en)
humedad absoluta, absolute humidity
humedad relativa, relative humidity
husillo, screw, spindle
huso, spindle

I.F.R.B. (Oficina Internacional de Registro de Frecuencias) (UIT), International Frequency Registration Bureau (ITU)
identificación del canal, channel designator
ignitrón, ignitron
igualación, equalization, equalizing, levelling, matching
igualación de impedancia, impedance match
igualación de niveles, equalization of levels
igualador, equalizer
igualador de fase, phase equalizer or corrector
igualador de pendiente, slope equalizer
igualador de retardo, delay equalizer
igualar, to match, to equalize
iluminador, feed
imagen (tv), picture (*tv*)
imagen (cine), frame, image
imagen cuadriculada, half tone process image
imagen fantasma, ghost
imagen nevada (tv), snow (*tv*)
imagen de televisión, television picture, television image
imán, magnet
imán de barra, bar magnet
imán director, imán de dirección, control magnet
imán de enfoque, focusing magnet

imán permanente, permanent magnet
imán de retención, holding magnet
imanación, magnetization
imanado, energized
imanar, to magnetize, to energize
imantación residual, remanence, residual magnetism
imitancia, immittance
impar, odd (number)
impedancia, impedance
impedancia acoplada, coupled impedance
impedancia anódica, plate impedance
impedancia de avalancha, avalanche impedance
impedancia característica, characteristic impedance, surge impedance, wave impedance
impedancia de carga, load impedance
impedancia de circuito abierto, open circuit impedance
impedancia compleja, complex impedance
impedancia compuesta, lumped impedance
impedancia concentrada, lumped impedance
impedancia de corto circuito, short circuit impedance
impedancia de electrodo, electrode impedance
impedancia de entrada, input impedance
impedancia equilibrada, balanced impedance
impedancia en el extremo transmisor, sending-end impedance
impedancia de fuente, source impedance
impedancia iterativa, iterative impedance
impedancia de línea, line impedance
impedancia negativa, negative impedance
impedancia nominal, nominal impedance
impedancia de placa, plate impedance
impedancia recíproca, reciprocal impedance
impedancia reflejada, reflected impedance
impedancia de salida, output impedance
impedancia de transferencia, transfer impedance
impedancias inversas, inverse impedances
imperfección, imperfection, flaw
impermeable, waterproof
implosión, implosion
impolarizado, unbiased
importe de la tasa, amount of charge (cost)
impresión, print, printout
impresión directa, direct printing
impresor digital, digital printer
impresor electrostático, electrostatic printer
impresor en página, page printer
impresora (en página), print unit, printer (page printer)
impresora de alta velocidad, high speed printer
impresora de hilos, wire printer
impresora de líneas, line printer
impresora monitora, monitor printer
impresora operando en serie, serial printer
imprimir, to print
impulsión de abertura, break impulse or pulse
impulsión de trama, frame pulse
impulso, impulse
impulso de abertura (tty), start signal (*tty*)
impulso actuador, firing impulse
impulso de apertura, break pulse
impulso de blanqueo vertical, vertical blanking pulse
impulso de borrado, blanking pulse
impulso de canal (telm), channel pulse (*telm*)
impulso de cierre, make pulse
impulso de color, color pulse, color burst
impulso de compuerta, gate pulse
impulso de cuadro, frame pulse, framing pulse
impulso dentado, serrated pulse
impulso de desblanquear, unblanking pulse
impulso de desbloqueo, gating pulse, enabling pulse
impulso del disco marcador, dial pulse
impulso de disparo, trigger pulse
impulso de espacio, spacing pulse
impulso de fijación (radar), strobe pulse (*radar*)
impulso fraccionado, serrated pulse
impulso (de) gatillo, trigger pulse
impulso de hacer, make pulse
impulso de hiperamplitud, spike
impulso de impreso, write pulse
impulso o impulsión de cuadrante, dial pulse
impulso o impulsión de lectura, read pulse
impulso maestro de sincronización, master sync(hronization) pulse
impulso de mando, control pulse, directing pulse
impulso de puesta en marcha, start dialing signal
impulso de reposo, space, spacing pulse
impulso (de) RF, RF pulse
impulso de rueda dentada, sprocket pulse
impulso selector, gating pulse, selector pulse
impulso sincrónico, sync pulse
impulso de sincronización, synchronizing pulse
impulso de sincronización de líneas, line synchronizing pulse
impulso supresor, suppressor pulse
impulso de trabajo, mark; make pulse
impulso unitario, unit impulse, step function
impulsos inversos, revertive pulses
impulsos unidireccionales, unidirectional pulses
impureza, impurity
impureza de donador, donor impurity
inactivo, dead
inadaptación, mismatch
incandescencia residual, afterglow
incidencia rasante, grazing incidence
inclinación, slope, gradient; dip; tilt

inclinación de onda cuadrada, square wave tilt
incombustible, fireproof
incorporado, built-in
incremento, increment
indicación, display, pointing, indication
indicador, indicating instrument, dial pointer, display, indicator, readout, index, locator, recorder
indicador del ángulo de antena, antenna angle readout
indicador de caída, drop indicator
indicador de cero, null indicating device, null indicator, null detector
indicador de contacto a tierra, leakage indicator
indicador de enrutamiento, routing indicator
indicador de fin de conversación, clearing signal
indicador luminoso, spot
indicador de llamada, call indicator, drop indicator
indicador de nivel, level indicator
indicador del nivel del agua, water gauge
indicador de ondas estacionarias, standing-wave indicator
indicador óptico, visual indicator
indicador de oscilación a cero, zero beat indicator
indicador de posición, position indicator
indicador de posición en el plano (radar), Plan Position Indicator (PPI) (*radar*)
indicador remoto o telemando, remote indicator
indicador de ruta, routing indicator
indicador de secuencia de fase, phase sequence indicator
indicador de sentido, sense indicator
indicador síncrono, synchro indicator
indicador de sintonización, tuning indicator, magic eye
indicador de sobrecarga, overload indicator
indicador de verificación, check indicator
indicador visual, visual indicator
indicar, to display, to indicate
indicativo de llamada, call sign (signal)
indicativo numérico, numerical code, numerical office code
índice, index, pointer
índice de directividad, directivity index
índice de modulación, index of modulation
índice de refracción, refraction index
índice de ruido, noise figure
inducción, induction, proximity effect
inducción electromagnética, electromagnetic induction
inducción electrostática, electrostatic induction
inducción de saturación, saturation induction
inducción telegráfica, cross fire
inducido, induced; armature, rotor
inducido dentado, slotted armature
inducido externo, external armature
inducido de motor, motor armature
inductancia, inductance
inductancia distribuida, distributed inductance
inductancia mutua, mutual inductance
inductancímetro, inductance meter
inductividad, inductivity
inductivo, inductive, inductance
inductor, exciter, inducing, inductor
inductor RF, RF choke
inductor variable, variable inductor
inequilibrio resistivo, resistive unbalance
inercia, response time, inertia
inercia electromagnética, electromagnetic inertia
inerte, sluggish, inert
inestabilidad, instability, jitter
inestabilidad de impulso, pulse jitter
inestable, unstable
infinidad, infinity
infinito, infinite
información, information, intelligence
información de imagen, picture information
información de salida, output, output intelligence
informe, report (e.g. written report)
infrarrojo, infra red
ingeniería, engineering
ingeniería civil, civil engineering
ingeniería eléctrica, electrical engineering
ingeniería de equipos, equipment engineering
ingeniería de instalaciones, field engineering, plant engineering
ingeniería mecánica, mechanical engineering
ingeniería de planta, plant engineering
ingeniería de sistemas, system engineering
ingeniería de telecomunicaciones, telecommunications engineering
ingeniería de transmisión, transmission engineering
ingeniero de campaña, field engineer
ingeniero de emplazamiento, field engineer, site engineer
ingeniero eléctrico, electrical engineer
ingeniero de instalaciones, field engineer
inhibidor catódico, cathode inhibitor
iniciar, to initiate
inoperante, inoperative
inoperativo, inoperable
insensibilidad, insensitivity
insensible, unaffected
insertar, to insert (e.g. to drop and insert)
inservible, unserviceable
insonoro, soundproof
instalación, installation, equipment, plant, facility
instalación de abonado con extensiones, PBX (private branch exchange)

instalación de corriente alterna, ac system
instalación de selección automática, automatic dialing system
instalación semiautomática, semiautomatic plant, installation
instalación de translación, repeating installation
instalar, to install
instantáneo, instantaneous
instante, instant, moment
instante característico de modulación, characteristic instant of modulation
instrucción, instruction, order
instrucción alfanumérica, alphanumeric instruction
instrucción condicional, conditional instruction
instrucción de rama (datos), branch instruction (*data*)
instrucciones de servicio, service instructions
instrumentación, instrumentation; gear
instrumental, instrumentation (pref.)
instrumento de cuadro móvil, moving coil instrument
instrumento de hierro móvil, iron vane instrument, moving iron instrument
instrumento patrón, standard unit (instrument)
integración en escala grande (ic), LSI (large scale integration) (ic)
integración en escala media (ic), MSI (medium scale integration) (ic)
integrador, integrator
integral, integral
integral con, built-in
integrante, integral with, integrating
integrar, to integrate
inteligencia artificial, artificial intelligence
inteligibilidad, intelligibility; articulation
inteligibilidad de las frases, phrase intelligibility
inteligibilidad relativa, relative articulation
intensidad, intensity
intensidad acústica, loudness
intensidad de campo, flux density, field strength
intensidad de campo de radio, radio field intensity
intensidad luminosa en bujías, candlepower
intensidad de radiación, radiation intensity
intensidad de saturación, saturation intensity
intensidad de señal, signal strength
intensidad sonora, sound intensity
intensidad de tráfico, intensity of traffic, traffic density, traffic load
interacción mutua, mutual interaction
intercalación, interlacing
intercalador, collator
intercalar, to plug-in, to insert
intercambiable, interchangeable, plug-in
intercambiador de calor, heat exchanger
intercambiador térmico, heat exchanger
intercierre de seguridad, interlock, safety interlock
interconexión, interconnection, back-to-back; patching
interconexión por cordones, patching
interetapas, interstage
interferencia, interference
interferencia armónica, harmonic interference
interferencia del canal adyacente, adjacent channel interference
interferencia entre canales, interchannel interference
interferencia común, cochannel interference
interferencia dañosa, harmful interference
interferencia electromagnética, electromagnetic interference
interferencia intencionada, jamming
interferencia intersímbolo, intersymbol interference
interferencia mutua, mutual interference
interferencia natural, natural interference
interferencia radiada, radiated interference
interferencia de radiodifusión, BCI (broadcast interference)
interferencia radiofónica o de radio, radio interference
interferencia transversa, transverse interference
interferir, to interfere
interfono, intercommunication system
intermediario, intermediary
intermedio, intermediary
intermitente, discontinuous, erratic, intermittent
intermodulación, intermodulation
interpolación de vox (véase TASI), speech interpolation
interpolar, to interpolate
interrogador, interrogator
interrumpir, to interrupt, to cut off
interrupción, interruption, disconnection, failure; chopping
interrupción retardada, slow release
interruptor, switch, circuit breaker, cut-off switch; by-pass
interruptor abertura–cierre, break and make switch
interruptor de acción rápida o brusca, quick make switch
interruptor accionado por leva, cam-operated switch
interruptor automático, circuit breaker, automatic cutout, automatic circuit breaker
interruptor auxiliar, auxiliary switch
interruptor de botón de presión, push-button switch
interruptor cíclico, gating switch
interruptor de control, control switch

interruptor de corriente de llamada, ringing interrupter
interruptor de cuchillo, knife switch
interruptor de dos vías, double throw switch
interruptor de enclavamiento, interlock switch
interruptor fotoeléctrico, photoelectric chopper
interruptor limitador, limit switch
interruptor de línea, line switch
interruptor maestro, master switch
interruptor magnético, magnetic switch
interruptor mandado por leva, cam-operated switch
interruptor de mercurio, mercury switch
interruptor de oblea, wafer switch
interruptor periódico, chopper
interruptor de posición, position switch
interruptor de potencia, power switch
interruptor de presión, press switch
interruptor primario, primary disconnecting switch
interruptor principal, master switch
interruptor de puerta, gating switch
interruptor de pulsador, push-button switch
interruptor pulsador o pulsativo, chopper
interruptor de resorte, snap switch
interruptor rotativo, chopper, rotary switch
interruptor de ruptura brusca, quick break fuse; quick break switch
interruptor silenciador, muting switch
interruptor sincronizador, synchronizing switch
interruptor de sobrecarga, overload switch
interruptor de sobrecarrera, over-travel switch
interruptor térmico, thermal switch
interruptor de tiempo, time delay switch
interruptor de tiempos, time switch
interruptor de una vía, single throw switch
interruptor vacuoaccionado, vacuum switch
interruptor de vía única, single throw switch
interruptor de volquete, toggle switch
interruptor de voltaje, voltage cut-out
interruptores acoplados, gang switch
intervalo, gap; interval
intervalo de carga, charging interval
intervalo de contorno, contour interval
intervalo entre impulsos, de impulsos, pulse interval, pulse spacing
intervalo Nyquist, Nyquist interval
intervalo de reflexión radárica, radar reflection interval
intervalo de reposición, resetting interval
intervalo de señal, unit interval
intervalo de tiempo, time interval
intrarreacción inversa, inverse feedback
intrínseco, intrinsic
introducir una clavija, to plug-in
inversa de cresta, peak inverse (e.g. voltage, current, etc.)
inversión, inversion
inversión de cifras (tty), figures shift (*tty*)
inversión de corriente, current reversal, reversal of current
inversión de fase, phase inversion, phase reversal
inversión de la imagen, reversal (of image)
inversión de letras (tty), letters shift (*tty*)
inversión oral, inverted speech
inversión de temperatura, temperature inversion
inverso, reverse
inversor, inverter, commutator
inversor de corriente, change-over switch
inversor de fase, phase inverter
inversor de habla (voz), speech inverter
inversor de polaridad o de polos, change-over switch
inversor de transistor, transistor inverter
invertidor, inverter
inyectar, to inject
ión, ion
ionización, ionization
ionización esporádica E, sporadic E ionization
ionización térmica, thermal ionization
ionosfera, ionosphere
ir, to work; to go
iris, iris
irradiación primaria, primary radiation
irradiador (ant), radiator (*ant*)
irradiador isotrópico (ant), isotropic radiator (*ant*)
irradiar, to emit, radiate
irregular, irregular, erratic
irregularidad de impedancias, impedance irregularity
irreversible (mec), one way, non-reversible (*mech*)
isocronismo, isochronism
isócrono, isochronous
isólito, isolith
isótopo, isotope
isotrópico o isótropo, isotropic
iteración, iteration
(de) izquierda a derecha, clockwise

jack, jack
jack de conexión, connecting jack
jack de línea, line jack
jack local, local jack
jack de llamada, calling jack
jack monitorado, jack monitor, bridging jack, monitoring jack
jack de ocupación, break jack
jack pasador, jack de pasador, pin jack
jack polarizado, polarized jack or plug
jack de prueba, test jack
jack de ruptura, break jack
jacks de conmutación, switch(ing) jacks
jacks de corte, terminating jacks
jacks de cuadrante, dial jacks
jaula de ardilla, squirrel cage

jefe de guardahilos, wire chief
joule, joule
juego, play (*mech*), backlash
juego, set
juego de escobillas, juego de rozadores, set of wipers
juego de ruedas contadoras, counter wheel assembly
juego vertical, vertical play
julio, joule
junta, joint, connection, splice
junta de cables, cable splice
junta de choque (guía onda), choke joint (*waveguide*)
junta de difusión, diffused junction
junta a fusión, fused junction
junta de germanio, germanium junction
junta giratoria, junta rotativa, rotary joint
juntar, to connect, to join
juntura, junction
juntura NPN, NPN junction
juntura PN, PN junction
juntura PNP, PNP junction
juntura P–P, P–P junction
juntura T, T junction
juntura de aleación, alloyed junction
justo, accurate ('perfect')

kerdómetro, gain measuring set
kiloamperio, kilo ampere
kilociclo, kilocycle
kilovatio, kilowatt
kilovoltamperio (kVa), kilovoltampere (kVa)
klistrón o klystrón, klystron
klistrón o klystrón reflex, reflex klystron

ladeo, sway
lado de bajada, drop side
lado de la central, oficina o conmutador, exchange side
lado de línea, line side
lado de punta, tip side (jack, plug)
laguna (electrónica), hole
laguna de electrón, electron hole
lagunas de conducción, conduction holes
lámina de contacto, contact spring
lámina vibrante, vibrating reed
laminado, laminated
(en) láminas, laminated
lámpara, lamp (in the electronic sense)
lámpara de alarma, warning light, alarm lamp
lámpara compensadora, ballast lamp
lámpara de efluvio, glow lamp
lámpara eléctrica, lamp, electric lamp, bulb
lámpara indicadora, indicator light, pilot light, indicating lamp
lámpara inundante o proyectante, floodlight
lámpara de neón, neon glow lamp
lámpara de registrador, recording lamp
lámpara de resistencia, resistance lamp
lámpara de respuesta, answer lamp
lámpara de retención, hold lamp
lámpara de señales, signal lamp
lámpara de soldar, blow torch
lámpara de tablero o de panel, panel lamp
lámpara de tronco (troncal) inactivo, idle trunk lamp
lanzar, to inject
lapso, garble
larga distancia, long distance
largo, length; long
largura, length
laser de super-modo, super-mode laser
latitud, latitude
latón, brass
lazo, loop
lazo balanceado, balanced loop
lazo de control, control loop
lazo de control de realimentación, feedback control loop
lazo de enganche, loop lock
lazo equilibrado, balanced loop
lazo de regulación, control loop
lector, reader
lector de caracteres, character reader
lectura, reading, read out, sensing
lectura de contador, meter reading
lectura de los contadores, register reading
lectura destructiva (datos), destructive reading (*data*)
lectura digital, digital readout
lectura directa, direct reading or readout
lectura indirecta, preliminary reading
lectura de información, information readout
lectura de instrumento, instrument reading
lectura preliminar, preliminary reading
lectura rápida, instantaneous reading
leer, to read
lenguaje algorítmico, algorithmic language
lenguaje cifrado, cipher
lengüeta, detent, dog; reed
lengüeta de conexión, lug
lente, lens
lente dieléctrica, dielectric lens
lente electrónica, electron lens
lente de K constante, constant K lens
lente (de) Luneburg, Luneburg lens
lento, sluggish
letras de identificación, call letters
leva, cam
leva de árbol, shaft cam, camshaft
leva bipolar, bipolar cam
leva de fijación, locking cam
leva de giro, leva de rotación, rotary cam
leva de impulsión, impulse cam
leva de impulsos, impulse cam
levantamiento, layout or survey of a site
levantamiento topográfico, topographical survey
levógiro, counterclockwise
ley cuadrática, square law
ley de Snell, Snell's law
leyes de Kirchhoff, Kirchhoff's laws

liberación, release, clearing, disconnection
liberar, to free
librar, to disengage, to release
libras por pulgada cuadrada (= **0.0703 kg/cm²**), pounds per square inch (PSI)
libre, free, idle
ligadura, tie, joint
ligamento, link
ligar, to connect, tie
ligazón, linkage
lija, sandpaper
lima, file
lima redonda, round file
limaduras de hierro, iron filings
limallas de hierro, iron filings
limitación, limit
limitador, limiter
limitador de carrera (mec, tty), stop (*mech, tty*)
limitador de ferrita, ferrite limiter
limitador magnético, limitador ferrimagnético, ferrimagnetic limiter
limitador inverso, inverse limiter
limitador de ruido, noise limiter
limitador de señales, signal limiter
limitador de tensión, limiting device, voltage limiter
limitador de voltaje, limiting device, voltage limiter
limitador de voz, speech clipper
límite, limit
límite de errores, limits of error
límite de funcionamiento, performance limit
límite de Shannon, Shannon limit
límites de control, control limits
límites de operación o de funcionamiento, operating limits, operating range
limpiar, to clean
limpieza automática, automatic clearing
línea, circuit, line, route
línea (de) abonado, subscriber's line
línea aérea, open-wire line; overhead line
línea aislada de retorno, floating ground
línea alámbrica, landline
línea de alimentación, feeder
línea arresonante, non-resonant line
línea artificial, artificial line
línea averiada, faulty line
línea de bandas paralelas, strip-line
línea (de) base, base line
línea bifilar, two-wire line
línea blindada, shielded line
línea de carga, load line
línea cargada, hot line
línea compartida, línea colectiva, party line
línea de conferencia, conference circuit
línea de contorno, contour line
línea de control, control line
línea desequilibrada, unbalanced line
línea disponible, available line
línea doble balanceada, twin line or balanced transmission line
línea duplex artificial, duplex artificial line
línea duplexada, duplexed line
línea de enlace, trunk, trunk line
línea de enlace (usada entre dos centrales), interoffice trunk
línea de enlace de hos hilos, two-wire trunk
línea de enlace de llegada, incoming trunk
línea equilibrada, balanced line
línea equilibrada de transmisión, balanced transmission line
línea de fuerza, line of force
línea de fuerza eléctrica, power line
línea de fuga, leakage path
línea de hilo simple, single wire line
línea individual, individual line
línea isogonal, isogonal line
línea de Lecher, Lecher line, Lecher wavemeter
línea (que) llama, calling line
línea llamada, called line
línea llena, solid line
línea de mando, control line
línea de mira, line of sight (LOS)
línea muerta, dead line
línea ocupada, busy line
línea de órdenes, orderwire (O/W)
línea con pérdidas, lossy line
línea periódica, periodic line
línea portadora, carrier line
línea de prioridad (tel), hot line (*tel*)
línea privada, private line
línea punteada, dotted line
línea de puntos, dotted line
línea ranurada, slotted line
línea de Rayleigh, Rayleigh line
línea real, real circuit, real line
línea de registro de llamadas, recording trunk
línea resonante, resonant line
línea de retardo, delay-line, delay-line unit, delay network
línea de retardo acústico, acoustic delay line
línea de retardo eléctrico, electrical delay line
línea RF, RF line
línea rural de abonado, rural subscriber's line
línea rural colectiva, rural party line
línea secundaria o segundaria, off-set, secondary line
línea de servicio, orderwire, service channel
línea (para la) supervisora, supervisor trunk
línea suplementaria, extension line
línea terminada, terminated line
línea de transferencia, call circuit, orderwire
línea de transmisión, transmission line
línea de transmisión adaptada, matched transmission line
línea de transmisión exponencial, exponential transmission line

línea de trazo, dotted line
línea troncal, trunk, trunk line
línea troncal de cuatro hilos, four-wire trunk (line)
línea troncal de dos hilos, two-wire trunk (line)
línea uniforme, uniform line
línea de unión, tie line
línea vacante, spare line, vacant line
línea visual, line-of-sight (LOS)
lineal, linear
(no) lineal, non-linear
linealidad, linearity
(no) linealidad, non-linearity
linealizador, linearizer
linealizar, to linearize, to linearise
líneas activas (tv), active lines (*tv*)
líneas de bandas paralelas, strip-line
líneas E, E lines
líneas espectrales, spectral lines
líneas de fuerza magnética, lines of magnetic force
líneas H, H lines
líneas interposicionales, interposition trunks
líquido criógeno, líquido criogénico, cryogenic liquid
lista, list
lista de partes, parts list
lista de tendidos de cable, cable running list
lobulación, lobing
lóbulo, lobe
lóbulo de irradiación de la antena, antenna radiation pattern
lóbulo lateral, side lobe
lóbulo principal, main lobe, major lobe
lóbulos secundarios (segundarios), minor lobes
local, site, location
localización, localization; siting
localización de averías, fault localizing, fault location
localización de estaciones de radio, radio location
localización por radio, radio position finding
localización por radiofaro direccional, radio range finding
localización radiogoniométrica, radio fix
localizador, localizer
localizador de fase o por desfasaje, phase localizer
localizador primario, first line finder, line finder, primary line switch
localizar, to locate
locomotora pequeña para maniobras, dolly
logaritmo, logarithm
logaritmo natural, natural logarithm
(de) logatomos, syllabic
lógica, logic
lógica positiva, positive logic
lógica de resistor–transistor, resistor–transistor logic
longitud, length; longitude
longitud angular, angular length
longitud de una escala, scale length
longitud de una graduación, scale length
longitud de onda, wavelength
longitud de radián, radian length
longitud de ruptura, break length
lote, lot, batch
lote de productos, production batch
loxodromía (nav), rhumb line (*nav*)
lubricar, to lubricate, grease, oil
lucro cesante, goodwill
lugar geométrico, locus
lumen, lumen
luminancia, luminance
luminiscencia, luminescence
luminiscencia residual, persistence (of luminescence), after glow
luminosidad, luminosity, brightness
luminosidad catódica, negative glow
luz, clearance (*mech*); light
luz de arco voltaico, arc lamp
luz catódica, negative glow

llamada, call, signaling, ring
llamada diferida, call on hand; delayed ringing
llamada (por) disco, dialing
llamada eficaz, effective call
llamada de espera, waiting call
llamada harmónica (armónica), harmonic ringing
llamada interurbana, toll call, trunk call
llamada local, local call
llamada luminosa, lamp call
llamada manual, ringdown; manual ringing
llamada perdida, lost call
llamada personal, person-to-person call
llamada saliente, outgoing call
llamada selectiva, selective ringing, selective calling
llamada selectiva de (h)armónicas, harmonic selective ringing
llamada tasada, paid call
llamada de timbre, ringing
llamada urbana, local call
llamador, ringer
llamador semiselectivo, semiselective ringing
llamar, to call, to ring
llave, key; wrench; switch
llave de abertura y cierre, on–off switch
llave ajustable, adjustable end wrench
llave de boca, open end wrench
llave de cabeza para tuercas, socket wrench
llave de casquillo, socket wrench
llave de cuadrante, dial key
llave de cubo, socket wrench
llave española, open end wrench
llave inglesa, monkey wrench, adjustable end wrench, spanner wrench
llave inversora, current reversing key reversing switch

llave de llamada, ringing key
llave de llamada repetida, ring back key
llave de mando, control switch
llave de maquinista, open end wrench
llave de parada, stop key
llave de retención, reset key
llave de ruptura, cutoff key, cut key
llave Stillson, Stillson wrench
llave (para) tubos, pipe wrench, Stillson wrench
llave (para) tuercas, wrench

macho para forja, sledge hammer
machuelar (mec), to tap (*mech*)
madistor, madistor
maduración, seasoning
magnesio, magnesium
(no) magnético (non) magnetic
magnetizar, to magnetize
magneto, magnet, magneto
magnetómetro, magnetometer
magnetrón, magnetron
magnetrón de ánodo partido, split anode magnetron
magnetrón de cavidad, cavity magnetron
magnetrón sintonizable, tunable magnetron
magnitud, magnitude; quantity
magnitud alterna simétrica, symmetrical alternating quantity
magnitud compleja, complex quantity
magnitud escalar, scalar quantity
magnitud independiente, independent variable
magnitud oscilante, oscillating quantity
magnitud perturbadora, disturbance
magnitud de referencia, reference quantity
magnitud vectorial, vector quantity
mal aislado, leaky (badly insulated)
(en) mal estado, out-of-order
mala adaptación, mismatch
malacate, hoist
malajuste, maladjustment
malla, network; mesh (network)
malla pasante, all pass network
malla de todo paso, all pass network
malle, loop
mancha catódica, cathode spot
mancha estroboscópica, strobe spot
mancha iónica, ion burn
mancha obscura, dark spot
mancha solar, sun spot
mandado a relevador, relay operated
mandar, to drive; to control
mando, command, control; drive; operation
mando de ajuste, adjustment, adjustment control
mando de bucle abierto, open loop control
mando de corriente regulable, adjustable current control
mando a distancia, remote control
mando de embrague, clutch control
mando individual, individual control
mando manual, manual control
mando mecánico, mechanical control
mando por radio, radio control
mando por teleinterruptor, remote switching control
mando de velocidad del motor, motor speed control
mandos mecánicos bloqueados, ganged control
mandril, chuck
manejar (mec), to handle, to operate (*mech*)
manejo, handling
mango, handle
manguera, tubing, sleeving, hose
manguera para incendios, fire hose
manguito, sleeving
manija, handle
maniobra, operating procedure; operation, procedure
manipulación, keying; processing
manipulación catódica, cathode keying
manipulación por corte (de frecuencia), on–off keying
manipulación de datos, data handling
manipulación por desplazamiento de fase cuaternaria, quaternary phase shift keying (QPSK)
manipulación por desplazamiento de frecuencia (fsk), frequency shift keying (*fsk*)
manipulación diferencial, differential keying
manipulación de dos tonos, two-tone keying
manipulación electrónica, electronic keying
manipulación electrónica de datos, electronic data processing
manipulador, keyer, key (*cw, etc.*)
manipulador Baudot, Baudot keyboard
manipulador de tonos, tone keyer
manipular, to handle (traffic, etc.); to key (a transmitter, etc.)
mano de obra, manpower
manómetro, pressure gauge
mantener, to maintain, to hold (a relay)
mantenimiento, maintenance; hold(ing) of a relay
mantenimiento de campaña o de campo, field maintenance
mantenimiento preventivo, preventive maintenance
mantisa, mantissa
manutención, maintenance
mapa topográfico, topographic or contour map
maqueta, mock-up
máquina, engine, machine
máquina asincrónica, asynchronous machine
máquina de cifrar, code converter
máquina impresora, printer
máquina de llamada, generator or ringing set
máquina de proceso de datos, data processing machine

máquina sistematizadora de datos, data processing machine
marca, mark (e.g. mark, space) (*tty*, *data*)
marca estroboscópica, strobe marker
marcación, bearing
marcación recíproca, reciprocal bearing
marcación relativa, relative bearing
marcador, marker, digit switch
marcando a tonos tocados, touch tone dialing
marcar, to read, dial
marcha, working, run (e.g. poner en marcha, to place in operation)
(de) **marcha libre,** free running
marcha de tráfico, distribution of traffic, incidence of traffic
marcha en vacío, no load
marcha de volante, floating
marchar, to work
margen (de un aparato), margin (*esp. tty*, *data*)
margen de corriente, current margin
margen de desvanecimiento, fade margin
margen efectivo, effective margin
margen de fase, phase margin
margen de ganancia, gain margin
margen nominal, nominal margin
margen de seguridad, gain margin, safety margin
margen de silbido, singing margin
margen de sincronización de CAF, AFC pull-in range
margen teórico, theoretical margin
marión azul, blue print
martillo, hammer
martillo grande, sledge hammer
masa, earth, ground
masa molecular, molecular mass; molecular weight
maser, maser
mastil, mast
matachispas, spark quenching
matafuego portátil, fire extinguisher
materia prima, raw material
materia de resistencia, resistance material
material, equipment, material
material aislante, insulating material
matriz, mother disc, matrix
máximo promedio de la potencia de salida, maximum average power output
maxwelio, maxwell
maxwelio-vuelta, maxwell turn
maza para forja, sledge hammer
mazo, mallet
mecanismo, mechanism, gear, action
mecanismo actuador, actuator mechanism
mecanismo de alarma, alarm
mecanismo de cambio de marcha, reversing gear
mecanismo inmovilizador, locking mechanism
mecanismo de inversión, reversing gear
mecanismo regulador, adjuster
mecanismo de relojería, clock mechanism
mecanismo de selección, selecting mechanism
media geométrica o proporcional, geometric mean
media tinta, half tone
mediana, median
medición, measuring, measurement
medición de (un) ruido, noise measurement
medida, measurement, gauge
(**de**) **medida,** measuring
medida de la actividad, activity measurement
medida en anillo, loop test, measurement
medida de emisividad, emissivity measurement
medida integral, integral measurement
medidor, meter (panel meter)
medidor de distorsión, distortion meter
medidor de doble empleo, dual purpose meter
medidor de fase, phase meter
medidor de la intensidad de señal, S-meter
medidor de modulación, modulation meter
medidor múltiple, multimeter
medidor de porcentaje, ratio meter
medidor de porcentaje de modulación, percentage modulation meter
medidor de salida, output meter
medidor de transmisión, transmission measuring set
medidor universal, all purpose meter
medio, mean, medium
medio auxiliar radárico para navegación, radar aid to navigation
medio de enfriamiento, cooling medium
medio de transmisión, transmission medium
medios, means; facilities
medir, to measure, to meter
megaóhmmetro, megger
megavoltio, megavolt
megóhmio, megohm
melio, mel
memoria, memory, memory store
memoria de acceso al azar, random access storage or memory
memoria de acceso cero, zero access memory
memoria de acceso libre, random access storage
memoria de acceso rápido, quick access storage
memoria electrostática, electrostatic memory
memoria intermedia, buffer store, intermediate memory
memoria lenta, slow storage
memoria magnética, magnetic memory
memoria de núcleo, core memory
memoria de núcleos magnéticos, magnetic core storage

memoria permanente, permanent memory
memorización, memory store
memorización estática, static storage
memorización ferroeléctrica, ferroelectric storage
memorización numérica, digital store
memorizador, storage device, memory
memorizador de tambor, magnetic drum store
memorizar, to store
mensaje ficticio, dummy message
mensaje de prioridad, priority message
mensaje de rutina, routine message
ménsula, bracket, hanger
mesón, meson
metido en aceite, oil immersed
método, method, procedure
método aproximado, approximate method
método de(l) cero, null method
método de desviación, deflection method
método de(l) lazo, loop test
método operativo, procedure
método de oposición, back-to-back method
método de puente, bridge method
método punto por punto, point-to-point method
método de reducción a cero, zero method
método de trabajo, method of working
métrico, metric
metro-amperio, meter-ampere, metre-ampere
mezcla, mixing
mezclador, mixer
mezclador (a) cristal, crystal mixer
mezclador equilibrado, balanced mixer
mezclador síncrono, synchronous mixer
mho, mho
microamperímetro, microammeter
microamperio, microampere
microbanda, microband, microstrip, stripline
microconmutador, microswitch
microelectrónica, microelectronics
microfaradio, microfarad
microfonía, microphonic noise
micrófono, microphone
micrófono (de) carbón, carbon microphone
micrófono cardioide, cardioid microphone
micrófono de cinta, ribbon microphone
micrófono condensador, electrostatic microphone
micrófono electrostático, electrostatic microphone
micromanómetro, micromanometer
micromódulo, micromodule
micrón, micron
microohmio, micro-ohm
microonda, micro onda, microondas, microwave(s)
microscopio, microscope
microsegundo, microsecond
microstrip, microstrip, stripline
microteléfono, handset
microvoltio, microvolt
microvoltios por metro, microvolts per meter
migración de iones, ion migration
miliamperímetro, milliammeter
miliamperio, milliampere
milicircular, circular mil
milihenrio, millihenry
milipulgada circular, circular mil
milisegundo, millisecond
milivoltímetro, millivoltmeter
milla náutica, milla marina, nautical mile
minutos tasables, chargeable minutes
modelado de onda, wave shaping
modelo, simulator, sample, model
modelo de tablero, breadboard
modem, modem
modificar, to modify
modo, mode
modo círculo punto, circle dot mode
modo desenfoque–enfoque, defocus–focus mode
modo dominante, dominant mode
modo enfoque–desenfoque, focus–defocus mode
modo fundamental, dominant or fundamental mode
modo pi, pi-mode
modo predominante de la propagación, dominant propagation mode
modo de propagación, mode of propagation
modo TEM (guía onda), TEM mode (*waveguide*)
modo TM (guía onda), TM mode (*waveguide*)
modo de transmisión, transmission mode
modulación, modulation, keying
(sin) modulación, unmodulated
modulación de amplitud, amplitude modulation (AM)
modulación de amplitud de impulsos, PAM (pulse amplitude modulation)
modulación angular, angle modulation
modulación de bajo nivel, low level modulation
modulación BLU (BLU = banda lateral única), SSB modulation (SSB = single sideband)
modulación por código de impulsos (pcm), pulse code modulation (*pcm*)
modulación de conductividad, conductivity modulation
modulación de corriente constante, constant current (Heising) modulation
modulación cruzada, cross modulation
modulación delta, delta modulation
modulación de desplazamiento de audiofrecuencia, audio frequency shift modulation (AFSK)
modulación diferencial, differential modulation
modulación de dos tonos, two-tone modulation

modulación durante toda la duración del impulso, pulse duration modulation
modulación espuria, spurious modulation
modulación de fase, phase modulation
modulación de frecuencia (FM) frequency modulation (FM)
modulación de frecuencia de banda estrecha, narrow band frequency modulation (NBFM)
modulación de frecuencia impulsada, pulsed frequency modulation
modulación de grupo, group modulation
modulación H, H modulation
modulación de/por impulsos, pulse modulation
modulación por impulsos codificados, pulse code modulation (*pcm*)
modulación por impulsos de duración variable, pulse time modulation (PTM), pulse width modulation
modulación por impulsos con variación de tiempo, pulse position modulation (PPM)
modulación de intensidad, intensity modulation
modulación lineal, linear modulation
modulación mutua, cross modulation
modulación de portadora controlada, control carrier modulation
modulación positiva (tv), positive modulation (*tv*)
modulación de rejilla, grid modulation
modulación por (la) rejilla supresora, suppressor grid modulation
modulación de tiempo de fase, phase time modulation
modulación a tonos, tone modulation
modulación de velocidad, velocity modulation
modulación a voltaje constante, series modulation
modulado por impulsos, pulse modulated
modulador, modulator; coder
modulador en anillo, ring modulator
modulador balanceado, balanced modulator
modulador en contrafase, balanced modulator
modulador diodo, diode modulator
modulador equilibrado, balanced modulator
modulador de frecuencia, frequency modulador
modulador magnético, magnetic modulator
modulador (de) producto, product modulator
modulador de radar, radar modulator
modulador de reactancia, reactance modulator
modulador de vobulación, wobbulator
modular, to modulate
módulo, modulus, module; modulo
módulo de cooperación, index of cooperation
módulo de Young, Young's modulus
moho, rust (iron)
molde matriz, die
molécula, molecule
molecular, molecular
moleteado, knurled
momento flexor o de flexión, bending moment
momento magnético, magnetic moment
momento de torsión, torque
monaural, monaural
monitor, monitor
monitor de frecuencia, frequency monitor
monitor de irradiaciones, radiation monitor
monitor de modulación, modulation monitor
monitorado (imperf.), monitoreo, monitoring, monitored
monitorar, to monitor
monocromática (tv), monochromatic (*tv*)
monocrómico (tv), monochrome (*tv*)
monoestable, monostable
monofásico, monofase, single phase, uniphase
monopulso (alimentación de ant.), monopulse (*ant feed.*)
monorregulación, single control
monoscopio, monoscope
montada con, equipped with
montado en conjunto, ganged
montaje, assembly, assembling, circuitry, mounting, mount
montaje contra sacudidas, shock mount
montaje en estrella, wye
(de) montaje integral, built integrally (with)
montaje de muro, wall mounting
montaje a ras embutido, flush mounting
montaje sobre bridas, mounting flange, flange mounting
montaje sobre tablero, panel (frame) mounting
montar, to mount, to install
montar en conjunto, to gang
montura, assembly
mosaico, mosaic
mostrar, to sample
motón de aparejo, block and tackle
motor, motor, engine
motor asincrónico, asynchronous motor
motor autocompensado, self-compensated motor
motor compensado, compensated motor
motor convertidor, motor converter
motor de corriente alterna, ac motor
motor de corriente continua (CC), dc motor
motor devanado en serie, series motor
motor-generador, motor generator, MG set
motor de histéresis, hysteresis motor
motor de inducción, induction motor
motor monofásico, single phase motor
motor serie, motor en serie, series motor
motor sincro, synchro motor (selsyn motor)

motor síncrono o sincrónico, synchronous motor
motor síncrono de inducción, synchronous induction motor
motorizado, power driven
movilidad (de una partícula cargada), mobility (of a charged particle)
movilidad de desplazamiento, drift mobility (transistor)
movilidad iónica, ionic mobility
movimiento, action, movement, motion
movimiento angular, angular motion
movimiento de d'Arsonval, d'Arsonval movement
movimiento de elevación, vertical motion
movimiento transversal, lateral movement, motion
muelle (mec), spring (*mech*)
muelle de contacto, contact spring
muelle de desenganche, armature main spring
muelle de escobilla, wiper spring
muelle espiral, helical spring
muelle impulsor en 'U', 'U' spring
muelle motor, driving spring
muelle de parada, stop spring
muelle principal, main spring
muelle restaurador de la armadura, armature restoring spring
muelle (de) sujeción, locking spring
muelle volante, trigger spring
muerto, dead; anchor (wood)
muesca, notch
muestra, sample, sampling
muestreo, sampling
muestreo aleatorio, sampling at random, random sampling
muestreo al azar, random sampling
muestreo cuasialeatorio, quasi-random sampling
muestreo de lotes, batch sampling
multiacoplador, multicoupler
multicanal, multiplex
multicanalización, multiplex
multicircuito, circuitry
multicoplador de antena, antenna multicoupler
multiescala, multi-range
multifase, multiphase
multifásico, multiphase
multímetro, multimeter
multipactor, multipactor (m/w)
múltiple de jacks para abonados, subscriber multiple
múltiples, ganged
multiplex, multiplex
multiplex por división de frecuencia, frequency division multiplex (FDM)
multiplex por división de tiempo, time division multiplex (TDM)
multiplexador, multiplexer
multiplicación, multiplication; gear ratio
multiplicador, multiplier
multiplicador analógico, (analogue) multiplier
multiplicador(a) de escala, meter or scale multiplier
multiplicador de (la) frecuencia, frequency multiplier
multiplicador de voltaje, voltage multiplier
múltiplo, multiple (math)
multipolar, multipole
multi-salto, multi-tramo, multi-hop
multivibrador, multivibrator
multivibrador biestable, bistable multivibrator
multivibrador de compuerta, gate multivibrator
multivibrador de disparo, one shot multivibrator
multivibrador monoestable, single shot multivibrator
multivibrador de período simple, start–stop multivibrator
multivibrador de relajación monoestable, monostable flip-flop
murmullo, babble
mutilación de palabra, clipping
muy alta frecuencia (MAF), very high frequency (VHF)

nave, bay
negro de la imagen (tv), picture black (*tv*)
neper, neper
neumático, air driven; pneumatic tire
neutral, neutral
neutral flotante, floating neutral
neutralización, neutralization
neutralización del circuito anódico, plate neutralization
nicromo, nichrome
nieve, snow (video noise)
niquel, nickel
nitidez, articulation
nitidez de palabras, word articulation
nitrógeno, nitrogen
nivel, level
nivel (de) aceptor, acceptor level
nivel del agua, water level
nivel de bajada, drop level
nivel bajo, low level
nivel de blanco, white level
nivel blanco de referencia, reference white level
nivel de blanqueo, blanking level
nivel de borrado, blank level
nivel cero, nivel a cero, zero level
nivel de cuantificación, quantization level
nivel de diafonía, crosstalk level
nivel de disparo, trigger level
nivel donador, donor level
nivel energético normal, normal energy level
nivel de energía, energy level
nivel de entrada, input level

nivel de Fermi, Fermi level
nivel de gatillo, trigger level
nivel de intensidad, intensity level
nivel de línea, line level
nivel máximo de señal, maximum signal level
nivel medio del mar, mean sea level (MSL)
nivel mínimo de señal, minimum signal level
nivel de negro, black level
nivel de potencia, power level
nivel de presión, pressure level
nivel de prueba, testing level
nivel de referencia, reference level
nivel de registrar, recording level
nivel relativo, relative level
nivel de ruido, noise level
nivel de señal, signal level, signal strength
nivel de señal máximo, peak signal level
nivel de sonido, sound level
nivel sonoro, sound level
(a) nivel superior, high level
nivel de transmisión, transmission level
nivel ultrablanco de imagen (tv), picture white (*tv*)
nivel vocal (nivel de las corrientes vocales), speech level
nivel de voltaje, voltage level
nivel de zumbido, hum level
nivelación, leveling
nivelador, clipper
nodo, node
nodo de corriente, current node
nodo de tensión o voltaje, voltage node
nomenclatura, legend (diagram); nomenclature
nominal, nominal
nomógrafo, nomograph
nomograma, nomogram
nonio, vernier
norma de frecuencia, frequency standard
normal de(l) privado (conmut), private normal (*switch*)
normalización, standardization; rationalization
normalizar, to standardize
normas de explotación, operating instructions
normas de transmisión, transmission standards
norte de brújula, compass north
norte magnético, magnetic north
notación de base (datos), base notation (*data*)
núcleo, core, nucleus
núcleo de aire, air core
núcleo de cable, cable core
núcleo de chapas adosadas, laminated core
núcleo dividido, laminated core
núcleo de ferrita, ferrite core
núcleo de hierro, iron core
núcleo de inducido, armature core
núcleo movible o móvil, movable core
núcleo de polvo de hierro, powdered iron core
núcleo de solenoide con acción de émbolo, solenoid plunger
nulo, null
numeración, numbering
numeración al teclado, keyboard selection
numeral, numeral
numerar, to count
numérico, numeric
número, count, number
número de(l) abonado, subscriber's number
número atómico, atomic number
número binario, binary number
número cuántico principal, main quantum number
número equivocado, wrong number
número imaginario, imaginary number
número de interconexión, interconnecting number
número de llamada, call number
número de llamadas, number of calls
número de masa, mass number
número medio de interconexión, mean interconnecting number
número operador, operand
números cuánticos de un átomo, quantum numbers
nuvistor, nuvistor

OC (onda continua), CW (continuous wave) (carrier wave)
objetivo de ruido, noise objective
oblicuo, skewed
obliteración, jamming
observar, to watch, to observe
obtención, procurement
octavo, octave
octodo, octode
ocupación media (tfc), mean occupancy (*tfc*)
ocupación total de los troncos o troncales, ATB (all trunks busy)
ocupado, busy
oersted, oerstedio, oersted
oferta, offer, bid, proposal
oficina de cambio, international transit exchange
oficina central telefónica, telephone central office
ohmímetro, ohmmeter
ohmio, ohm
ohmios por voltio, ohm-per-volt
ojalillo, eye bolt
ojo, eye
ojo eléctrico, electric eye
ojo mágico, magic eye
oleoenfriamiento, oil cooling
omnidireccional, omnidirectional or non-directional
onda amortiguada, damped wave
onda complementaria, complement wave
onda continua (OC), continuous wave (CW)

onda corta, short wave
onda de diente de sierra, sawtooth wave
onda difractada, diffracted wave
onda directa, direct wave
onda (sin) distorsión, (un)distorted wave
onda dominante, dominant wave
onda de eco, sky wave, reflected wave
onda eléctrica circular, circular electric wave
onda electromagnética, electromagnetic wave
onda electromagnética periódica, periodic electromagnetic wave
onda electromagnética transversal, transverse electromagnetic wave
onda esférica, spherical wave
onda de espacio, sky wave
onda estacionaria, standing wave, stationary wave
onda guiada, guided wave
onda hacia delante, forward wave
onda incidente, incident wave
onda indirecta, indirect wave
onda ionosférica, ionospheric wave, sky wave
onda larga, long wave
onda longitudinal, longitudinal wave
onda magnética circular, circular magnetic wave
onda magnética transversal, transverse magnetic wave
onda modulada, modulated wave
onda móvil rápida, surge
onda periódica, periodic wave
onda piloto de grupo, group pilot
onda plana, plane wave
onda plana progresiva, travelling plane wave
onda plana uniforme, uniform plane wave
onda de polarización circular, circularly polarized wave
onda de polarización elíptica, elliptically polarized wave
onda de polarización horizontal, horizontally polarized wave
onda de polarización lineal, linearly polarized wave
onda polarizada, polarized wave
onda polarizada a mano derecha, right-handed polarized wave
onda polarizada elípticamente, elliptically polarized wave
onda polarizada de la mano izquierda, left-hand polarized wave
onda polarizada en un plano, plane polarized wave
onda polarizada verticalmente, vertically polarized wave
onda portadora, carrier, carrier wave
onda portadora (de) visión, picture carrier
onda de radio, radio wave
onda radioeléctrica, radioelectric wave
onda rectangular, square, rectangular wave
onda reflejada, reflected wave, sky wave, indirect wave
onda refractada, refracted wave
onda de señal, signal wave
onda senoidal o sinusoidal, sine wave
onda sin distorsión, undistorted wave
onda sinusoidal, sine wave
onda de sonido, sound wave
onda de subsuelo, subsurface wave
onda superficial, ground wave
onda terrestre, ground wave
onda transmitida, transmitted wave
onda transversa, transverse wave
onda trapezoidal, trapezoidal wave
onda troposférica, tropospheric wave
ondámetro, wavemeter
ondámetro de absorción, absorption wavemeter
ondámetro de cavidad resonante, cavity wavemeter
ondámetro coaxial, coaxial wavemeter
ondámetro heterodino, heterodyne wavemeter
ondámetro de Lecher, Lecher wavemeter
ondámetro resonante, resonator wavemeter
ondas centimétricas, centimetric waves
ondas decimétricas, decimetric waves
ondas estacionarias, standing waves
ondas hectométricas, hectometric waves
ondas kilométricas, kilometric waves
ondas métricas, metric waves
ondas milimétricas, millimetric waves
ondas miriamétricas, myriametric waves
ondas progresivas, traveling waves
ondas TE (ondas transversales eléctricas) (guía onda), TE waves (*waveguide*)
ondulación, flutter, ripple
ondulación residual, ripple
opciones de línea de abonado, loop options
operación, operation
(en) operación, operating
operación de computador, computer operation
operación de impulsos coherentes, coherent pulse operation
operación manual, manual operation
operación en serie, serial operation
operación simple (tty), neutral operation (*tty*)
operación en tiempo real, real time operation
operación con tráfico simple, simplex operation
operador, operand; operator
operadora A, A-operator, outward operator
operadora B, inward operator, B-operator
operadora directora, chief operator
operadora de entrada, inward operator
operadora de llegada, inward operator
operadora de salida, outward operator, A-operator
(en) oposición, push-pull
oprimir (una llave o botón), to press a key or button
optimizar, to optimize (imperf.)

opuesto, opposing
orden, order
(en) **orden de trabajo–reposo,** make before break
ordenamiento (ant), array (*ant*)
orejeta, lug
organigrama, flow chart, organization chart
órgano, element, organ, member, part
órgano (de una máquina, etc.), component
órganos, equipment, parts (also circuits in some cases)
órganos activos, working parts
órganos de seguridad, safety devices
orientación, bearing (angle)
orificio, orifice
originador, originator
originar de, to originate at
orticón de imagen, orticonio de imagen (tv), image orthicon (*tv*)
oscilación, oscillation
oscilación amortiguada, damped oscillation
oscilación a cero, zero beat
oscilación forzada, forced oscillation
oscilación inamortiguada, undamped oscillation
oscilación parasítica, parasitic, parasitic oscillation
oscilación pendular, hunting
oscilaciones, oscillations, hunting
oscilaciones intermitentes, motorboating
oscilaciones momentáneas, transients
oscilaciones sostenidas, sustained oscillations
oscilador, oscillator
oscilador de acoplamiento electrónico, electron coupled oscillator
oscilador de AF (audiofrecuencia), audio oscillator
oscilador de barrido, sweep oscillator
oscilador de base sintonizada, tuned base oscillator
oscilador de bloqueo, blocking oscillator
oscilador de bloqueo de ciclo simple, single shot blocking oscillator
oscilador de bombeo, pump(ing) oscillator
oscilador Butler, Butler oscillator
oscilador de campo de frenado, retarding field oscillator
oscilador de colector sintonizable, tuned collector oscillator
oscilador Colpitts, Colpitts oscillator
oscilador a cristal, crystal oscillator
oscilador cristal controlado a voltaje, voltage controlled crystal oscillator (VCXO)
oscilador de diente de sierra, saw-tooth oscillator
oscilador dinatrón, dinatron oscillator
oscilador flip-flop, flip-flop oscillator
oscilador de frecuencia de batido, beat frequency oscillator (BFO)
oscilador de frecuencia de pulsación, beat frequency oscillator (BFO)
oscilador de frecuencia variable (OFV), variable frequency oscillator (VFO)
oscilador (de) Hartley, Hartley oscillator
oscilador heterodino, beat or heterodyne oscillator
oscilador de interrupción, quench oscillator
oscilador (de) Labile, Labile oscillator
oscilador de línea resonante, resonant line oscillator
oscilador local (OL), local oscillator (LO)
oscilador local estabilizado, stabilized local oscillator
oscilador maestro, master oscillator
oscilador modulado por velocidad, velocity modulated oscillator
oscilador neón, neon oscillator
oscilador de onda reflejada, backward wave oscillator (BWO)
oscilador patrón, master oscillator
oscilador (de) Pierce, Pierce oscillator
oscilador piloto, pilot oscillator
oscilador principal, master oscillator
oscilador pulsatorio, pulsed oscillator
oscilador regulado por la cresta negativa de rejilla, grid dip oscillator
oscilador con rejilla y placa sintonizada, tuned grid-tuned plate oscillator
oscilador con rejilla sintonizada, tuned grid oscillator
oscilador de relajamiento, relaxation oscillator
oscilador de superreacción monovalvular, self quenching oscillator
oscilador ultra audión, ultra audion oscillator
oscilante, oscillating
oscilar, to oscillate, to vibrate
osciloscopio, oscilloscope
osciloscopio de rayos catódicos, cathode-ray oscilloscope
óxido, oxide
oxígeno, oxygen
ozono, ozone

pabellón usina (Arg., Uruguay), generator house
pala, shovel
palabra en código, code word
palabra de control (datos), control word (*data*)
palabra de instrucción (datos), instruction word (*data*)
palabras por minuto, words per minute (WPM)
palanca, lever
palanca de (la) armadura, armature lever
pandeo, sag
panel, panel, console
panel de acoplamientos, patch panel
panel blanco, blank panel
panel de conjuntores, jack panel, patch panel, concentrator panel

panel de contadores, bay of registers or bay of selectors
panel de control remoto, remote control panel
panel de fusibles, fuse panel
panel de instrumentos, instrument panel
panel posterior, back plate
panel de regulación, control panel
panel de selectores, selector panel, bay of registers
pantalla, screen, shield, baffle
pantalla de Faraday, Faraday screen
pantalla fluorescente, fluorescent screen
pantalla de indicaciones, display screen, display
pantalla de larga persistencia, long persistence screen
pantalla panorámica (radar), plan position indicator (PPI) (*radar*)
pantalla radar, radar screen, scope, radar scope
pantalla radárica, plan position indicator (PPI)
pantalleado, shield, shielded
papel esmeril, sandpaper; emery paper
papel de lija, sandpaper
par, torque; pair
par de amortiguamiento, damping torque
par antagonista, restoring torque
par blindado, shielded pair
par de bornes, terminal pair, pair of terminals
par coaxial, coaxial pair
par eléctrico, electric(al) moment
par inicial de arranque, starting torque
par motor, torque
par de reserva, spare pair
par térmico, thermocouple
par de terminales, terminal pair
par de torsión, moment, torque, torsion torque
par trenzado, twisted pair
parabólico, parabolic
paraboloide, paraboloid
paraboloide truncado, truncated paraboloid
parada, outage; suspension, off, stop, shut down
(sin) parada, non-stop
paradiafonía, near-end cross talk
parafina, wax, paraffin
parafrasear, to paraphrase
paralaje, parallax
paralelo, parallel
(en) paralelo, in parallel
paralelo–serie, parallel–series
paralización, outage
parámetro, parameter
parámetro preestablecido, preset parameter
parámetro de programa, program parameter
parámetro de red, network parameter, system parameter
parametrón, parametron
parámetros distribuídos, distributed parameters
parar, to stop
pararrayos, lightning arrester
pararrayos de carbón estriado, carbon block protector
parásito, parasite, parasitic
parcela, parcel of land, site
pareado, pairing
pareamiento, pairing
pares telefónicos, telephone pairs (wires)
paridad, parity
paridad de cinta magnética, tape parity
paridad longitudinal, longitudinal parity
partes activas, working parts
partículas alfa, alpha particles
partículas betas, beta particles
partidor, divider
partidor de potencia, power divider
pasa-grupo, through group
pasador, pin
pasar a la escucha, to listen in, to enter a circuit
paso, bypass, stage, step, pitch, lay (cable)
paso acoplado por cátodo, cathode follower
paso ascendente, vertical step
paso de banda, band pass
paso colector, collecting stage
paso de las corrientes de reacción, singing path
paso final, output stage
paso de giro, rotary step
paso-a-paso (conmut), step-by-step (*switch*)
paso de programa, program step
paso rotativo, rotary step
paso separador, buffer stage
paso tampón, buffer stage
paso vertical, vertical step
pasos de selección, stages of selection
pasta aislante para obturación, sealing compound
pasta para soldar, soldering paste
pata, terminal, lug, pin, leg, foot
pata de oca, crow's foot
patilla, terminal, lug, leg, pin, foot
patilla de guía, guide pin
patines, skids
patrón, standard (e.g. clock, frequency, etc.), jig, pattern
patrón de frecuencia, frequency standard
patrón de pruebas, test pattern
pedestal, pedestal, stand
pegar, to bind, to jam, or to stick
peine de sector o campo (conmut), bank comb (*switch*)
peine vertical (conmut), vertical comb (*switch*)
película gruesa, thick film
peligro de las radiaciones, radiation hazard
pendiente, gradient, slope (*math*), steepness
pendulación, hunting
pendular, to hunt
pentodo, pentode
pérdida, decrement, leak, loss
(sin) pérdida, zero loss

pérdida de absorción, absorption loss
pérdida de amplificación, amplification loss
pérdida de bucle de transmisión, transmitting loop loss
pérdida cero, zero loss
pérdida en circuito de puente, bridging loss
pérdida de conexión, connecting loss
pérdida de desequilibrio, mismatch loss
pérdida dieléctrica, dielectric loss
pérdida efectiva, overall loss, effective loss
pérdida de efecto Joule, resistance loss
pérdida de efecto rasante, grazing loss
pérdida de espacio libre, free-space loss
pérdida en el hierro, iron loss
pérdida por histéresis, hysteresis loss
pérdida de inserción, insertion loss
pérdida de interacción, interaction loss
pérdida de línea, line loss
pérdida magnética, magnetic loss
pérdida neta, net loss
pérdida neta mínima, minimum net loss
pérdida neta mínima de funcionamiento, minimum net working loss
pérdida de núcleo, core loss
pérdida plana, flat loss
pérdida de polarización, polarization loss
pérdida de potencia, power loss
pérdida de propagación, propagation loss
pérdida por (o de) reflexión, reflection loss, echo loss
pérdida de refracción, refraction loss
pérdida de retorno, return loss
pérdida de servicio, dropout (loss of service)
pérdida de sombra, shadow loss
pérdida de transferencia, transducer loss
pérdida de transformador, transformer loss
pérdida de transición, transition loss
pérdida de transmisión, transmission loss
pérdidas por corrientes de Foucault, eddy current loss(es)
pérdidas magnéticas, magnetic losses
pérdidas óhmicas, ohmic losses
perfil, profile
perfil de trayecto, path profile
perfilómetro, contour follower
perforación, punch or punched hole, perforation, punching
perforación dieléctrica, puncture
perforación parcial (tty), chadless perforation (*tty, data*)
perforador (tty), perforator (*tty*)
perforador de cinta (tty, datos), tape perforator (*tty, data*)
perforador-impresor (tty), printing perforator (*tty*)
perforador de papel (tty, datos), paper tape perforator or punch (*tty, data*)
perforador receptor impresor (tty, datos), printing reperforator (*tty, data*)
perforador de teclado (tty), keyboard perforator (*tty*)
perilla, knob
perilla de mando, control knob
perímetro, perimeter
periodicidad, periodicity
periódico, periodic, sequential
período, period, time
período de acción, período de actuación, action period
período anticipado de obtención, procurement lead time
período anticipado de producción, production lead time
período de calentamiento, warm-up, warming up time
período de extinción, decay time
período de funcionamiento, duty factor
período de impulso, impulse period, pulse period
período de integración, integration interval
período de mucho tráfico, heavy hours
período natural, natural period
período de ocupación, busy period
período quiescente, quiescent period
período de restablecimiento, recovery time
período de retraso, retrace period
período de reverberación, reverberation time
período de silencio, silent period
perla ferrita, ferrite bead
permeabilidad, permeability
permeabilidad magnética, magnetic permeability
permeabilidad normal, normal permeability
permeabilidad relativa, space permeability, relative permeability
permeancia, permeance
permitividad relativa, relative permittivity
permutación, permutation
perno, bolt, stud
perno trabado, stud, stud bolt
perpendicular, perpendicular (*math*)
persiana, louver, louvre
persistencia, hangover
persistencia de (la) visión, persistence of vision
perturbación, disturbance, jamming, perturbation, interference
perturbación ionosférica, ionospheric disturbance
perturbación ionosférica brusca, SID (sudden ionospheric disturbance)
perturbar, to jam, to interfere
perveancia, purveance
pesar, to weigh
peso atómico, atomic weight
peso bruto, gross weight
peso específico, specific weight, specific gravity
peso molecular, molecular weight
pestaña, flange
petición de comunicación telefónica, call, call request
pico de potencial, potential peak
pie cuadrado, square foot

pieza, component
pieza fundida, casting
pieza polar, pole piece, pole shoe
pieza de recambio, spare part
pieza de repuesto, spare part, repair part
piezas de funcionamiento, working parts
piezas de reparación, spare or repair parts
piezas de repuesto, spare or repair parts
piezoelectricidad, piezoelectricity
piezoeléctrico, piezoelectric
pija, lag screw
pila, cell (battery)
pila atómica, atomic battery
pila eléctrica, battery
pila Leclanché, Leclanché cell
pila patrón, standard cell
pila de polarización, bias cell
pila de rectificadores, rectifier stack
pila seca, dry cell
pila termoeléctrica, thermocouple
pila voltaica, voltaic or voltage cell
pilotar, to pilot
piloto, pilot
piloto de referencia, reference pilot
piloto de sincronización, synchronizing pilot
pinza, clamp
pinza de corte, diagonal pliers, cutting pliers, 'dikes'
pinzas, pliers, long nose pliers
piñón, pinion
pip, pip
piroelectricidad, thermal electricity
pista, track (tape)
pista de sonido, sound track
pistolete star drill
pistón de guía (de) onda, waveguide plunger
pivote, pin, pivot
pivote del relevador, relay pivot pin
placa, plate
placa de un condensador, plate condenser, plate of a condenser or a capacitor
placa del constructor, name plate
placa dieléctrica de adaptación, dielectric matching plate
placa frontal, front (panel)
placa de fusibles, fuse block
placa de geter, getter plate
placa (de) marca, name plate
placa de montaje, mounting plate
placa positiva, positive plate
placa repulsora, repeller plate
placas colectoras, collector plates
placas desviadoras, deflection plates
plan, plan, program
plan de modulación, modulation plan
planicie, smooth earth
planilla, table (figures), sheet, list
planilla de tamaño carta, letter size sheet
plano, drawing, plan (e.g. floor plan)
plano E, plano H, E plane, H plane
plano E principal, plano H principal, principal E or H plane
plano de piso, floor plan
plano de polarización, plane of polarization
planta, plant
planta de calefacción, heating plant
planta externa, outside plant
planta generadora, power plant
planta telefónica, telephone plant
plantilla, templet, template, profile
plasma, plasma
plata, silver
platillo de distribuidor, distributor plate
platino, platinum
platinotrón, platinotron
plazo, time (*see* **duración**)
plazo de caída, fall time
plazo de cuenta, gate time
plena carga, full load
pliego de condiciones, specification(s)
plombagina, graphite
plomería, plumbing
plomo, lead
polar, polar
polaridad, polarity
polarización, bias (e.g. tube or transistor); polarization
polarización de base, base bias
polarización catódica, cathode or cathodic polarization
polarización de cátodo, cathode bias
polarización cero, zero bias
polarización circular, circular polarization
polarización de corte, cutoff bias
polarización delantera, forward bias
polarización dieléctrica, dielectric polarization
polarización directa, forward bias
polarización fija, fixed bias
polarización horizontal, horizontal polarization
polarización inversa, back or inverse bias
polarización mecánica, mechanical bias (relays)
polarización negativa, negative bias
polarización nula, zero bias
(de) polarización plana, plane polarized
polarización positiva, positive bias
polarización de rejilla, grid bias
polarización de reposo (datos, tty), spacing bias (*data, tty*)
polarización de trabajo (datos, tty), marking bias (*data, tty*)
polarización vertical, vertical polarization
polarizador, polarized
polarizar, to polarize
polea, pulley, tackle block, snatch block
poliestireno, polystyrene
polifase, polyphase
polinomia, polynomial
polipasto, block and tackle
polo, pole
polo inductor, field magnet
polo magnético, magnetic pole

polo norte magnético, north magnetic pole
polo saliente, salient pole
polo sur magnético, south magnetic pole
ponderación, weighting
ponderado, weighted
poner a cero, to clear
poner en cero, to reset
poner en circuito, to connect
poner en fase, to bring into phase
(de) poner en punto automático, self-indexing
poner de servicio, put into service
poner a tierra, to ground
ponerse a la escucha, to listen in
porcentaje de abertura, percent break
porcentaje de contacto, cierre, make percent, percent make
porcentaje efectivo de modulación, effective percentage of modulation
porcentaje de modulación, percentage of modulation
porcentaje de ondulación residual, percentage of ripple
porcentaje de trabajo, marking percentage
portabulbo, socket
portador minoritario, minority carrier
portadora, carrier
portadora de impulsos, pulse carrier (usually a subcarrier)
portadora mayoritaria, majority carrier
portadora minoritaria, minority carrier
portadora modulada, modulated carrier
portadora (de) piloto, pilot carrier
portadora suprimida, suppressed carrier
portadora de video, video carrier
portadores mayoritarios, majority carriers
portafusibles, fuse holder(s)
portal delantero (tv), front porch (*tv*)
portal trasero (tv), back porch (*tv*)
portalámpara, lamp holder, socket
portátil, portable
portaválvula, socket, tube socket
pórtico delantero (tv), front porch (*tv*)
posición, position
posición A, outgoing position, A position
posición anotadora, record position
posición B, inward position, B position
posición de desconectado, off position
posición internacional, international position
posición interurbana, toll position
posición de llegada, inward position, incoming position
posición ocupada, occupied position
posición de operadora A, outgoing position, A position, A operator position
posición de reposo, home position (selector), normal position
posición de salida, A position, outgoing position, outward position
posición de telefonista, operating position
posiciones A, outward board
posiciones agrupadas, grouped positions
posiciones de llegada, incoming positions, inward board, B board
positivo, positive
poste, mast, pole, post, support
poste arriostrado, guyed pole
posteación, posteadura, pole line
potencia (p.e.: amplificador de potencia), power (e.g. power amplifier)
potencia absoluta, absolute power
potencia activa, real power
potencia aparente, apparent power
potencia de cresta o de pico, peak power, peak envelope power (PEP)
potencia enésima, Nth power (*math*)
potencia de entrada, power input
potencia de excitación de rejilla, grid driving power
potencia impulsora de rejilla, grid driving power
potencia incidente, incident power
potencia instantánea, instantaneous power
potencia luminosa en bujías, candlepower
potencia máxima, maximum demand, maximum power
potencia máxima del impulso, peak pulse power
potencia máxima de salida, maximum output power
potencia media, mean power, average power
potencia media de salida, average power output
potencia nominal, nominal power, nominal output, power rating
potencia pulsada, pulsed power
potencia radiada, radiated power
potencia radiada efectiva (isótropo), EIRP (effective radiated power over an isotropic)
potencia radiante, radiant power
potencia real, true power
potencia reflejada, reflected power
potencia de reflexión, reflectivity
potencia relativa, relative power
potencia de ruido, noise power
potencia de ruido disponible, available noise power
potencia de salida, power output, output power
potencia de señal, signal strength
potencia en servicio, operating power
potencia útil, operating power, useful power
potencia vectorial, vector power
potencial, potential
potencial cero (tierra), zero potential (ground)
potencial electródico, electrode or electric potencial
potencial de excitación, excitation potential
potencial flotante, floating potential
potencial de ionización, ionization potential, firing potential, striking potential
potencial magnético, magnetic potential
potencial de ruptura, striking potential

potenciómetro, potentiometer, potential divider
potenciómetro autoequilibrado, self-balancing potentiometer
potenciómetro de desviación, deflection potentiometer
potenciómetro de hilo, slide-wire potentiometer
potenciómetro lineal, linear potentiometer
práctica operativa, method of application
preacentuación, preemphasis
preactivador, pre-trigger
preámbulo (tty, datos), header, heading (*tty, data*)
preamplificación, preamplification
preamplificador, preamplifier
precalentar, to preheat
precalibración, pointing, precalibration
precargado, preloaded
precauciones de seguridad, safety precautions
precedencia, precedence
precedencia de mensajes, message precedence
precisión, accuracy, precision, exactness
precisión de medida, measurement accuracy
preciso, accurate
preconcentración, prefocusing
preempción, preemption
preénfasis, preemphasis
preestablecer, to present
prefijo, numerical code, prefix
prefocalización, prefocusing
pregrupo, pregroup
preparado, prepared, standby
preselección, preselection
preselector, preselector, subscriber's line switch
preselector de cavidad RF, RF cavity preselector
preselector mezclador para troncales de salida, outgoing secondary line switch
preselector primario o primero, primary line switch
preselector rotatorio, rotary line switch
preselector segundo, secondary line switch
presentación, display
presentación de consola, console display
presentación M, M display
presentación N, N display
presentación numérica, numerical display
presentación panorámica (radar), panoramic display, plan position indicator (PPI), (*radar*)
presintonizar, to pretune
presión barométrica, barometric pressure
presión de contacto, contact pressure
presión electrostática, electrostatic pressure
primario, primary
primario de crominancia (tv), chrominance primary (*tv*)
primeros auxilios, first aid
principal, major (alarm), main, principal
prioridad, precedence, priority
probabilidad, probability
probabilidad de demora o retraso, probability of delay
probabilidad de pérdida, probability of loss, percentage of lost calls, grade of service
probabilidad de retraso o demora, percentage of delayed calls
probador, tester
probar los fusibles, to test the fuses
problema de verificación, check problem
proceder de, to originate at
procedimiento continuo, continuous processing
procedimiento de operación, operating procedure
proceso de datos, data processing
proceso electrónico de datos, electronic data processing
proceso de regulación, process, regulating process
producir, to yield
producto escalar, scalar product
producto de ganancia de ancho de banda, gain bandwidth product
producto vectorial, vector product
productos de modulación, modulation products
profundidad de modulación, depth of modulation
pronóstico de tiempo, weather forecast
pronóstico de tráfico, traffic forecast
programa, program
programa (calculadores, computadores), routine, program(me)
programa almacenado (datos), stored program (*data*)
programa codificado (datos), coded program (*data*)
programa de computador, computer program
programa de control (datos), control program (*data*)
programa diagnóstico (datos), diagnostic program (*data*)
programa director (datos), master routine (*data*)
programa patrón (datos), master routine (*data*)
programa registrado (datos), stored program (*data*)
programación (datos), programming (*data*)
programación automática, automatic programming
programación óptima, optimum coding, optimum programming
progamación rectilínea, linear programming
programación en serie, serial programming
programador, programmer
programar, to program

prolongación (de una línea), extension (of a line)
promediar, to average
propagación, propagation; rise
propagación guiada, guided propagation
propagación más allá del horizonte, forward scatter propagation
propagación normal, normal propagation, standard propagation
propagación sobre tierra plana, plane-earth propagation
proporción, ratio
proporción de aspecto (tv), aspect ratio (*tv*)
proporcional, linear; proportional
propuesta, proposal
propulsión diesel–eléctrica, diesel–electric drive
protección de bajo voltaje, low voltage protection
protección en caso de fallas, fail-safe
protección contra inversión de fase, phase reversal protection
protección de piloto de comparación indirecta, indirect comparison pilot protection
protector, protector, protective
protector de bloque, block protector
protegido, protected, shielded
protón, proton
prototipo, prototype
proveedor, vender, vendor
proyección, design; projection (*math*)
proyectar, to lay out, to design, to project
proyecto, project, plan, design
prueba, test
(a) prueba de agua, waterproof
prueba de aislamiento, flash test, insulation test
prueba de barrer, sweep test
prueba de barrido, sweep test
prueba de circuito cerrado, loop test
prueba de continuidad, continuity test
prueba diagnóstica, diagnostic test, diagnostic check
prueba de duración, life test
(a) prueba de fuego, fireproof
(a) prueba de intemperie, weatherproof
(a) prueba de mal tiempo, weatherproof
prueba de ocupación, busy test
(a) prueba de polvo, dust proof
prueba de prototipo, prototype test
prueba regular, routine test
prueba rutinaria, routine test
prueba de servicio, service test
prueba de viabilidad, feasibility test
pruebas de aceptación, acceptance tests
pruebas escogidas al azar, random sampling
pruebas de funcionamiento, functional tests
pruebas de homologación, prototype tests
pruebas de recepción, acceptance tests
pseudo al azar, pseudo-random
pseudocódigo, pseudo-code
psofómetro, psophometer
puente, bridge, bridging connection
puente balanceado, balanced bridge
puente de conexión, jumper
puente de continuidad eléctrica, bonding strip
puente (de) (para) corriente alterna, alternating current (ac) bridge
puente equilibrado, balanced bridge
puente de hilo, slide-wire bridge
puente de impedancia, impedance bridge
puente (de) Miller, Miller bridge
puente de Owen, Owen bridge
puente de RF, radio-frequency (RF) bridge
puente a radiofrecuencia, radio-frequency (RF) bridge
puente de resistencia, resistance bridge
puente de resonancia, resonance bridge
puente de Wheatstone, Wheatstone bridge
puente de Wien, Wien bridge
puerta, gate, port
puerta 'O', OR circuit, OR gate
puerta 'Y', AND circuit, AND gate
puesta, set-up
puesta en fase, phasing
puesta en servicio (de un circuito, central, sistema, etc.), cutover, placing in service
puesta a tierra, puesto a tierra, ground, grounding, grounded
puesto de operadora, operating position, position, switchboard position
pulgada, inch
pulir, to clean
pulsación, beat; angular frequency; pulsation, pulsing
pulsación resultante, beat
pulsador, press button, key, plunger, button
pulsador con retención, push button key
pulsar (una tecla, una palanca), to press a button or a key
punta, peak, pip, tip (jack, plug)
punta contacto, point contact
punta de flecha, plunger tip
punta de resonancia, resonance peak
puntal, strut
puntería, pointing
punto (código Morse), dot (Morse code)
punto de absorción, absorption point
punto de aguja, stylus tip
punto de alimentación, feed point
punto de apoyo, point of support
punto de calibración, boresight
punto de carga, loading point
punto de comprobación, check point, station
punto de condensación, dew point
punto de contacto, contact point
punto de corte, cutoff point
punto de cota conocida, bench mark, datum point
punto crítico, breaking point, critical point
punto de cruce, crossover
punto de Curie, Curie point
punto de derivación, node

punto de exploración, scanning spot
punto fijo, fixed point, dead center position
punto focal, focal point
punto de funcionamiento, working point, quiescent point, operating point
punto de imagen, scanning spot
punto de mira, boresight
punto neutro, neutral point
punto nodal, nodal point, null point
punto nulo, null position, null point
punto pasivo de cebado (canto), passive singing point
punto pi, pi point
punto de prueba, test point
punto-a-punto, point-to-point
punto de rádice, radix point
punto de referencia, reference point
punto de reposo, quiescent point
punto de rocío, dew point
punto de saturación, saturation point
punto de silbido, singing point
punto sombrío, dark spot
punto de tangencia, point of tangency
punto topográfico de referencia, bench mark
punto de trabajo, operating point
punto de transición, transition point
punto de unión, tie point, junction point
puntos cardinales, cardinal points (of the compass)
punzón, punch
punzonar, to punch
puño, handle
pupinización, loading
pupitre, cabinet, desk
pupitre de control, console
purveancia, purveance

Q cargado, loaded Q
Q de cavidad resonante, Q of a resonant cavity
quemado, burned
quemadura iónica, ion burning

RC (abreviatura para resistencia–capacitancia), RC
racionalización, rationalization
radarbaliza, radar marker
radarfaro, radar beacon
radiac, radiac
radiación, radiation
radiación electromagnética, electromagnetic radiation
radiación espuria, spurious radiation
radiación de fuga, stray radiation
radiación polarizada, polarized radiation
radiación de ranura, slot radiation
radiador, radiator
radiador de bocina, horn radiator
radiancia, radiant flux
radioaficionado, ham, radio amateur
radiobaliza, radio range, radio range beacon
radiobaliza de abanico (aero nav), fan marker beacon (*aero nav*)
radiobaliza marcadora (aero nav), marker beacon (*aero nav*)
radio-blindado, radio shielding
radio-desvanecimiento, radio fade out
radio eficaz de la tierra, effective earth radius
radiodifusión, broadcast(ing)
radiodifusora, broadcaster
radioenlace, radiolink
radioestación móvil, mobile radio station
radiofaro, radio beacon
radiofaro de aterrizaje (aero nav), landing beacon (*aero nav*)
radiofaro direccional (aero nav), radio range beacon (*aero nav*)
radiofaro de orientación (aero nav), radio marker station (*aero nav*)
radiofaro radar, radar beacon
radiofrecuencia (RF), radio frequency (RF)
radiofusora, broadcasting station
radiogoniometría, radio direction finding, direction finding
radiogoniómetro, direction finder, radio direction finder
radiolocalización, radio direction finding
radiomarcación, radio bearing
radiómetro, radiometer
radiorresistencia, radiation resistance
radiosonda, radiosonde
radiotelefonía, radiotelephony
radiotelegrafía, radiotelegraphy
radiotransmisión, radio transmission
radomo, radome
ráfaga, burst, gust (wind)
raíz cuadrada, square root
raíz cuadrada de la media de los cuadrados, root mean square value (RMS value)
raíz de la suma de los cuadrados, root sum square (RSS)
rama, branch, leg
rama común, common branch
rama receptora, receiving branch (leg)
rama transmisora, transmitting branch (leg)
rama transmisora local, sending branch (local), local transmitting branch
ramal de abonado, telephone drop
ramas conjugadas, conjugate branches
rango, range
rango de amplitud blanco a negro (facs), white-to-black amplitude range (*facs*)
rango de control, control range
rango de detección, detection range
rango nominal de utilización, nominal range of use
ranura, slot, groove, slit
ranura de filtro, filter slot
rasante, grazing
raspa, rasp
raspar, to erase, to scrape, to rasp
rastreador electromagnético, ferret

rastreo, tracking
rastreo de la señal, signal tracing
rastrillo portacables, cable rack
rastro, raster
raya (alfabeto Morse), dash (Morse alphabet)
rayo, beam, ray
rayo catódico, cathode ray
rayos alfa, alpha rays
rayos beta, beta rays
rayos canales, positive rays
rayos gamma, gamma rays
rayos (de) Roentgen, Roentgen rays, Röntgen rays
rayos (de) ultravioleta, ultraviolet rays
rayos X, X-ray(s)
razón, ratio
razón de transformación, transformation ratio
reacción, response, reaction, feedback
reacción compensadora, compensating feedback
reacción correctora, correcting feedback
reacción mayor, primary feedback
reacción negativa, inverse or reverse feedback
reacción positiva, positive feedback, regeneration
reactancia, reactance
reactancia capacitiva, capacitive reactance
reactancia efectiva, effective reactance
reactancia inductiva, inductive reactance
reactivo (eléc), reactive (*elec*), regenerative
(no) reactivo, non-reactive
reactor, reactor, choke
reactor de filtro, filter choke
reactor saturable, saturable reactor
reactor en serie, series reactor
reajustar, to readjust
reajustar el equilibrio, to rebalance (a circuit)
realimentación, feedback
realimentación capacitiva, capacitive feedback
realimentación correcta, correcting feedback
realimentación estabilizada, stabilized feedback
realimentación inductiva, inductive feedback
realimentación lineal, linear feedback
realimentación para modulación de frecuencia, frequency modulation feedback (FMFB)
realimentación negativa, negative feedback
rebajar la ganancia, to reduce the gain
reborde, flange
rebotar, to bounce
rebote, bounce (relay)
rebote de contacto, contact bounce
recalentamiento, overheating
recepción, reception, acceptance
recepción sobre antenas espaciadas, space diversity
recepción definitiva, final acceptance
recepción en diversidad, diversity reception
recepción final, final acceptance
recepción múltiple, diversity reception
recepción de portadora recondicionada, reconditioned carrier reception
recepción provisional, provisional acceptance
receptáculo, receptacle, wall socket
receptor, receiver
receptor de alta selectividad, single-signal receiver
receptor autodino, autodyne receiver
receptor automático de alarma, auto(matic) alarm receiver
receptor de cabeza, headphone
receptor panorámico, panoramic receiver
receptor de radar, radar receiver
receptor radiogoniómetro de estáticas, sferics receiver
receptor de señal fija, single signal receiver
receptor de sincro diferencial, differential (synchro) receiver
receptor superreactivo, superregenerative receiver
receptor de triple conversión, triple conversion receiver
receptransmisor, transceiver
recinto, enclosure
recinto apantallado, screen(ed) room
recíproca, reciprocal
reciprocación, reciprocacion
reciprocidad, reciprocity
reconocimiento, survey
recorrer una línea, to inspect a line
recorrido, track, path
recorrido de cable, cable run
recorrido de(l) contacto, contact travel
recorrido de guía (de) onda, waveguide run
recorrido libre medio, mean free path
recortador, chopper
recorte (cresta de ondas), chopping
rectificación, rectification
rectificación completa, full wave rectification
rectificación de errores (perforadores), erasure of errors (perforator)
rectificación lineal, linear detection
rectificador, inverter, rectifier
rectificador de contacto, contact rectifier
rectificador de contacto por superficie, surface contact rectifier
rectificador controlado a rejilla, grid controlled rectifier
rectificador controlado a silicio, silicon controlled rectifier
rectificador convotrol, convotrol rectifier
rectificador de cristal, crystal rectifier
rectificador de disco seco, dry disc rectifier
rectificador electrolítico, electrolytic rectifier
rectificador lineal, linear rectifier

rectificador de media onda, half wave rectifier
rectificador metálico, metallic rectifier
rectificador de onda completa, full wave rectifier
rectificador de óxido de cobre, copper oxide rectifier
rectificador de puente, bridge rectifier
rectificador de punto de contacto, point contact rectifier
rectificador (de) **selenio,** selenium rectifier
rectificador de semi-onda, half wave rectifier
rectificador sincrónico, synchronous rectifier
rectificador (de) **túnel,** tunnel rectifier
rectificador de unión, junction rectifier
rectificador a vapor de mercurio, mercury arc rectifier, mercury vapor rectifier
rectificador de voltaje regulable, adjustable voltage rectifier
rectificante, rectifying
rectificar, to rectify
recubrimiento, overlap
recuperación, recovery
rechazo de imagen, image rejection
rechazo de modo común, common mode rejection
red, net, network, system
red de acentuación, preemphasis network
red activa, active network
red de aislamiento, isolation network
red de antenas, curtain (*ant*)
red apagachispas, spark killer
red automática, dial exchange area
red de batería central, common battery exchange area
red del comando, command net
red de comunicaciones, communications network
red compensadora, compensating or balancing network
red correctora, equalization network, weighting network, corrective network
red correctora de la forma de señal, signal shaping network
red de corriente alterna (CA), ac system
red cristalina, crystal lattice
red de cruce, crossover network
red de cuadripolos, ladder network
red dedicada, dedicated network
red de desacoplamiento, decoupling network
red desfasadora, phase shift network
red digital automática, automatic digital network
red divisora, dividing network
red dorsal de microondas, backbone microwave network
red filtrante, filter network
red en forma de T con puente, bridge T network
red (de) H, H network
red híbrida, hybrid network
red igualadora de impedancia, impedance matching network
red interurbana, trunk network, toll network, toll area
red inversa, inverse network
red jerárquica, hierarchical network
red de K constante, constant K network
red en L, L network
red lineal, linear network
red de líneas, external plant, outside plant
red de O, O network
red pasante, all-pass network
red pasiva, passive network
red de ponderación, red de peso, weighting network
red de precisión, precision net(work)
red de preénfasis, preemphasis network
red de radiación transversal, broadside array (*ant*)
red RC, RC network
red regional, toll area, tandem area, regional network
red repartidora, dividing network
red de resistencias, resistance pad
red simétrica, symmetrical network
red suburbana, toll area, tandem area
red de (en) T, T network
red en T paralela, parallel T network
red telefónica interurbana, exchange area
red telegráfica, telegraph network
red de todo paso, all pass network
redistribución, redistribution
reducción de datos, data reduction
reducción de inteligibilidad, articulation reduction
reducir, to step down, to reduce
reductor de voltaje, potential divider
reductor de voltaje de resistencia, resistance voltage divider
redundancia, redundancy
reembolsar una tasa, to rebate a charge
(de) reenganche automático, self-reset
referencia, reference
referencia de color, color reference
referencia de la portadora de crominancia, chrominance carrier reference
referencias, legend (as on a drawing)
reflectancia, reflectance (reflection factor)
reflectividad radárica, radar reflectivity
reflectómetro, reflectometer
reflector, reflector
reflector diedro, corner reflector
reflector parabólico, parabolic reflector, dish antenna
reflector plano, plane reflector
reflectores complejos, complex reflectors
reflejo de bajos, base reflex
reflexiómetro, reflectometer
reflexión, reflection
reflexiones abnormales, abnormal reflections
reflexiones esporádicas, sporadic reflections

refracción, refraction
refracción costera, coastal refraction
refracción normal, standard refraction
refracción por obstáculo, knife-edge refraction
refractividad, refractivity
refractivo, refractive
refractómetro, refractometer
refrigeración, refrigeration, cooling
refrigerador, refrigerator
refrigerante, refrigerating, refrigerant
refringencia, refractivity
regeneración, regenerating
régimen, rate, rating
(de) **régimen,** nominal
régimen de carga, charging rate
régimen continuo, continuous running, continuous rating
régimen de emisión secundaria, secondary emission rate
régimen de funcionamiento, operating range
régimen inicial, initial rate
régimen intermitente, intermittent duty
régimen de marcha, working or operating conditions
régimen permanente, steady state
régimen de saturación, saturation state
régimen transitorio, transient state
régimen de voltaje, voltage rating
región anódica, anode region
región catódica, cathode region
región cercana, near region
región disruptiva, breakdown region
región Fraunhofer, Fraunhofer region
región Fresnel, Fresnel region
región prohibida, forbidden region
región de silencio, shadow region
región de sombra, shadow region
registración, logging
registrador, chart recorder, meter, transcriber, register, recorder
registrador de banda, strip recorder
registrador de control, control register
registrador de conversión (serie a paralelo, paralelo a serie), shift register
registrador de entrada, incoming register
registrador de imprenta, ink recorder
registrador de impulsos, impulse recorder
registrador (de) **índice,** index register
registrador de instrucciones, instruction register
registrador de nivel, level recorder
registrador de operación, operation register
registrador a pluma, ink recorder
registrador de pluma, pen recorder
registrador de pluma Angus, Angus pen recorder
registrador de programa, program(me) counter
registrador en reserva, standby register
registrador secuencial, sequence register
registrador tambor, drum recorder
registradores numéricos, numerical registers
registrar, to register, to record
registro, log, recording, manhole (Spain)
registro de cables, cable record
registro de cifras, digit storage
registro directo, direct recording
registro sonoro, sound track
registro de transmisión, transmission measuring set
regla de cálculo, slide rule
regla de mano derecha, right hand rule
regla de mano izquierda, left hand rule
reglaje, regulating, regulation
reglaje aproximado, coarse adjustment
reglamentario, in accordance with regulations
reglamento, regulation, rules, rules and regulations
reglar (máquina), to govern
regleta de conexión, connecting block
regleta de conjuntores, jack strip
regleta de terminales, connecting block, terminal strip
regrabación, playback
regulable, adjustable
regulación, adjustment, governing, regulating, regulation
regulación de anchura de imagen, width control
regulación automática de voltaje, automatic voltage regulation
regulación de los bajos, bass control
regulación de base de tiempos, time base control
regulación de cero, zero adjusting
regulación en ciclo cerrado, closed loop control
regulación por grados, step-by-step control
regulación de los graves, bass control
regulación de nonio, vernier adjustment
regulación de precisión, fine adjustment
regulación relativa, relative regulation
regulación de la sensibilidad, sensitivity control
regulación de tono, tone control
regulación de tres modos, three-mode control
regulación de triple reducción, three-step control
regulación de voltaje, voltage control or regulation
regulador, governor, regulator, regulating
regulador automático de voltaje (**tensión**), automatic voltage regulator
regulador de brillo, brightness control
regulador de carga, load regulator
regulador de corriente, current regulator
regulador de corriente constante, constant current regulator
regulador en derivación, shunt regulator
regulador del factor de potencia, power factor regulator

regulador de fase, phase regulator or advancer
regulador por hilo auxiliar, pilot wire regulator
regulador de intensidad, volume control, intensity control
regulador piloto, pilot regulator
regulador en serie, series regulator
regulador de temperatura, temperature regulator
regulador de tensión, voltage regulator
regulador termostático, thermostat control
regulador de transmisión, transmission regulator
regulador de velocidad variable, variable speed regulator or controller
regulador vocal, vogad
regulador de voltaje, voltage regulator
regulador de voltaje de cuadro móvil, moving coil voltage regulator
regulador de voltaje escalonado, step voltage regulator
regulador de voltaje de hierro móvil, moving iron voltage regulator
regular, to regulate, to adjust
regularidad de marcha, reliability
rehabilitar, to overhaul, to 'rehab'
reinserción de la componente CC, dc restoration
reinserción de la portadora, reinsertion of carrier
rejilla, grid; rack
rejilla de control, control grid
rejilla resonador, resonator grid, resonant grid
rejilla supresora, suppressor grid
(con) rejilla a tierra, grounded grid
rel, rel
relación, relation, ratio, rate
relación de aspecto, aspect ratio
relación de atenuación, attenuation ratio
relación axial, axial ratio
relación de banda ancha, wideband ratio
relación de contraste, contrast ratio
relación de cortocircuito, short-circuit ratio
relación desmultiplicadora, reduction ratio
relación de desviación, deviation ratio
relación dinámica (radiodifusión), dynamic ratio (broadcasting)
relación entrada salida, transfer characteristics
relación entre cresta y valle, peak-to-valley ratio
relación de humedad, humidity ratio
relación de onda estacionaria (ROE), standing wave ratio (SWR)
relación de potencia, power ratio
relación de propagación de fase, phase propagation ratio
relación señal–ruido, signal-to-noise ratio
relación de señal a ruido, signal-to-noise ratio
relación de supresión de amplitud, amplitude suppression ratio
relación de tensión de ondas estacionarias (ROEV), voltage standing wave ratio (VSWR)
relación de transmisión, gear ratio
relación de vueltas, turns ratio
relajación, relaxation
relé, relay
relé con acción diferida, deferred time lag relay
relé con acción escalonada, relay with sequence action
relé de acción lenta, slow acting relay
relé de acoplamiento, interlocking relay
relé auxiliar, auxiliary relay
relé de avance, stepping relay
relé avisador, alarm relay
relé de bajo voltaje, under voltage relay
relé de bloqueo, locking or blocking relay
relé de cinta rota, torn tape relay (station)
relé de cinta semiautomático, semiautomatic tape relay
relé de clavija, plug-in relay
relé contador, counting relay
relé de contracorriente, reverse current relay
relé de corriente, current relay
relé de corriente alterna, ac relay
relé de corriente inversa, reverse current relay
relé de corte (tel), BCO relay (*tel*)
relé diferencial, differential relay
relé direccional, directional relay
relé distancia, distance relay
relé electrodinámico, electro-dynamic relay
relé electrotérmico, thermal relay
relé de (con) enclavamiento, locking relay or interlocking relay
relé de enchufe, plug-in relay
relé de equilibrio de fases, phase balance relay
relé de fin de llamada, tripping relay
relé fotoeléctrico, photoelectric relay
relé iniciador, initiating relay
relé interruptor, chopping relay
relé (de) lámina de contactos de mercurio, wet reed relay
relé de línea, line relay
relé de luz, light relay
relé maestro, master relay
relé maestro de la red, network master relay
relé de masa, ground(ing) relay
relé de máxima y mínima, over and under relay
relé medidor, metering relay
relé de microondas, microwave relay
relé de mínima, underload relay, undervoltage relay
relé neutro, neutral relay
relé de ocupación, holding relay
(el) relé se pega, the relay is sticking

relé piloto, pilot relay
relé plano, flat (type) relay
relé polarizado, biased relay, polarized relay
relé de potencia, power relay
relé de presión, pressure relay
relé primario, primary relay
relé de puesta en fase, phasing relay
relé de radar, radar relay
relé de reactancia, reactance relay
relé de reconexión, reclosing relay
relé regulador, regulating relay
relé de retardo, delay relay
relé de retardo constante, definite time (lag) relay
relé de ruptura lenta, slow release relay
relé de secuencia, sequence relay
relé de sincronización, synchronizing relay
relé de sobrecorriente, overcurrent relay
relé de subvoltaje, undervoltage relay
relé termiónico, thermionic relay
relé de tiempo fijo, definite time (lag) relay
relé de transferencia, power transfer relay
relé de tres intervalos, three-step relay
relé de voltaje, voltage relay
relevador, relay
relevador con acción escalonada, relay with sequence action
relevador de acción retardada, slow acting relay
relevador de bobina móvil, moving coil relay
relevador (de) corriente de llamada, ringing relay
relevador de cuadro móvil, moving coil relay
relevador de desenganche, trip relay
relevador disyuntor (tel), BCO relay (*tel*)
relevador (de) fasamiento de la red, network phasing relay
relevador favorecido, biased relay
relevador a la indiferencia, relay neutrally adjusted
relevador de liberación retardada o lenta, slow releasing relay
relevador maestro de la red, network master relay
relevador de multicontactos, multicontact relay
relevador polarizado, polar relay
relevador de potencia, power relay
relevador con retención, relay with holding winding
relevador de retención, holding relay
relevador de sincronización, synchronizing relay
relevador sintonizado, tuned relay
relevador de sobrecarga, overload relay
relevador termiónico, thermionic relay
relevador de voltaje máximo y mínimo, high–low voltage relay
relevadores progresivos o de progresión, stepping relays
reloj, clock
reloj maestro, master clock
reloj de mando, master clock
reloj patrón de estación, station clock
reluctancia, reluctance, magnetic resistance
reluctividad, reluctivity
relleno, filler, padding
remache, rivet
remanencia, residual magnetism, remanence
remendar, to repair
remodulador, remodulator
rendir, to yield
rendimiento, yield, efficiency, output, performance
rendimiento del circuito, circuit efficiency, circuit usage
rendimiento de conversión, conversion efficiency
rendimiento máximo, optimization
rendimiento mecánico, mechanical efficiency
rendimiento de placa, plate efficiency
rendimiento de radiación, radiation efficiency
rendimiento de transporte, transport efficiency
rentabilidad, productivity, profitability
reóstato, rheostat
reóstato de carbón, carbon rheostat
reparación, repair, servicing
reparación de avería, fault clearance
reparar, to repair
reparar una avería, to clear a fault
repartido, distributed
repartidor, distributor, patch panel, divider, distribution frame
repartidor de carga, load divider
repartidor de grupos, group distribution frame (GDF)
repartidor intermediario de líneas, line intermediary distribution frame (LIDF)
repartidor intermedio, intermediate distribution frame (IDF)
repartidor principal, main distribution frame (MDF)
repartidor de supergrupo, supergroup distribution frame (SDF)
reperforador, reperforator
reperforador impresor, printing reperforator
reperforador–transmisor, reperforator–transmitter
repetidor, repeater
repetidor de banda ancha, wideband repeater
repetidor de cuartro hilos (o alambres), four-wire repeater
repetidor demodulador, back-to-back repeater, remodulating repeater
repetidor con derivación, dropping repeater
repetidor directo, through repeater
repetidor de dos hilos, two-wire repeater
repetidor de enlace de impulsos, pulse link repeater

repetidor de grupo, group repeater
repetidor heterodino, heterodyne repeater
repetidor de impulsos, pulse repeater
repetidor intermedio, intermediate repeater
repetidor de línea, line repeater
repetidor de llamada, ringing repeater
repetidor de portadora, carrier repeater
repetidor de pulsos, pulse repeater
repetidor de radar, radar repeater
repetidor de radio, radio repeater
repetidor de ramificación, branching repeater
repetidor regenerador (tty, datos), regenerative repeater (*tty, data*)
repetidor regenerador automático (datos), regenerative repeater (*data*)
repetidor semiduplex, half-duplex repeater
repetidor telefónico, telephone repeater
repetidor telegráfico, telegraph repeater
repetidor terminal, terminal repeater
repetidor de tránsito, through repeater
réplica, response
réplica de amplitud, amplitude response
reponer, to restore
reposición, reset, resetting, release
reposición a cero, zero resetting
reposición de ciclo, cycle reset
reposición instantánea, instantaneous reset
reposición a mano, reposición manual, manual or hand reset
(**en**) **reposo,** inoperative, at rest
reposo (tty), space (*tty*)
representación gráfica, plot, plotting
reproducción, playback
reproductor fonoeléctrico, pickup
repuesta, spare
repuesto, spare part, repair part
rerradiación, scattering, re-radiation
resalte, preemphasis
resbalamiento, slip
(**de**) **reserva,** standby, spare
(**de**) **reserva activo,** hot standby
residuo (de) portadora, carrier leak
resistencia o (resistor), resistor, resistance (strength)
resistencia de absorción, absorption resistance
resistencia de aislamiento, dielectric strength, insulation resistance
resistancia anódica, anode resistance, plate resistance
resistencia de antena, antenna resistance
resistencia aparente, apparent resistance
resistencia autorreguladora, ballast resistor
resistencia bobinada, wirewound resistor, wirewound resistance
resistencia de bucle, loop resistance
resistencia de calefacción, heating resistor
resistencia de carbón, carbon resistance, carbon resistor
resistencia CC de placa, dc plate resistance
resistencia de colector–base, collector–base resistance
resistencia de compuerta, gate resistance
resistencia de contacto, contact resistance
resistencia crítica, critical resistance
resistencia crítica de cebadura, critical buildup resistance
resistencia delantera, forward resistance
resistencia en derivación, shunt resistance
resistencia derivadora, shunting resistance
resistencia dieléctrica de aislamiento, dielectric strength, insulating strength
resistencia diferencial de ánodo, slope resistance
resistencia de dispersión, leakage resistance
resistencia de drenaje, bleeder resistor
resistencia efectiva, effective resistance
resistencia de electrodo, electrode resistance
resistencia emisor–base, emitter–base resistance
resistencia de emisor–colector, emitter–collector resistance
resistencia específica, resistivity, specific resistance
resistencia a la fatiga, fatigue strength (of materials)
resistencia interna, internal resistance
resistencia interna (diferencial) anódica, anode differential resistance
resistencia inversa, back resistance, inverse resistance
resistencia limitadora de la carga, load limiting resistor
resistencia de límite, limiting resistance
resistencia lineal, linear resistance, resistance per unit length
resistencia magnética, reluctance, magnetic resistance
resistencia negativa, negative resistance
resistencia no inductiva, non-inductive resistor
resistencia óhmica, dc resistance, ohmic resistance
resistencia patrón, standard resistance or resistor
resistencia de película delgada, thin film resistance
resistencia de película gruesa, thick film resistance
resistencia de placa, plate resistance, anode resistance
resistencia de placas de carbón, carbon pile regulator
resistencia de polarización, bias resistor (resistance)
resistencia protectiva, protective resistance
resistencia de radiación, radiation resistance
resistencia reductora de voltaje, dropping resistor
resistencia reflejada, reflected resistance
resistencia resonante, resonant resistance
resistencia sangradora, bleeder resistor

resistencia de saturación, saturation resistance
resistencia de saturación colector–emisor, collector–emitter saturation resistance
resistencia en serie, series resistance
resistencia de superficie, surface resistance
resistencia térmica, thermal resistor
resistencia de tierra, ground resistance
resistencia (de) túnel, tunnel resistor
resistencia unitaria, resistance per unit length
resistencia variable, variable resistor, variable resistance
resistencia de variación lineal, linear taper (a resistor of)
resistencia de variación logarítmica, logarithmic taper (resistor)
resistividad, resistivity
resistividad de superficie, surface resistivity
resistivo, resistive
resistor, resistor
resistor ajustable, adjustable resistor
resistor de carbón, carbon resistor
resistor de cinta espesa, thick film resistor
resistor de película gruesa, thick film resistor
resistor térmico, thermal resistor
resistor túnel, tunnel resistor
resnatrón, resnatron
resolver, to solve (*math*), resolve
resonador, resonator
resonador de cuarzo, quartz resonator
resonador mariposa, butterfly resonator
resonancia, resonance
resonancia de amplitud, amplitude resonance
resonancia de fase, phase resonance
resonancia ferromagnética, ferromagnetic resonance
resonancia natural, natural resonance
resonancia en paralelo, parallel resonance
resonancia en serie, series resonance
resonancia submúltiple, submultiple resonance
(no) resonante, non-resonant
resonar, (to) resonate
resorte corto (de un jack), tip spring (of a jack)
resorte espiral, helical spring, spiral spring
resorte helicoidal, helical spring
resorte largo de un jack, ring spring (of a jack)
resorte móvil, actuating spring
resorte principal, main spring
respiradero, vent
respondedor, responder
responder, to answer, to reply
respuesta, answer, response, reply
(sin) respuesta, no reply
respuesta a armónicos, harmonic response
respuesta espuria, spurious response
respuesta en (de) fase, phase response
respuesta de fondo, background response
respuesta de forma de onda, waveform response
respuesta de frecuencia, frequency response
respuesta de imagen, image response
respuesta medida, measured response
respuesta de paso, step response
respuesta de paso (de) banda, passband response, bandpass response
respuesta de pico, peak response
respuesta de salida, output response
respuesta de transitorios, transient response, surge characteristic
resta, subtraction
restablecer, to restore
restablecer un circuito, to restore a circuit
resultado, output, result
resultante, resultant
retardación, retardation
retardar, to delay, to retard
retardo, delay, delay time, time lag
(en) retardo, lagging
retardo de actuación, time element, actuation delay
retardo constante, constant time lag
retardo diferencial, differential delay
retardo de envoltura, envelope delay
retardo de envolvente, envelope delay
retardo de fase, phase delay, phase lag
retardo de impulso, pulse delay
retardo relativo, relative delay
retardo de respuesta, lag, response delay
retardo en la velocidad, velocity lag
retén, cam, dog
retén de giro, rotary dog
retén de giro para disco de llamada, rotary dog for calling device
retención automática, automatic holding device
retención hacia delante, forward holding
retención de llamadas maliciosas, annoyance holding
retención por la operadora, manual holding
retención en trabajo, lock-up
retener, to hold (relay)
retenida, guy
retenimiento, hold, holding
retentor, holder
retículo, graticule
retorno, return, return trace
retorno de mar (radar), sea return (*radar*)
retorno de señal o tono de ocupado (ocupación), busy back
retransmisión, retransmission, relay broadcast
retransmisión por cinta (tty), tape relay (*tty*)
retransmisión mediante cinta perforada, tape retransmission
retransmisor, responder
retrasada, lagging
retraso, delay, lag
retraso en (de) codificación, coding delay
retraso de propagación, propagation delay

retrazo, retrace
retroacción, retroaction, feedback
retroalimentación, feedback
retroalimentación inversa, inverse feedback
retroceso, comeback
retroceso de(l) arco, arc back
retroceso de(l) carro (tty, datos), carriage return (*tty*, *data*)
retroceso del haz electrónico, flyback
reunir, to collect
revelar, to develop
reverberación, reverberation
reversible, reversible
(no) reversible, irreversible
revestimiento de cobre, copper sheath
revestimiento exterior, outer coating
revisar, to review, to hunt (*switching*)
riesgo de incendio, fire hazard
rigidez, strength
rigidez dieléctrica, dielectric or insulating strength
rígido, stiff, rigid
riostra, guy, stay
riostra rígida, rigid stay
riostrar, to anchor (a tower, etc.), to guy
ritmo de fallas de componentes, part failure rate
rodillo, roller
rodillo de imprenta, inker
rodillos, skids
rodillos de la flecha, plunger rollers
roldana, washer
rollo de hilo, coil of wire, roll of wire
rosa náutica, rosa de los vientos, compass rose
rosca a derechas, right handed thread
roscar, to tap
roseta, rosette
rotación, rotation, slewing
rotación angular, angular rotation
rotación dextrorsa, rotación destrórsum, clockwise
rotación Faraday, Faraday rotation
rotación de fase, phase rotation
rotación levogira, counter-clockwise
rotación sinistrórsum, counter-clockwise
rotativo de ferrita, ferrite rotator
rotor, rotor
rotulación, lettering (of a drawing)
rótulo, label
rozador, wiper
rozar, to bind, to stick, to jam
rubro, part, item, paragraph, section
rueda, wheel
rueda indicadora, index wheel
rueda móvil (turbina), rotor
ruedas de tipo, type wheels
ruido, noise
ruido de agitación, shot noise
ruido de agitación térmica, Johnson noise, thermal noise
ruido ambiente, ambient noise
ruido de amplitud, amplitude noise
ruido de antena, antenna noise
ruido atmosférico, atmosphere noise
ruido blanco, white noise
ruido casual, random noise
ruido de circuito, line noise, circuit noise
ruido de conmutación, conmutation noise
ruido de contactos, contact noise
ruido cósmico, cosmic noise, sky noise
ruido eléctrico, electric noise
ruido errático, random noise
ruido de fondo, idle noise, background noise, random noise
ruido fuera de banda, out-of-band noise
ruido galáctico, galactic noise
ruido de granalla, shot noise
ruido de impulsos, impulse noise
ruido de inducción, induction noise
ruido inducido, induced noise
ruido de intermodulación, intermodulation noise
ruido de precipitación, precipitation noise
ruido de propagación, propagation noise, path distortion noise
ruido de receptor, receiver noise
ruido de referencia, reference noise
ruido de resistencia (ruido térmico), resistance noise
ruido del sector, power line noise
ruido solar, solar noise
ruido de tubo (o válvula), tube noise
ruidos transitorios, transient noise
rumbo, heading, course, bearing
rumbo radiogoniómetro, radio bearing
ruptor, cutout
ruptura, disconnection, rupture, clearing
ruptura brusca, quick break
ruptura dieléctrica, dielectric breakdown
ruptura de hilo, line break, (an) open
ruptura (de) Zener, Zener breakdown
ruta, route, course
ruta alternativa, alternate route or routing
ruta de cable, cable run
ruta de postes, pole line
rutina (datos), program, routine (*data*)
rutina de acceso mínimo, minimum access routine
rutina de almacenaje, stored routine
rutina cerrada, closed routine
rutina de prueba, test routine
rutina de punto flotante, floating point routine
rutina de utilidad, utility routine

sacaclavos, nail puller
sacaengranaje, gear puller
sacafusible, fuse puller
sala de control, control room
sala de servicio, operating room
salida, output
salida a central distante, outgoing to distant exchange

salida cero, zero output
salto, flashover, jump, hop
salto de energía, energy gap
salto de modo, mode jump
satélite, satellite
satélite activo, active satellite
satélite de comunicaciones activo, active communications satellite
satélite de comunicaciones pasivo, passive communications satellite
satélite de estación repetidora, relay station satellite
satélite pasivo, passive satellite
satélite reflector, reflector satellite (passive)
satélite síncrono de telecomunicaciones, synchronous communication satellite
saturación anódica, plate saturation
saturación por corriente continua, direct current saturation
saturación magnética, magnetic saturation
saturación de placa, plate saturation
saturación de voltaje, voltage saturation
(no) saturado, unsaturated
sección, hop, section, block
sección de bastidores, bay
sección coaxial, coaxial stub
sección derivada de adaptación, matching stub
sección de filtro, filter section
sección de grupo, group section
sección de inducido, element of a winding
sección de una línea, section of a line
sección longitudinal, longitudinal section
sección ranurada, slotted section
sección de tráfico, traffic department, traffic section
sección transversal, cross section
seccionador, isolator
sector (conmut), sector, bank (*switch*)
secuencia, sequence
secuencia cerrada, closed sequence
secuencia de comparación, collation sequence
secuencia de control, control sequence
secuencia de llamada, calling sequence
secuencial, sequencial
secundaria, minor (alarm)
secundario, segundario, secondary
segmento, segment
seguidor de cátodo, cathode follower
seguimiento automático (satcom), automatic tracking (*satcom*)
segunda preselección parcial, partial secondary selection
segundo selector de grupo, second group selector
seguridad, safety, security
seguridad de las comunicaciones, communications security
seguridad electrónica, electronic security
selección (conmut), dialing, selection, choice (*switch*)
selección automática, hunting action
selección con bucle, loop dialing
selección continua, continuous hunting
selección deformada, faulty selection
selección directa, direct selection
selección directa por disco, direct dialing
selección falsa, faulty selection
selección libre, non-numerical selection
selección numérica, numerical selection
selección rotatoria sobre varios niveles, rotary search on several levels
selección secuencial, sequential selection
selección de señal, gating
selección sobre un solo nivel, selection on one level only
selección sobre varios niveles, level hunting
selección en tándem, tandem dialing
selección ulterior, post selection
seleccionar, to dial, to select
seleccionar por método estroboscopio, to strobe
selectancia, selectance
selectividad, selectivity
selectividad espectral, spectral selectivity
selectividad variable, variable selectivity
selectivo, selective
selector, selector
selector de absorción de impulsos, digit absorbing selector
selector de banda, band selector
selector de código, code selector
selector de coincidencia, coincidence selector
selector (de) coordenadas, crossbar switch
selector de director (conmut), director selector (*switch*)
selector de disco, dial selector
selector distribuidor, alloter
selector de diversidad, diversity selector
selector de estación, office selector
selector final, final selector
selector final de central privada, PBX finals
selector final interurbano, toll final selector, toll selector
selector de grupo, group selector
selector de grupo primario, first group selector
selector de grupo secundario (segundario), second group selector
selector intermedio, intermediate selector
selector de línea (tel), final selector, connector (*tel*), line selector
selector con posición de reposo, homing selector
selector primero, first selector, first group selector
selector primero de entrada, incoming first selector
selector primero local, local first selector
selector registrador de la 2a y 3a letras, B and C digit selector
selector-relevador (relé), relay selector

selector rotativo, rotary selector
selector de salida, outgoing selector
selector segundo, second group switch
selector segundo interurbano, second group switch toll
selector supresor, digit absorbing selector
selector para tráfico urbano e interurbano, combined local and trunk selector
selector de tránsito, tandem selector
selector de zona, zone selector
selectores de director de selección libre, non-digit type direct selectors
selsin, selsyn
semiautomático, semi-automatic
semicerrado, semi-closed
semiconductor, semiconductor
semiconductor de cinta fina, thin film semiconductor
semiconductor compensado, compensated semiconductor
semiconductor compuesto, compound semiconductor
semiconductor iónico, ionic semiconductor
semiconductor intrínseco, intrinsic semiconductor
semiconductor de óxido metálico, MOS (metal oxide semiconductor)
semiconductor de película delgada, thin film semiconductor
semiconductor tipo N, tipo NPN, N type semiconductor, NPN semiconductor
semiconductor tipo P, P type semiconductor
semiduplex, half duplex, semi duplex
semiperíodo, alternation
seno, sine
senoidal o sinusoidal, sinusoidal
sensibilidad, sensitivity
sensibilidad de desviación, deflection sensitivity
sensibilidad dinámica, dynamic sensitivity
sensibilidad espectral, spectral sensitivity
sensibilidad luminosa, luminous sensitivity
sensibilidad relativa, relative sensitivity
sensibilidad tangencial, tangential sensitivity
sensible, sensitive
sensible al infrarrojo, infra-red sensitive
sensible a (la) luz, light sensitive
sensible a pasador, pin sensing
sensor, sensor
sentido, sense
sentido de polarización, direction of polarization
sentido de propagación, direction of propagation
sentido de rotación, direction of rotation
sentido de señal (tty, datos), signal sense (*tty, data*)
sentido de transmisión, direction of transmission
señal, signal, indication
señal de abonado que cuelga, clear back signal
señal de acción, action signal
señal de acondicionamiento, conditioning signal
señal de actuación, actuating signal
señal de acuse de recepción, acknowledgement signal
señal de alarma, warning signal, alarm, alarm signal
señal de arranque, start signal, break pulse
señal automática de fin, automatic clearing
señal de avería, trouble tone
señal avisadora, alarm signal
señal de barra (tv), bar waveform (*tv*)
señal B–Y, B–Y signal
señal de blancos, white signal
señal calibradora, calibrating signal
señal del canal de suma, sum channel signal (Σ)
señal de color compuesta, composite color signal
señal de comienzo, proceed to send signal
señal compuesta de televisión, composite television signal
señal de conexión establecida, audible ringing signal, ringing tone, ringing signal
señal de contestación, answer signal
señal cromática, color signal
señal de densidad máxima, maximum picture signal
señal de detención, stop signal
señal de diferencia de color, color difference signal
señal diferencial del ángulo ecuatorial, hour angle difference signal
señal diferencial de declinación, declination difference signal
señal de disco, board signal
señal de entrada, input signal
señal de error, error signal, erasure signal
señal de espacio(s), spac(ing) signal
señal de espuria, spurious signal
señal de fin de conversación, disconnect signal, clear forward
señal de fin de numeración, end of pulsing signal
señal de frente inclinado, steep front signal
señal de identificación, recognition signal
señal de imagen, picture signal
señal de información, intelligence signal, information signal
señal de luminancia o luminiscencia, luminance signal
señal luminosa, lamp indicator
señal de llamada, ringing tone, ringing signal, recall
señal de llamada audible, audible ringing signal
señal para marcar, dial tone
señal de modulación, modulating signal
señal numérica, sign digit

señal de ocupación, busy signal, busy tone
señal óptica, visible signal
señal de parada (tty), stop signal (*tty*)
señal pequeña, small signal
señal portadora de colores, color carrier signal
señal de puesta en marcha, start dialing signal
señal de realimentación, feedback signal
señal rectificada, rectified signal
señal de reposo, interval signal, space
señal de salida, output signal
señal de saturación, saturating signal
señal de seccionamiento, blocking signal
señal de selección (tel), proceed-to-select signal (*tel*)
señal de sincronización, synchronizing signal
señal de supervisión, supervisory signal
señal de toma de línea, seizure signal
señal de transmisión (tel), proceed-to-transmit signal (*tel*)
señal (de) video, video signal, camera signal
señal de video compuesta, composite video signal
señal visible, visible signal
señal visual, picture signal
señalador, ringer
señalar (aparatos), to read
señalar, to signal
señales (de) crominancia de video, chrominance video signals
señales de numeración, pulsing signals
señales Q, Q signals
señales de tiempo, time signals
señalización, signaling
señalización de baja frecuencia, low frequency signaling
señalización de circuito abierto, open circuit signaling
señalización de circuito cerrado, closed circuit signaling
señalización combinada con telefonía, speech plus signaling
señalización dentro de banda, in-band signaling
señalización diferida, delayed signaling
señalización por disco, dial signaling
señalización E y M, E and M signaling
señalización de frecuencia común, single frequency signaling
señalización en frecuencia vocal, voice frequency signaling
señalización fuera de banda, out-of-band signaling
señalización por onda prognosticada, predicted wave signaling
señalización de portadora, carrier signaling
señalización selectiva en frecuencia, frequency selective signaling
separación, separation, break
separación de fases, phase splitting
separación normal de contactos, normal contact separation
separador, isolator, buffer, separator
separador de amplitud (tv), amplitude separator (*tv*)
separador (de) ferrita, ferrite isolator
separador sincrónico, sync separator
separar, to drop (e.g. to drop and insert)
ser inestable, (to) hunt
serie, series
(en) serie, serial, in series
serie de cifras (tty), figures case (*tty*)
serie de operaciones, series of operations
serie de valores, range, range of values
serrodino, serrodyne
serrucho, saw
servicio, duty, service
servicio automático de tránsito, automatic tandem working
servicio compartido, shared service
servicio continuo, continuous duty, full duty, continuous service
servicio fijo aeronáutico, aeronautical fixed service
servicio con llamada previa, ringdown operation
servicio medido, measured service
servicio móvil de radio, mobile radio service
servicio periódico, periodic duty
servicio permanente, continuous service
servicio pesado, heavy duty
servicio público, public service
servicio de revisión, servicing
servicio de teletipo por líneas telefónicas, telex
servicio temporal, temporary duty
servicio transitorio, temporary duty
servo, servo
servoaccionado, servo-driven
servoamplificador, servo-amplifier
servocircuito, servo-loop
servomecanismo, servo, servo-device, servo-mechanism
servomisor, servo-transmitter
servomotor, servomotor
servomotor de accionamiento, actuator
servomotor de control, control servomotor
servomotor para declinación, declination servo-drive
servorregulador, servo-control
servosistema, servo-system
shunt, shunt
shunt magnético, magnetic shunt
shunt en resonancia, resonant shunt
sicómetro, wet bulb thermometer
sierra, saw
sierra cortametales, hack saw
sierra de metales, hack saw
sierra de vaivén, jig saw
signo autenticador, authenticador
signos utilizables, language (of a computer)
silábico, syllabic

silbido, singing, whistling
silenciador, squelch circuit
silenciador de ruido, noise quieting
sílice, silica
silicio, silicon
símbolo, symbol
símbolo lógico, logical symbol
simetría, symmetry
simplex, simplex
simplex monocanálica, single channel simplex
simulador, simulator
sincro, synchro, selsyn
sincro indicador, indicating synchro
sincrocomparador angular, angular synchro comparator
sincrodefasador, synchro dephaser
sincrónico, synchronous
sincronismo, synchronism
sincronización, synchronization, alignment, phasing
sincronización facsimilar, facsimile synchronization
sincronización de fase, phase lock
sincronización horizontal, horizontal synchronization
sincronización vertical, vertical sync(hronization)
sincronizado, lock-in, synchronized
sincronizador, phaser, synchronizer
sincronizar, to synchronize
síncrono 'autosyn', autosyn
(no) síncrono, non-synchronous
sincronoscopio, synchronoscope
sincrorreceptor de control, synchro control receiver
sincrorreceptor de par, torque synchro receiver
sincrotransmisor, synchro transmitter
sincrotrigonómetro, resolver
síntesis de la red, network synthesis
sintetizador, synthesizer
sintonía, tuning, syntony
sintonía gruesa, broad tuning
sintonización, tuning
sintonización aplastada, flat tuning
sintonización automática, automatic tuning
sintonización escalonada, stagger tuned
sintonización manual, manual tuning
sintonización por núcleo deslizante, slug tuning
sintonización plana o aplastada, flat tuning
sintonización precisa, sharp tuning
sintonización con sistema silenciador, quiet tuning
sintonización térmica, thermal tuning
sintonización de vara paralela, parallel rod tuning
(no) sintonizado, untuned
sintonizador, tuner
sintonizador de tetón o stub simple, single-stub tuner
sintonizar, to tune
sísmico, seismic
sistema, system
sistema absoluto, absolute system
sistema alineal, non linear system
sistema de altavoces para conferencias, public address system
sistema de antenas colineales, linear array
sistema autoalineador, self-aligning system
sistema avisador audible, audio alarm system
sistema Baudot, Baudot system
sistema bifásico, two-phase system
sistema bifásico de tres hilos, two-phase, three-wire system
sistema CGS, CGS system
sistema coherente de portadora, coherent carrier system
sistema de concentración constante, lumped constant system
sistema de conmutación, switching system
sistema de continuidad (fuerza), no-break system (power)
sistema criptográfico, crypto(graphic) system
sistema cuadruplex, quadruplex system
sistema cuantificado, quantized system
sistema decimal de codificación binaria, BCD system, binary coded decimal system
sistema de demora (conmut), delay system (*switch*)
sistema de de(s)fasaje mínimo, minimum phase shift system
sistema de diagrama centralizado, common diagram system
sistema diplex, diplex system
sistema duplex, duplex system
sistema electromecánico, electromechanical system
sistema electromecánico de enclavamiento, electromechanical interlock
sistema emisor, transmitting system
sistema governado por el error, error activated system
sistema de guía por radio, radio guidance system
sistema de información telemandada, remote display system
sistema intertelefónico, interphone/intercom
sistema de lectura numérica, numerical readout system
sistema lógico, logical system
sistema para manipulación de datos, data processing system
sistema megafónico, public address system
sistema de microondas, microwave system
sistema de multifrecuencia, multi-frequency system
sistema numérico binario, binary representation
sistema de números complementarios, complement number system

sistema octal de codificación binaria, binary coded octal system
sistema de onda portadora, carrier system
sistema de oscilador maestro, master oscillator system
sistema de oscilador patrón, master oscillator system
sistema polifásico, polyphase system
sistema de radio, radio system
sistema de reducción de datos, data reduction system
sistema de referencia, reference system
sistema refrigerante, cooling system
sistema de regulación de circuito cerrado, closed loop system
sistema de sincro, synchro system
sistema telefónico semiautomático, semiautomatic telephone system
sistema de telemando, remote control system
sistema de transmisión de datos, data transmission system, data transmitter
sistema de tres hilos, three-wire system
sistema trifásico de cuatro hilos, three-phase four-wire system
sistema trifásico de siete hilos, three-phase seven-wire system
sistema de unidades, system of units
sitio, site
situación (de) radiogoniométrica, radio fix
sobrealimentador, booster
sobreamortiguado, overdamped
sobreamortiguamiento, overdamping
sobreamperaje, overload
sobrecarga, overload
sobrecarga brusca, surge
sobrecarga térmica, thermal overload
sobrecarga transitoria, surge
sobrecargado, overdriven, overloaded
sobrecorriente, overcurrent
sobrecresta, overshoot
sobreexcitado, overdriven
sobreflujo, overflow
sobremodulación, overmodulation
sobremodular, to overmodulate
sobrepaso del haz, overshoot
sobreponer, to superimpose, to overlap
sobrevoltaje, surge, overvoltage
sodio, sodium
sofómetro, psophometer
solapado de líneas (tv), pairing (*tv*)
solapamiento, overlap
solapar, to overlap
soldador, soldering iron
soldadura, solder, weld, joint
soldadura con arco eléctrico, arc welding
soldadura con núcleo de resina, rosin core solder
soldadura seca, dry solder joint
soldar, to braze, to weld, to solder
solenoide, solenoid
soltar, to trip, to jump
sombra de radar, radar shadow
sonar, to ring
sonda, probe, test probe
sonda de detección con líneas ranuradas, travelling detector
sonda RF, RF probe
sondador electrónico, fathometer
sondeo ionosférico, ionospheric sounding
sonido de batimiento, beat note
sonio, sone
sonómetro, noise meter
sonoridad, loudness
sopladero, vent
soplador, blower, fan
soplo microfónico, microphone hiss
soporte, base, bracket, support
soporte (mec, eléc), spider (*mech, elec*)
soporte de cable, cable rack
soporte de cristal, crystal holder
soporte de pruebas, test rack
sostener, to sustain, to hold (relay)
sostenimiento, hold, holding
spacistor, spacistor
stack (computador), stack
standard, standard
stub, stub
stub de cuarto de onda, quarter wave stub
stub de sintonización, tuning stub
subcanal (tel), subchannel (*tel*)
subconjunto, subassembly, subset
subcuadro (telm), subframe (*telm*)
subdivision de tiempo, time sharing
subestación de distribución, distributing substation
subestación de transformación, transformer substation
subharmónico, subharmonic
submarino, submarine, undersea
subportadora, subcarrier
subportadora de color, color subcarrier
subportadora de crominancia, chrominance subcarrier
subproducto, subproduct
subprograma (datos), subroutine (*data*)
subprograma cerrado (datos), closed subroutine (*data*)
subrefracción, subrefraction
subrutina, subroutine
subrutina cerrada, closed subroutine
subrutina estática, static subroutine
subrutina intérprete, interpretive subroutine
subscritor, subscriptor, subscriber
subsíncrono, subsynchronous
subunidad, subassembly
subvoltaje, undervoltage
(en) sucesión, in sequence, in succession
sucesivo, serial
sujección, locking
sujetador, holder
sujetar, to clamp, to hold
sulfatación, sulfation, sulphation
sulfuro, sulphur

suma vectorial, vector sum
sumador, adder, adding machine
sumador binario, half adder, binary adder
sumar, to add
suministro de energía de reserva, emergency power supply
superconductividad, superconductivity
superficie esférica, spherical surface
supergrupo, supergroup
superheterodino, superheterodyne
superponible, stackable
superposición, overlap
superreacción, superregeneration
superrefracción, superrefraction
supersónico, supersonic, ultrasonic
supresión, blanking, suppression
supresión de la onda portadora, carrier suppression
supresor, suppressor, arrester
supresor de color (tv), color killer (*tv*)
supresor de chispa, spark quenching
supresor de eco, echo suppressor
supresor de impulsos, digit absorbing selector
supresor parasítico, parasitic suppressor
surco, groove
susceptancia, susceptance
susceptancia de sintonización, tuning susceptance
susceptibilidad, susceptibility
susceptibilidad dieléctrica, dielectric susceptibility
suscriptor, subscriber
suspensión, suspension

T híbrida, hybrid T
T mágica, magic T, hybrid T
tabla, board, chart, table, tabulation
tabla acústica, baffle
tabla de montaje, baseboard
tablero, switchboard, board, panel
tablero de dibujo, drawing board
tablero de distribución, distributing switchboard, switchboard
tablero de indicaciones, display panel
tablero posterior, back plate
tacan (aero nav), tacan (*aero nav*)
taco, stub
taco de desintonía, detuning stub
taco sin disipación, non-dissipative stub
taco de sintonización, tuning stub
tacómetro, tachometer
tachar, to erase
taladro, drill
talón del relevador, relay heel piece
tambor, drum
tambor de cable, cable reel
tambor magnético, magnetic drum
tambor de memoria de computador (ordenador) computer memory drum
tampón, buffer
tándem, tandem
(en) tándem, in tandem
tangencial, tangential
tangente, tangent
tapa, cover
taponar, to plug
tarado, calibration
tarar, to gauge, to calibrate
tarifa, rate (of a call or message)
tarifa completa, full rate
tarifa reducida, reduced rate
tarifa telegráfica, telegraph rate
tarjeta de control, control card
tarjeta dentada en el borde, edge notched card
tarjeta de entrada (computador), order (computer)
tarjeta maestra, tarjeta (de) maestro, master card
tarjeta perforada, punched card
tasa de dosis de radiación, radiation dose rate
tasa de errores (datos), error rate (*data*)
tasa telegráfica, telegraph rate
tasable, chargeable
tecla, key
teclado, keyboard, key, typewriter keyboard, teleprinter keyboard
teleaccionamiento, telecontrol
telecomunicación, telecommunication
teleconmutación, teleswitching
telecontador, remote meter
telediafonía, far-end crosstalk
telefonema, telephone message
telefonía, telephony
telefonía cifrada, cipher telephony
teléfono manual, manual telephone set
teléfonos de cabeza, headset telephone, headphones
telefotografía, wire photo
telegrafía, telegraphy
telegrafía armónica, voice frequency telegraphy, voice frequency carrier telegraphy (VFCT, VFTG)
telegrafía combinada con telefonía, speech plus telegraph
telegrafía por corriente continua, direct current telegraphy
telegrafía con corriente(s) portadora(s) de alta frecuencia, high frequency carrier telegraphy
telegrafía por corrientes portadoras, carrier telegraphy
telegrafía por frecuencia de voz, voice frequency carrier telegraphy
telegrafía por frecuencias acústicas, voice frequency telegraphy
telegrafía harmónica, voice frequency carrier telegraphy (VFCT, VFTG)
telegrafía de tonos, tone telegraph or voice frequency carrier telegraph
telegrafiar, to telegraph
telégrafo impresor, printing telegraph

teleimpresor, teleimpresora, teleprinter, teletypewriter
teleindicador, telemeter
teleinscriptor, telewriter
telemandado, remotely operated
telemando, remote control, telecontrol
telemedición, telemetering
telemedido, remote measurement
telemetría, telemetering, telemeter
telemetría de posición, position telemeter
telémetro, telemeter, range finder
telescópico, telescoping, telescopic
telerregulación, remote control
teletipo, teletype
televisión, television
televisión en circuito cerrado, closed circuit television (CCTV)
televisión de exploración lenta, slow-scan television
télex, telex
temperatura absoluta, absolute temperature (Kelvin)
temperatura del aire, air temperature
temperatura ambiente, ambient temperature, room temperature
temperatura de funcionamiento, operating temperature
temperatura nominal, rated or nominal temperature
temperatura de ruido, noise temperature
temperatura de ruido equivalente, equivalent noise temperature
temperatura de ruido normal, standard noise temperature
tempestad ionosférica, ionospheric storm
tempestad magnética, magnetic storm
templador, turnbuckle
temporal, temporary
temporización (conmut), time out (*switch*)
tenacillas, pliers
tenacillas de punta larga, long nose pliers
tenazas, pliers
tendencia al canto, near singing
tendido de guía onda, tendido de guía de ondas, waveguide run, plumbing (*waveguide*)
tener firme, to hold
tensión, stress; voltage, potential
tensión aceleradora, accelerating voltage or potential
tensión acelerante, beam voltage
tensión de agrupación, bunching voltage
tensión alterna, alternating voltage
tensión de bloqueo, blocking voltage
tensión de calefactor, filament voltage
tensión de carga, charging voltage
tensión de cebado, breakdown voltage
tensión de colector, collector voltage
tensión de comparación, reference voltage
tensión de compensación, compensating voltage
tensión constante, constant voltage
tensión de control, control voltage
tensión en diente de sierra, sawtooth voltage
tensión directa, forward voltage
tensión de electrodo, electrode voltage
tensión de encendido, starting voltage
tensión de extinción, extinction voltage
tensión inversa, inverse voltage
tensión de línea, line voltage
tensión nominal, rated voltage
tensión de ondulación residual, ripple voltage
tensión (p)sofométrica, noise voltage, psophometric voltage
tensión de ruido, noise voltage
tensión de ruptura, breakdown voltage
tensión de señal, signal voltage
tensión de servicio, operating voltage
tensión sofométrica, psophometric voltage, noise voltage
tensión de tierra, ground potential
tensión de trabajo, working voltage
tensión de umbral, threshold voltage
tensión de vacío, no-load voltage
tensor, turnbuckle
tensor de riostra, stay tightener
tentativa de llamada, call attempt
teorema, theorem
teorema de reciprocación, teorema de reciprocidad, reciprocity theorem
teorema de Thevénin, Thevénin's theorem
teoría de la información, information theory
teoría de juegos, game theory
teoría de red, network theory
tercer electrodo, screen grid
tercer (h)armónico, third harmonic
termal, thermal
térmico, thermal
terminación, termination, terminating
terminación (de) 4/2 hilos, four wire termination
terminación equilibrada, matched termination
terminal, terminal
terminal (p.e.: dispositivo de 3 terminales), port (e.g. a 3-port device)
terminal de soldadura, lug, soldering lug, soldering terminal
terminal(es) de antena, antenna terminal(s)
terminales en blanco, blanks (terminal)
termiónico, thermionic
termistencia, thermistor
termistor, thermistor
termoagitación, thermal agitation
termoconductivo, heat conducting
termoelemento, thermoelement
termogalvanómetro, thermogalvanometer
termomagnético, thermomagnetic
termómetro, thermometer
termómetro de bola seca, dry bulb thermometer
termopar, thermocouple
termopila, thermopile
termostático, thermostatic

termóstato, thermostat
ternario, ternary
terrestre, terrestrial
terrestre (estación terrestre), earth (earth station)
tetón (también stub), stub
tetón adaptador, stub tuner
tetón adaptador de guía de ondas, waveguide stub
tetón de cuarto de onda, quarter wave stub
tetón de desintonía, detuning stub
tetón sin disipación, non-dissipative stub
tetrafilar, four-wire
tetrapolar, four-pole
tetrodo, tetrode
tic, click(s)
ticket de información, information card
tiempo de acceso, access time, read time
tiempo de arranque, response time, starting time
tiempo de bloque, blocking period
tiempo de bloqueo, hangover time
tiempo de buscar, search time
tiempo de búsqueda, search time
tiempo de cadencia de impulsos, pulse recurrence time
tiempo de caldeo de un cátodo termoelectrónico, cathode heating time
tiempo de ciclo, cycle time
tiempo compartido, time sharing
tiempo de conmutación, switching time
tiempo disponible, available time
tiempo de espera (tfc), delay, waiting time (*tfc*)
tiempo (periódo) de establecimiento, build(ing) up time
tiempo de exploración, action period, action phase
tiempo de funcionamiento, holding time, operate time
tiempo improductivo, downtime
tiempo inactivo, idle period
tiempo de ionización, ionization time
tiempo de interrupción, interruption time, interrupting time
tiempo de lectura, read time
tiempo de liberación, release time, release lag
tiempo de mantenimiento, holding time
tiempo medio de espera, mean waiting time
tiempo medio entre fallas, mean time between failures (MTBF)
tiempo muerto, dead time
tiempo de ocupación, holding time
tiempo para operar, operate time
tiempo de parada, downtime
tiempo de persistencia, decay time
tiempo de programa, program(me) time
tiempo de propagación, transit time, propagation time, rise time
tiempo de reacción, response time
tiempo de recorrido, transit time
tiempo de referencia, reference time
tiempo de reposición, release time or lag
tiempo de reposo, idle period
tiempo de resolución, resolving time
tiempo de respuesta, response time
tiempo de respuesta del CAF, AFC response time
tiempo de respuesta de un receptor, receiver response time
tiempo de retardo, tiempo de retraso, delay, delay time
tiempo de retardo de grupo, group delay time
tiempo de retención, retention time
tiempo de retorno, return interval
tiempo de retraso, delay, delay time
tiempo de selección libre, selector hunting time
tiempo de transferencia, transfer time
tiempo de transición equivalente, equivalent rise time
tiempo de tránsito, transit time
tiempo para transmisión, transmission time
tiempo universal, universal time
tierra, ground, earth
tierra aislada, floating ground
tierra neutral, neutral ground
tierra plana, smooth earth
timbre, bell, ringer
timbre de alarma, alarm bell
timbre piloto, pilot alarm
tinglado, shed, shack
tipo de carga, type of load(ing)
tipo de servicio, type of duty, service
tipo sin retorno a normal (conmut), non-homing type (*switch*)
tirada, printing
tirafondo, lag screw
tirante, guy, stay; tie rod
tiratrón, thyratron
tiristor, thyristor
tocar, to ring
(para) todos los usos, all purpose
(por) todo o nada, on-off
toldo, tarpaulin
tolerancia, tolerance
tolerancia de ajuste, allowance, adjustment tolerance
tolerancia de frecuencia, frequency tolerance
toma, tap, tapping, seizure (*switch*)
toma central, center tap
toma (de) corriente, plug, outlet (e.g. wall outlet)
toma de enchufe, plug receptacle
tomar la medida de, to measure
tono, tone (sometimes volume)
tono (o señal) de abonado desconectado, disconnect tone
tono de avería, trouble tone
tono brusco (de señalización), spurt tone
tono de conexión establecida, ringing tone, ringing signal
tono de falla, fault tone, trouble signal

tono local, sidetone
tono de llamada, ringing tone
tono para marcar, dial tone
tono de ocupación, busy tone, signal
tono de ocupación de grupo, group busy tone, signal
tono de ocupación de retorno, return busy tone
tono de ocupado, busy back
tono de orden, order tone
tono de piloto, pilot tone
tono de prueba, test tone
tono puro, simple tone
tono de referencia, reference tone
tono de (durante) reposo, tone on while idle
tono de un sonido, pitch
tono de trabajo, tone off while idle
tope, stop
tope de dedo, stop finger
tope doble (conmut), double dog (*switch*)
tope posterior o trasero, back stop
tope del relevador, relay stop pin
tope de la uña, pawl stop
torcedura, twist
tormenta magnética, magnetic storm
tornapunta, strut
tornillo, screw
tornillo de ajuste, adjusting screw
tornillo de banco, vise
tornillo de cabeza ranurada, slotted screw
tornillo sin fin, worm gear
tornillo de sintonización, tuning screw
torniquete, vise
torno mecánico, lathe
toroide, toroid
torre arriostrada, guyed tower
torre autoestable, self-supporting tower
torrecilla de llaves, turret keys
torsión, torsion, twist
tostado, burned out
total, overall
total de imagen, raster
totalización, summation
totalizar, to integrate, to sum up, to add up
trabajo (tty), marking (*tty*)
trabajo, work(ing)
trabajo en circuito cerrado, closed circuit working
traducción, translation (of digits)
traducción algorítmica, algorithm translation
traducción de código, code translation
traductor, register, translator, coder, director
traductor de clave, decoder
tráfico, traffic
tráfico de cresta, peak traffic
tráfico de desborde, tráfico desbordado, overflow traffic
tráfico doméstico, domestic traffic
tráfico de entrada, tráfico entrante, incoming traffic
tráfico de escala, through traffic, via traffic
tráfico en espera, waiting traffic
tráfico interior, inland traffic, domestic traffic
tráfico interno, internal traffic
tráfico interregional, trunk traffic
tráfico interurbano, toll traffic
tráfico limítrofe, toll traffic
tráfico medio de un día laborable, average traffic per working day
tráfico perdido, lost traffic
tráfico presentado, traffic offered
tráfico regional, toll traffic
tráfico de salida, tráfico saliente, outgoing traffic
tráfico de sobrecarga, overflow traffic
tráfico en tránsito, through traffic, via traffic, transit traffic
tráficos, traffic, traffic load
tráficos desbordados, overflow traffic
trama (tv), raster (*tv*)
trama de televisión, television raster
tramo, hop, span, link
tramo aire–tierra, air-to-ground (A/G)
tramo tierra–aire, ground-to-air
trampa, trap
trampa de iones, ion trap
trampa iónica, ion trap
trampa de onda, wave trap
transadmitancia, transadmittance
transceptor, transceiver
transconductancia, mutual conductance, transconductance
transconductancia rejilla–placa, grid–plate transconductance
transcriptor, transcriber
transductancia de conversión, conversion transductance
transductor, transducer, director, translator
transductor activo, active transducer
transductor del ángulo axial, shaft angle transducer
transductor de conversión (h)armónica, harmonic conversion transducer
transductor eléctrico, electric transducer
transductor electromagnético, electromagnetic transducer
transductor magnético, magnetic transducer
transductor de modo, mode transducer
transductor piezoeléctrico, piezoelectric transducer
transductor recíproco, reciprocal transducer
transductor reversible, reversible transducer
transductor simétrico, symmetrical transducer
transductor unidireccional, unidirectional transducer
transferencia, transfer, patching (e.g. panel de transferencias: patch panel)
transferencia en paralelo, parallel transfer
transferencias, patching

transformación de Laplace, Laplace transform
transformador, transformer
transformador de adaptación, matching transformer
transformador de adaptación equilibrado de impedancias, impedance matching transformer
transformador de AF (audio frecuencia), AF transformer
transformador de alimentación, supply transformer
transformador compensado, balanced transformer
transformador de conexión en T, teaser transformer
transformador diferencial, hybrid coil transformer, differential transformer
transformador elevador, step-up transformer
transformador de impulsos, pulse transformer
transformador de línea, line transformer
transformador de potencia, power transformer
transformador para rectificadores, rectifier transformer
transformador de la red, mains transformer
transformador reductor, step-down transformer
transformador regulable, variable transformer
transformador de regulación, regulating transformer
transformador de salida, output transformer
transformador saturable, saturable transformer
transformador de tensión constante, constant voltage transformer
transformador toroidal, toroid transformer
transformador de triple tetón o stub, triple stub transformer
transformador de voltaje, voltage transformer
transformar, to convert
transición de negro a blanco, black to white transition
transiente, transient
transiente de corta duración en forma de pulso, spike
transistor, transistor
transistor avalancha controlado de superficie, surface controlled avalanche transistor
transistor de barrera superficial, surface barrier transistor
transistor de compuerta de resonancia, resonant gate transistor
transistor de efecto-campo, field effect transistor
transistor de juntura punto, point junction transistor
transistor mesa, mesa transistor
transistor de microaleación, micro-alloy transistor
transistor NPIN, NPIN transistor
transistor NPN, NPN transistor
transistor planar, planar transistor
transistor puntual, point-contact transistor
transistor de punto, junction transistor
transistor de silicio, silicon transistor
transistor tetrodo, tetrode transistor
transistor tipo difusión, diffused (type) transistor
transistor unijuntura, unijunction transistor
transistor de unión, junction transistor
transistor unipolar (de efecto de campo), unipolar transistor
tránsito de central, cross office
tránsito manual por cinta perforada, manual tape relay
transitorio, transient
transitrón, transitron
translación, translation, repeating
translación de frecuencia, frequency translation
translación rectificadora, regenerative repeater
translador, transducer, translator
translador de prueba, test translator
transmisión, transmission
transmisión de banda lateral independiente, independent sideband transmission (ISB transmission)
transmisión de blancos, white transmission
transmisión de cinta, tape transmission
transmisión desmodrómica, positive transmission
transmisión facsimilar, facsimile transmission
transmisión por fricción, friction drive
transmisión de imagen, picture transmission
transmisión de imágenes, phototelegraphy
transmisión por impulsos, pulse transmission
transmisión de incidencia oblicua, oblique incidence transmission
transmisión de incidencia vertical, vertical incidence transmission
transmisión de luminancia constante, (tv) constant luminous transmission (*tv*)
transmisión monocromática (tv), monochromatic transmission (*tv*)
transmisión negativa (tv), negative transmission (*tv*)
transmisión en paralelo, parallel transmission
transmisión radiofónica, program transmission
transmisión de señales por lámpara, lamp signaling
transmisión de serie, serial transmission
transmisión por supresión de la portadora, suppressed carrier operation

transmisión telegráfica con cinta perforada, perforated tape transmission
transmisión de trayectos múltiples, multipath transmission
transmisión de video CC (tv), dc picture transmission (*tv*)
transmisor, transmitter, transmission, sender
transmisor automático, automatic transmitter
transmisor de cinta, tape transmitter
transmisor diferencial, differential transmitter
transmisor de radar, radar transmitter
transmisor–receptor automático (tty), ASR (automatic send–receive) (*tty*)
transmisor repetidor, transmitter–repeater
transmisor de sincro diferencial, differential (synchro) transmitter
transmisor de sonido, sound or aural transmitter
transmisor al teclado (tty), keyboard transmitter (*tty*)
transmisor de televisión, television transmitter
transmitancia, transmittance
transmitancia radiante, radiant transmittance
transposición, transposition
transposiciones coordinadas, coordinated transpositions
tratamiento, process, treatment
tratamiento industrial, processing, industrial treatment
trayecto, path
trayecto de bajada (satcom), down-path (*satcom*)
trayecto de corriente, current path
trayecto de haz, ray path
trayecto de onda tangencial, tangential wave path
trayecto rasante, grazing path
trayecto de subida (satcom), up-path (*satcom*)
trayecto visual, line-of-sight path
trayectoria de planeo, glide path
traza, track
trazado, plotting, layout
trazado de una línea, route of a line
trazado de X–Y, X–Y plotting
trazaeco, blip (*radar*)
trazar, to plot, to trace
trazo de retorno, return trace
TRC (tubo de rayos catódicos), cathode-ray tube (CRT)
trecho, span, trace
trementina, turpentine
tren de engranajes, gear train
tren de impulsos, pulse train
tren de ondas, train of waves, wave train
trepidación, judder, vibration
trepidar, to vibrate, to shake, to jar
trifásico, three-phase
triac, triac
triad, triad
trigonometría, trigonometry
trinquete, pawl, ratchet
trinquete de giro o rotación, rotary pawl
triodo, triode
triodo túnel, tunnel triode
triple, triple, treble
triplexer, triplexer
triplicador de frecuencia, frequency tripler
tripolar, triple pole
trócola, block and tackle
trole, trolley
trole axial, axial trolley
troncal, trunk
troncal común, common trunk
troncal de entrada, incoming trunk
troncal interurbano de conmutación, switching trunk
troncal local, local trunk
troncales de salida, outgoing trunks
troncamiento, chopping (wave crests)
tronco, trunk
tronco de interceptación, intercept trunk
tronco interno de la central, intra-office trunk
tronco interurbano, intertoll trunk
tronco local, local trunk
tronido, clicks
troposfera, troposphere
troquel, die
trozo, piece
trozo de línea, line section
trozo metálico, slug
tubería, piping, tubing
tubo ATR, ATR tube
tubo bellota, acorn tube
tubo BWO, BWO tube
tubo cerámico planar, planar ceramic tube
tubo contador, counting tube
tubo de deflexión de haz, beam deflection tube
tubo de descarga, discharge tube
tubo de descarga del gas, gas (discharge) tube
tubo de disparo o gatillo, trigger tube
tubo de escaso vacío, soft tube
tubo de faro, light house tube
tubo fotoeléctrico, photoelectric tube
tubo de fuerza por haces, beam power tube
tubo gaseado, gassy tube
tubo gaseoso, gas tube
tubo de haz radial, radial beam tube
tubo de imagen, picture tube
tubo indicador, indicator tube
tubo de memoria, memory tube, storage tube
tubo (de) memoria de indicaciones, display storage tube
tubo memorizador, memory tube, storage tube
tubo modulador, modulating tube

tubo de neón, neon tube
tubo de onda progresiva, traveling wave tube (TWT)
tubo de onda regresiva, backward wave tube
tubo de polarización elevada, remote cutoff tube
tubo de polarización remota, remote cutoff tube
tubo de potencia de haces electrónicos dirigidos, beam power tube
tubo de pre-TR, pre-TR tube
tubo de rayos catódicos (TRC), cathode ray tube (CRT)
tubo regulador, ballast tube
tubo regulador de voltaje, voltage regulator tube
tubo de sintonización por voltaje, voltage-tunable tube
tubo TR, TR tube
tubo de vapor de mercurio, mercury vapor tube
tuerca, nut
tuerca mariposa, winged nut
tuerca de seguridad, lock nut
túnel de corrimiento, drift tunnel
tungsteno, tungsten
tungsteno toriado, thoriated tungsten

ubicación, site, situation, location, position
ultraacústico, ultrasonic
ultraalta frecuencia, ultra-high frequency (UHF)
ultrafax, ultrafax
ultrasonoro, ultrasonic
umbral, threshold
umbral de CAF, AFC threshold
umbral de detección, detection threshold, receiver threshold
umbral de interferencia, interference threshold
umbral de mejora, improvement threshold
umbral de mejora FM, FM improvement threshold
umbral de ruido de receptor, receiver noise threshold
umbral de sensibilidad, quieting sensitivity
umbral de sintonización silenciosa, muting threshold
unidad, unit, unity, unity (*math*)
unidad absoluta, absolute unit
unidad de adición, add-on unit
unidad amplificadora, amplifier element
unidad de angstrom, angstrom unit
unidad aritmética, arithmetical unit
unidad biestable, bistable unit
unidad binaria, binit (binary unit)
unidad de canal, channel unit
unidad de carga, unit charge
unidad cíclica o repetitiva, repetitive unit
unidad de conexión, plug-in unit
unidad convencional de ruido, noise unit
unidad de conversación, unit call (traffic engineering)
unidad digital, digital unit
unidad de duración de emisión, unit duration of signal
unidad electromagnética, electromagnetic unit (EMU)
unidad electrostática absoluta, abstat unit (absolute electrostatic)
unidad enchufable, plug-in unit
unidad de enchufe, plug-in unit
unidad grabadora, recording head
unidad de línea, line unit
unidad de llamada (tfc), unit call (*tfc*)
unidad de resolución, resolver
unidad de retransmisión, retransmission unit
unidad separadora de bites, bit buffer unit
unidad de sincro, synchro unit, synchro receiver
unidad de terminación de cuatro hilos (o alambres) (tel), four-wire terminating set (*tel*)
unidad de volumen (VU), volume unit (VU)
unidades completas premontadas, packaged units
unidades derivadas, derived units
unidades eléctricas absolutas, absolute electrical units
unidades prácticas, practical units
unidireccional, one way
unión, connection, attachment, joint, junction, splice
(de) unión, connecting
unión adaptada, matched junction
unión de aleación, alloyed junction
unión aleada, alloyed junction
unión blindada, shielded joint
unión por brida, flange coupling
unión de colector, collector junction (transistor)
unión de cuarto de onda (guía onda), choke joint (*waveguide*)
unión de cultivo regulado, rate grown junction
unión de choques (guía onda), choke joint (*waveguide*)
unión eléctrica, electric splice
unión híbrida, hybrid junction
unión P–N, P–N junction (boundary) (transistor)
unión P–P, P–P junction (transistor)
unión rotativa, rotary joint, rotating joint
unión (de) semiconductor, semiconductor junction
unión a tope, butt joint
unipolar, single pole
unipolo magnético, unit magnetic pole
unir, to connect, to join
universal, universal
univibrador, flip-flop
uña, pawl
uña de elevación, vertical pawl

uña de giro, rotary pawl
usina, power plant, plant
usuario telefónico, telephone user
utilización, availability, utility
utilizar, to work (a circuit), to utilize

VHF de varios alcances, estación VHF omnidireccional para determinar el alcance, VHF omnirange
VTVM (abreviatura de vacuum tube voltmeter), VTVM
VU (abreviatura de volume unit), VU (volume unit)
(en) vacío, no load, non-loaded (circuit), open circuit
vacío, no load
vaina catódica, cathode glow
vaina de electrones, electron sheath
valencia, valency
valor, value
valor de brillo, brightness level
valor de cresta (o de pico), peak value, crest value
valor cuadrático resultante, root sum square value (RSS)
valor efectivo de CA, ac effective value
valor eficaz, effective value, RMS (root mean square)
valor de entrada, input value
valor instantáneo, instantaneous value, actual value, momentary value
valor intermedio, intermediate value
valor límite, limiting value, limit value
valor medido, measured value
valor medio, mean value
valor nominal, nominal value
valor óptimo o ideal, ideal value
valor predeterminado, predetermined value
valor promedio, average value
valor real, instantaneous value, actual value
valor regulado, control point
valor de reposo, quiescent value
válvula, valve, tube, vacuum tube
válvula de alto vacío, hard tube, high vacuum tube
válvula de descarga luminiscente, glow discharge tube
válvula dura, hard tube
válvula emisora, power tube
válvula de escaso vacío, soft tube
válvula fotoeléctrica, photoelectric tube
válvula de gas o a gas, gas filled tube, gas tube
válvula miniatura, miniature tube
válvula de onda progresiva, TWT (traveling-wave tube)
válvula de potencia, power tube
válvula de potencia de haces electrónicos dirigidos, beam power tube (valve)
válvula-relé, thyratron
válvula de vapor de mercurio, mercury arc rectifier, mercury vapor rectifier
vano, span, hop
varactor, varactor
variable, fluctuating, variable (adject.), variable (noun) (*math*)
variable binaria, binary variable
variable controlada, controlled variable
variable dependiente, dependent variable
variable independiente, independent variable
variac (autotransformador variable), variac
variación, variation
variación automática de umbral, automatic threshold variation
variación de fase, phase shift
variación magnética, magnetic variation
variación nula, zero variation
variación de voltaje (tensión), voltage variation
variador de fases, phase advancer
variador de velocidades, speed selector
varilla, bar, shaft, rod
varilla de tierra, ground(ing) rod
varillaje (mec), linkage (*mech*)
varioacoplador, variocoupler
varistor, varistor
vármetro, varmeter
vatihorímetro, watt-hour meter
vatímetro, wattmeter
vatímetro de paleta, vane (type) wattmeter
vatio, watt
vatios efectivos, effective watts, true power
vector, vector
vector H, H vector
vector de Hertz, Hertz vector
vector de Poynting, Poynting vector
velocidad, velocity, speed (sometimes rate)
velocidad absoluta, absolute speed
velocidad angular, angular velocity
velocidad de carga, charging rate
velocidad de conmutación, switching speed
velocidad constante, constant speed, constant velocity
velocidad crítica, critical speed
velocidad de exploración, scanning speed, scanning rate
velocidad de fase, phase velocity
velocidad de grupo, group velocity
velocidad de modulación de datos, modulation rate (medido en baud(io))
velocidad de plena marcha, full speed
velocidad de propagación, velocity of propagation
velocidad de recombinación, recombination velocity
velocidad de reproducción, reproduction speed
velocidad de tambor (facs), drum speed (*facs*)
velocidad telegráfica, modulation rate
velocidad de transmisión, transmission speed (modulation rate)

velocirregulación, speed control, speed regulation
ventaja de escalonamiento, stagger advantage, staggering advantage
ventaja sobre el ruido, noise advantage
ventana, aperture
ventana de resonancia (guía onda), resonant window (*waveguide*)
ventilación, ventilation
ventilador, fan, ventilator
ventilador eductor, exhaust fan
ventilar, to ventilate
verificación, control, check, checking, checkout
verificación aritmética, arithmetic check
verificación automática, automatic check
verificación marginal, marginal checking
verificación de paridad, parity check
verificación programada, programmed check
verificación de redundancia, redundancy check
verificación de secuencia, sequence control, sequence check
verificación de selección, selection check
verificar, to check, to calibrate, to verify
vertical, vertical, perpendicular
vértice, vertex
vía, route, track, path
vía auxiliar, alternate route
vía múltiple, multi-channel
vía normal, normal route
vía óptica, line-of-sight (LOS) path
vía preferente, first choice route
vía secundaria, vía segundaria, secondary route
vía supletoria, alternate route
vía de transmisión, channel, transmission path
vibración, vibration
vibración aeroelástica, flutter
vibración de baja frecuencia, rumble
vibrador, chopper, vibrator
vibrar, to vibrate, to chatter
vibro, bug (semiautomatic telegraph key)
vida, life
vida efectiva de un componente, component life
vida media, half-life
vida útil, operating life
video coherente, coherent video
videofrecuencia, video frequency
vidicón, vidicon
viento, stay; wind
vigilancia, monitor, supervision
vigilancia y control, monitor and control
vigilancia local, local control
vigilar, to supervise, to watch
viración, sluing, slewing
virola, ferrule
viscosidad, viscosity
vista frontal, front view
vista posterior, rear view
vocal, vowel; member of a governing body
vocoder, vocoder
vodas, vodas
volante, flywheel, wheel
volframio, tungsten
voltaje, voltage
voltaje de aceleración, acceleration (accelerating) voltage
voltaje en alud, avalanche voltage
voltaje aparente, lumped voltage; apparent voltage
voltaje de arranque, starting voltage
voltaje de barrido, sweep voltage
voltaje de bloqueo, blocking voltage
voltaje al cambio brusco de la curva, knee voltage
voltaje de carga, charging voltage
voltaje CC, dc voltage
voltaje a circuito abierto, no-load voltage, open-circuit voltage
voltaje compuesto, lumped voltage
voltaje concentrado, lumped voltage
voltaje constante, constant voltage
voltaje de consumo, supply voltage
voltaje de control, control voltage
voltaje de corte, cutoff voltage
voltaje de cresta, peak voltage
voltaje crítico, critical voltage
voltaje de desviación, deflecting voltage
voltaje en diente de sierra, sawtooth voltage
voltaje disruptivo, disruptive voltage
voltaje de electrodo, electrode voltage
voltaje de entrada, input voltage, supply voltage
voltaje de equilibrio de fases, phase balance voltage
voltaje de error, error voltage
voltaje especificado, specified voltage
voltaje estabilizado, stabilized voltage
voltaje de filamentos, filament voltage
voltaje de formación de chispas, sparking voltage
voltaje de funcionamiento, operating voltage
voltaje de impulso, impulse voltage
voltaje inverso, inverse voltage
voltaje de (la) línea, line voltage
voltaje medio, mean voltage
voltaje de oscilación, oscillating voltage
voltaje de perturbador, noise voltage
voltaje de pico, peak voltage
voltaje de polarización, bias voltage
voltaje pulsante, ripple voltage
voltaje pulsatorio, pulsating voltage
voltaje de la red, line voltage
voltaje de referencia, reference voltage
voltage de reflector, reflector voltage
voltaje de régimen, working voltage
voltaje de regulación, regulating voltage
voltaje residual, residual voltage
voltaje de ruptura, breakdown voltage
voltaje de salida, output voltage

voltaje de salida (transductor), load voltage
voltaje de saturación, saturation voltage
voltaje del secundario, voltaje del segundario, secondary voltage
voltaje de señal, signal voltage
voltaje de sintonización, tuning voltage
voltaje en vacío, no-load voltage
voltaje variable, variable voltage
voltaje de Zener, Zener voltage
voltiamperhorímetro, volt-ampere-hour-meter
voltiamperímetro, voltammeter
voltiamperio, volt-ampere
voltímetro, volt-ohm-milliammeter, voltmeter
voltímetro electrónico, vacuum tube voltmeter
voltímetro de hierro móvil, moving iron voltmeter
voltímetro registrador, recording voltmeter
voltímetro a válvula, vacuum tube voltmeter
voltio, volt
voltio-amperio, ampere-volt, volt-ampere (VA)
voltiohmmiliamperímetro, volt ohm milliammeter
voltio-ohmmetro, voltohmmeter
voltios-amperios reactivos, reactive volt amperes
volumen, volume
volumen común (tropo), common volume (*tropo*)
volumen de referencia, reference volume
volúmetro, volume meter, VU meter
voz segura (segurada) (p.e.: criptada), secure voice (e.g. encrypted)
vuelta al reposo (de un selector, relé), return to normal
vulcanita, hard rubber

watíhora, watt-hour
watíhorímetro, watt-hour meter
watímetro, watt-meter
weberio, weber

xerografía, xerography

yagi (ant), yagi (*ant*)
yugo (TRC), yoke (CRT)
yugo de desviación (TRC), deflection yoke (CRT)
(no) yuxtaposición de las líneas, underlap

zanja, trench
zanja de cable(s), cable trench
zapapico, pick axe
zapata polar, pole shoe
zinc galvanizado, zinc plated
zócalo, base, socket
zócalo de bayoneta, bayonet base
zona, zone
zona de audibilidad, audible range
zona de comunicaciones (mil), communications zone (*mil*)
zona de insensibilidad, dead zone
zona muerta, dead zone
zona PN, PN junction (transistor)
zona PNP, PNP junction (transistor)
zona de primer salto, primary skip zone
zona de silencio, skip zone, zone of silence
zona telefónica, exchange area
zona de transición, transition region
zona transitoria, transition region
zona urbana, local area
zonación, zonificación, zoning
zona(s) de Fresnel, Fresnel zone(s)
zumbador, buzzer
zumbante, humming
zumbido, hum

Abbreviations - Abreviaturas English-Spanish

ABC	**automatic bass compensation;**	—	compensación automática de los bajos
	automatic bias compensation;	—	compensación automática de polarización;
	automatic brightness control	—	control automático de luminosidad
ac	**alternating current**	CA	corriente alterna
AC & W	**aircraft control and warning**	—	control y aviso de aviones
A/D	**analog-to-digital**	A/D	análogo a dígito
ADF	**automatic direction finder**	—	goniómetro automático
ADP	**automatic data processing**	—	manipulación (o elaboración) automática de datos, proceso automatico de datos
ADU	**accumulation distribution unit**	—	unidad de acumulación y distribución
AESC	**automatic electronic switching center**	—	centro de conmutación electrónica y automática
AF	**audio frequency**	AF	audiofrecuencia
AFC	**automatic frequency control**	CAF	control automático de frecuencia
AFSK	**audio frequency shift keying**	—	manipulación por desplazamiento de audiofrecuencia
A/G	**air-to-ground**	—	tramo aire–tierra (radiocomunicaciones de)
AGC	**automatic gain control**	CAG	control automático de ganancia
ALC	**automatic level control**	CAN	control automático de nivel
ALGOL	**algorithmic language (computers)**	ALGOL	lenguaje algorítmico (de computadores u ordenadores)
ALU	**arithmetic and logical unit**	—	unidad aritmética y lógica
AM	**amplitude modulation**	AM o MA	modulación de amplitud
ANL	**automatic noise limiter**	—	limitador automático de ruido
APC	**automatic phase control**	—	control automático de fase
AR	**alternative route**	—	ruta alternativa
ARQ	**automatic repeat (return) request (also TOR - European) (data)**	(ARQ) —	sistema automático de datos y telegrafía para corregir errores desde la estación de origen
ASA	**American Standards Association**	—	AsociaciónNorteamericana de Normas
ASCII	**American Standard Code for Information Interchange**	(ASCII) —	código normal norteamericano para el intercambio de información (*datos*)
ASR	**automatic send–receive (tty, data)**	—	transmisor–receptor automático (*tty, datos*)
AT	**ampere-turn**	—	amperio vuelta, amperivuelta
ATB	**all trunks busy**	—	ocupación total de los troncales (enlaces)
ATR	**anti-transmit–receive**	ATR	anti-transmitir–recibir
ATU	**automatic tracking unit**	—	unidad de seguimiento automático
AVC	**automatic volume control**	CAV	control automático de volumen
avg	**average**	—	promedio
AWG	**American wire gauge**	GAA	galga (norte)Americana para alambres
BALUN	**balance-to-unbalance network**	(BALUN)	red balanceada a imbalanceada
BCD	**binary-coded decimal**	DCB	decimal codificado en binario
BCI	**broadcast interference**	—	interferencia de radiodifusión

BCO	**binary-coded octal system**	—	sistema octal (octavo) codificado en binario
BCST	**broadcast**	—	difusión, radiodifusión
BCT	**television broadcasting station (ITU)**	BCT	estación televisora de difusión (UIT)
B/D	**binary-to-decimal**	B/D	binario a decimal
BDU	**baseband distribution unit**	—	unidad de distribución de banda base
BER	**bit error rate**	—	tasa de errores de bites
BEV	**billion electron-volts (preferably giga-electron volts)**	BEV	billón electrón-voltios (pref. usar giga-electrón-voltios)
BFO	**beat-frequency oscillator**	OFP	oscilador de frecuencia de pulsación (de batido)
BINR	**baseband intrinsic noise ratio**	—	relación intrínseca de ruido de banda-base
BIT	**binary digit**	(BIT, BITES)	dígito binario, bitio
BITE	**built-in test equipment**	—	equipo de prueba empotrado
BITE, BYTE	**a grouping of bits, often 8**	—	una agrupación de bites (bitios), muchas veces 8
BN	**binary number**	—	número binario
BOM	**bill of materials**	—	lista de materias
BPF	**band-pass filter**	—	filtro de paso de banda
BPS, bps	**bits per second**	bps	bites por segundo, bitios por segundo
B & S	**Brown and Sharpe (gauge)**	—	(galga de Brown and Sharpe)
B.t.u.	**British thermal unit**	(B.t.u.)	unidad térmica Británica
BWO	**backward wave oscillator**	—	oscilador de onda reflejada
BWR	**bandwidth ratio**	—	relación de ancho de banda
CAGC	**coded automatic gain control**	—	control automático de ganancia codificado
CAL	**calibrate (to)**	CAL	calibrar
cal	**calorie**	cal	caloría
calbr	**calibration**	—	calibración
cap	**capacitor**	cap	capacitor, condensador
CATV	**Community Antenna Television**	—	antena (común) de comunidad (distrito o barrio) de televisión
CCIR	**International Consultive Committee for Radio (ITU)**	CCIR	Comité Consultivo Internacional de Radio (UIT)
CCITT	**International Consultive Committee for Telephone and Telegraph (UIT)**	CCITT	Comité Consultivo Internacional de Teléfono y Telégrafo (UIT)
CCTV	**closed circuit television**	(CCTV)	televisión en circuito cerrado
CCU	**camera control unit;**	—	unidad de control de cámara;
	computer control unit;	—	unidad de control de computador;
	common control unit	—	unidad de control común
CCW	**counterclockwise (rotation)**	—	rotación levogira, rotación sinistrórsum
CDF	**combined distribution frame**	—	bastidor de distribución combinada
C & E	**communications and electronics**	—	comunicaciones y electrónica
CEF	**carrier elimination filter**	—	filtro para la eliminación de la portadora
CFA	**cross-field amplifier**	—	amplificador de campo cruzado
CGS	**(system) centimeter–gram–second**	CGS	(sistema de) centímetro–gramo–segun-do
Ci	**Curie**	Ci	Curie
CITEL	**Interamerican Telecommunication Commission (OAS)**	CITEL	Comisión Interamericana de Telecomunicaciones (OEA)
ckt	**circuit**	ckt	circuito
cm	**centimeter, centimetre**	cm	centímetro
CMF	**coherent memory filter**	—	filtro de memoria coherente
C/N	**carrier-to-noise (ratio)**	P/R	relación portadora–ruido
CPFF	**cost plus fixed fee (contract)**	—	costo más honorario fijo, costo más emolumento fijo
CPIF	**cost plus incentive fee (contract)**	—	costo más incentivos
CPM	**cards per minute (data)**	—	tarjetas por minuto (*datos*)

CPS, cps	**cycles per second;**	cps	ciclos por segundo (*véase* Hz);
	central processing system	—	sistema central de elaboración
CPU	**central processing unit**	—	unidad central de elaboración
CRC	**communications relay center**	—	centro de relé de telecomunicaciones
CRO	**cathode ray oscilloscope;**	—	osciloscopio de rayos catódicos;
	chief radio officer	—	jefe oficial de radio
CRT	**cathode ray tube**	TRC	tubo de rayos catódicos
CSF	**central switching facility**	—	facilidad central de conmutación
CSU	**circuit switching unit**	—	unidad de conmutación de circuitos
CT	**coastal telegraph station (ITU)**	CT	estación telegráfica costera (UIT)
C/T	**absolute carrier level per degree Kelvin expressed in –dBw/°K**	—	nivel absoluto de una portadora expresado en –dBw por grado Kelvin
CURTS	**common user radio transmission system**	—	sistema de radiotransmisión de usuario común
CW	**carrier wave, continuous wave**	OC	onda continua
CW	**(rotation) clockwise rotation**	—	rotación dextrorsa, rotación dextrórsum
dB	**decibel**	dB	decibelio
dBi	**decibels above the gain of an isotropic (ant)**	dBi	decibelios relacionados con la ganancia de un isótropo (*ant*)
dBm	**decibels related to a milliwatt**	dBm	decibelios relacionados con un milivatio
dBw	**decibels related to a watt**	dBw	decibelios relacionados con un vatio
dc	**direct current**	CC	corriente continua
DCU	**data control unit;**	—	unidad de control de datos;
	decade counting unit;	—	unidad década de contar;
	digital counting unit	—	unidad digital de contar
DDD	**direct distance dial(ing)**	DDD	discado directo a distancia
DDL	**digital data link**	—	enlace de datos digitales
DDP	**digital distribution panel;**	—	panel para distribución digital;
	digital data processor	—	dispositivo para la elaboración de datos digitales
deg.	**degree**	—	grado
DF	**direction finder, finding**	(DF)	radiogoniómetro, radiogoniometría
diam.	**diameter**	diam	diámetro
DME	**distance measuring equipment**	—	equipo para medir distancias
DMO	**diode microwave oscillator**	—	oscilador diodo de microondas
DO	**design objective**	—	objectivo de diseño
DPDT	**double pole double throw (switch)**	—	polo doble de acción doble (conmut)
DPE	**data processing equipment**	—	equipo para la elaboración de datos
DPSK	**differential phase shift keying**	—	manipulación por desplazamiento de fase diferencial
DPST	**double pole single throw**	—	polo doble de acción simple
DSB	**double sideband**	BLD	banda lateral doble
DTG	**date–time group**	—	grupo de fecha y hora
DVM	**digital voltmeter**	—	voltímetro digital
ECCM	**electronic counter-counter measures**	—	contra-contramedidas electrónicas
ECM	**electronic countermeasures**	—	contramedidas electrónicas
ECO	**electron-coupled oscillator**	—	oscilador acoplado por electrones
EDB	**end-of-data block**	—	bloque de fin de datos
EDP	**electronic data processing**	—	manipulación electrónica de datos, elaboración electrónica de datos
EF & I	**engineer, furnish and install**	—	hacer ingenería, suministrar e instalar
EHF	**extremely high frequency**	FEA	frecuencia extremadamente alta
EHV	**extra-high voltage**	—	tensión extremadamente alta
EIA	**Electronics Industry Association**	AIE	Asociación de la Industria Electrónica
EIRP	**effective isotropically radiated power or effective power radiated over an isotropic**	(EIRP)	potencia radiada efectiva (sobre un isótropo)

ELF	**extremely low frequency**	FEB	frecuencia extremadamente baja
EMF, e.m.f.	**electromotive force**	fem	fuerza electromotriz
EMU, e.m.u.	**electromagnetic unit**	—	unidad electromagnética
ENSI	**equivalent noise sideband input**	—	entrada de banda lateral de ruido equivalente
EOM	**end of message (tty, data)**	—	fin de mensaje (*tty*, *datos*)
EOT	**end of tape;**	—	fin de cinta;
	end of transmission	—	fin de transmisión
EOW	**engineering orderwire**	—	línea de órdenes para ingenería
EPU	**electrical power unit;**	—	unidad o dispositivo de fuerza
	emergency power unit	—	eléctrica; unidad o dispositivo de fuerza eléctrica para emergencias
equip.	**equipment**	equip.	equipo
ERP	**effective radiated power**	—	potencia radiada efectiva
ESU, e.s.u.	**electrostatic unit**	—	unidad electrostática
ET	**ephemeris time**	—	tiempo (de) efemérides
ETA	**estimated time of arrival**	—	tiempo estimado de llegada
ETD	**estimated time of departure**	—	tiempo estimado de salida
ETV	**educational television**	—	televisión docente, televisión educativa
eV	**electron-volt**	EV	electrón-voltio
EX	**experimental station (ITU)**	EX	estación experimental (UIT)
FAX	**aeronautical fixed station (ITU)**	FAX	estación fija aeronáutica (UIT)
fax	**facsimile**	fax	facsímil, facsímile
FB	**base station (ITU)**	FB	base-estación (UIT)
FBOE	**frequency band of emission**	—	banda de frecuencia de emisión
FC	**coastal station (ITU)**	FC	estación costera (UIT)
FCB	**marine broadcast station (ITU)**	FCB	estación radiodifusora para barcos o marítima (UIT)
FDM	**frequency division multiplex**	(FDM)	multiplex por división de frecuencia
FDMA	**frequency division multiple access**	—	acceso múltiple por división de frecuencia
FET	**field effect transistor**	—	transistor de efecto de campo
F/I	**field intensity**	—	intensidad de campo
fil.	**filament**	fil.	filamento
FLH	**hydrological and meteorological land station (ITU)**	FLH	estación terrestre para el servicio meteorológico e hidrológico (UIT)
FM	**frequency modulation**	FM, MF	modulación de frecuencia
FMFB	**frequency modulation feedback**	—	realimentación de FM
FOSDIC	**film optical sensing device for input to computers (data)**	—	dispositivo óptico de lectura de película para entrada a computadores (*datos*)
FOT	**optimum traffic frequency**	FOT	frecuencia óptima de tráfico
FPIS	**forward propagation by ionospheric scatter**	—	propagación en adelante por dispersión ionosférica
fps	**feet per second**	—	pies por segundo
FPTS	**forward propagation by tropospheric scatter**	—	propagación en adelante por dispersión troposférica
FR	**receiving station only, connected with general network of communication channels (ITU)**	FR	estación de recepción solamente, conectada con una red general de telecomunicaciones (UIT)
freq.	**frequency**	frec.	frecuencia
FS	**land station established solely for the safety of life (ITU)**	FS	estación terrestre establecida solamente para salvamento (UIT)
FSK	**frequency shift keying**	FSK	manipulación por desplazamiento de frecuencia
ft	**foot, feet**	(ft)	pie(s)
FX	**fixed station (ITU)**	FX	estación fija (UIT)
G/A	**ground-to-air**	—	(tramo) tierra-a-aire (aviones)
G/A/G	**ground-air-ground**	—	tierra–aire–tierra
Gb	**Gilbert**	Gb	gilbertio
G & C	**guidance and control**	—	dirección y control

GCA	**ground controlled approach**	—	acceso dirigido desde tierra de aviones
GCI	**ground controlled intercept**	—	intercepción (de aviones) controlada desde tierra
GCT	**Greenwich civil time**	—	tiempo civil en Greenwich (Ingl.)
GDE	**ground data equipment**	—	equipo terrestre de datos
gen	**generator**	gen	generador
GeV	**giga-electron-volts**	GEV	giga-electrón-voltios
GHA	**Greenwich hour angle**	—	ángulo de hora de Greenwich
GHz	**gigahertz**	GHz	gigahertz(ios)
GMT	**Greenwich mean time**	GMT	hora (media) de Greenwich, hora solar media
gnd	**ground**	—	tierra, masa
G/T	**gain over noise temperature in degrees Kelvin, figure of merit, expressed in decibels. Normally applied in space applications**	G/T	el factor de mérito. La relación de la ganancia a la temperatura de ruido en grados Kelvin expresada en dB. (Empleada normalmente en aplicaciones espaciales)
HF	**high frequency**	HF	alta frecuencia
HF/DF	**high frequency direction finding (finder)**	—	radiogoniometría de alta frecuencia
hp	**horsepower;**	(HP)	caballo vapor, caballo de potencia, caballo de fuerza
	horizontal polarization	—	polarización horizontal
HPA	**high power amplifier**	—	amplificador de alta potencia
HV	**high voltage**	AT	alta tensión
HVAC	**heating, ventilation, air conditioning**	—	calefacción, ventilación y acondicionamiento del aire
HX	**a station having no specific working hours (ITU)**	HX	una estación sin horario especificado (UIT)
Hz	**Hertz**	Hz	hertz(ios)
IAI	**information acquisition and interpretation**	—	adquisición e interpretación de información
IC	**integrated circuit**	CI	circuito integrado
ICAO	**International Civil Aviation Organization (UN)**	OACI	Organización de Aviación Civil Internacional
ICSC	**Interim Communications Satellite Committee**	(ICSC)	Comité Interino de Comunicaciones por Satélite
ICW	**interrupted continuous wave**	—	onda continua interrumpida
ID	**identification;**	ID	identificación;
	inside diameter	—	diámetro interior
IDF	**intermediate distribution frame**	—	repartidor intermedio, bastidor de distribución intermedia
IDP	**integrated data processing;**	—	elaboración (o manipulación) integrada de datos;
	integrated data presentation;		presentación integrada de datos;
	intermodulation distortion percentage	—	porcentaje de distorsión de intermodulación
IE	**infra-red emission**	—	emisión infrarroja
IF	**intermediate frequency**	FI	frecuencia intermedia
I/F	**image-to-frame ratio**	—	relación de imagen a cuadro
IFA	**intermediate frequency amplifier**	—	amplificador de frecuencia intermedia
IFB	**invitation to bid, invitation for bidding**	—	invitación para licitar, para ofertas
IFC	**instantaneous frequency correlation**	—	correlación instantánea de frecuencia
IFF	**identification friend or foe**	—	identificación amigo o enemigo
IFRB	**International Frequency Registration Board (ITU)**	IFRB	Junta Internacional de Registro de Frecuencias (UIT)
ILS	**instrument landing system**	—	sistema de aterrizaje por instrumentos
IM	**intermodulation**	IM	intermodulación

ind	**inductance;**	ind	inductancia;
	indicator	—	indicador
INTELSAT	**International Communications Satellite**	(INTELSAT)	Satélite para Telecomunicaciones Internacionales
I/O	**input–output**	—	entrada–salida
IPA	**intermediate power amplifier**	—	amplificador de potencia intermedio
IR	**infra-red**	IR	infrarrojo
ISB	**independent sideband**	BLi	banda lateral independiente
ISCII	**International Standard Code for Information Interchange**	—	código normal internacional para el intercambio de información
ITU	**International Telecommunication Union**	UIT	Unión Internacional de Telecomunicaciones
keV	**kilo-electron-volt(s)**	KEV	kilo-electrón-voltio(s)
kg	**kilogram**	kg	kilogramo
kHz	**kilohertz**	kHz	kilohertzios
km	**kilometer**	km	kilómetro
kv, KV	**kilovolts**	kv, KV	kilovoltio(s)
kVA	**kilovoltampere(s)**	KVA	kilovoltamperio(s)
kW	**kilowatt**	KW	kilowatio(s), kilovatio(s)
kWh	**kilowatthour**	KWH	kilovatio-hora
LAMCS	**Latin American Military Communication System**	—	sistema militar de comunicaciones latinoamericano
LASER	**light amplification by stimulated emission of radiation**	(LASER)	amplificación de luz por emisión estimulada de radiación
lat	**latitude**	lat	latitud
LAT	**local apparent time**	—	tiempo solar verdadero local
LB	**local battery, line buffer**	—	batería local, separador de línea
LC	**inductance–capacitance**	LC	inductancia–capacitancia
LD	**long distance;**	LD	larga distancia (telefonía);
	level discriminator;	—	discriminador de nivel;
	logic driver	—	excitador de lógico
LDA	**line driving amplifier**	—	amplificador de excitación de línea
LDR	**low data rate**	—	baja velocidad de datos
LED	**light emitting diode**	BF	diodo de emisión de luz
LF	**low frequency**	—	baja frecuencia
LFO	**low frequency oscillator**	—	oscilador de baja frecuencia
LHA	**local hour angle**	—	ángulo de hora local
LIDF	**line intermediate distribution frame**	—	repartidor intermediario de líneas, bastidor intermediario de distribución de líneas
Lincompex	**link compression expansion**	(Lincompex)	compresión–expansión de enlace (HF)
LMU	**line monitor unit**	—	unidad monitora de línea
LNR	**low noise receiver**	—	receptor de bajo ruido
LO	**local oscillator**	OL	oscilador local
log	**logarithm**	log	logaritmo
LORAN	**long range navigation**	—	navegación de largo alcance
LOS	**line-of-sight;**	—	línea visual, línea de mira, línea de vista, línea óptica;
	loss of signal;	—	pérdida de señal;
	loop output signal	—	señal de salida de bucle
LP	**low pass;**	—	paso abajo, filtro pasa bajo;
	log periodic	—	logarít-micamente periódica
LPA	**log periodic antenna**	—	antena logarítmicamente periódica
LPF	**low pass filter**	—	filtro pasa bajo
LPM	**lines per minute**	—	líneas por minuto
LSB	**low speed buffer (tty, data);**	—	separador de baja velocidad (*datos, tty*);
	lower sideband	—	BLI banda lateral inferior
LSI	**large scale integration**	—	integración de escala grande
LTU	**line terminating unit**	—	unidad de terminación de líneas
LUF	**lowest usable frequency**	—	frecuencia mínima útil

mA	**milliampere**	mA	miliamperio
mag	**magneto**	mag	magneto
MAGAMP	**magnetic amplifier**	—	amplificador magnético
maint	**maintenance**	mant	mantenimiento
MASER	**microwave amplification by stimulated emission of radiation**	(MASER)	amplificación de microondas por emisión estimulada de radiación
MCW	**modulated continuous wave**	—	onda continua modulada
MDF	**main distribution frame**	BDP	bastidor (de) distribución principal, bastidor principal, repartidor principal
MDT	**mean down time**	—	tiempo promedio averiado, tiempo promedio de fuera de servicio
meg	**megohm**	meg	megohmio
megv	**megavolt**	megv	megavoltio
megw	**megawatt**	megw	megavatio, megawatio
MeV	**million electron-volts**	MEV	millón electrón-voltios
mF	**microfarad**	mF	microfaradio
mH	**millihenry**	mH	milihenrio
mHz	**megahertz**	mHz	megahertzio(s)
MIC	**microwave integrated circuit**	—	circuito integrado de microondas
mic	**microphone**	mic	micrófono
MKS (system)	**meter–kilogram–second**	MKS (sistema)	(metro–kilogramo–segundo)
mksa	**meter–kilogram–second, absolute**	mksa	metro–kilogramo–segundo, absoluto
mm	**millimeter, millimetre**	mm	milímetro
M/N	**message-to-noise ratio (PCM)**	—	relación mensaje a ruido (PCM)
MO	**master oscillator**	—	oscilador maestro, oscilador patrón
MOS	**metal oxide semiconductor**	—	semiconductor de óxido metálico
ms	**millisecond**	ms	milisegundo
msg	**message**	msg	mensaje
MSI	**medium scale integration (ic)**	—	integración de escala mediana (*ci*)
MSU	**message switching unit**	—	unidad de conmutación de mensajes
MTBF	**mean time between failure(s)**	—	tiempo medio entre fallas
MTTR	**mean time to repair**	—	tiempo medio de (para) reparar
MTU	**magnetic tape unit**	—	unidad de cinta magnética
MUF	**maximum usable frequency**	(MUF)	frecuencia límite superior
MUSA	**multiple unit steerable antenna**	—	antena apuntable de unidades múltiples
mux	**multiplex**	mux	multiplex (multicanalización)
mV	**millivolt**	mV	milivoltio
mW	**milliwatt**	mW	milivatio, miliwatio
M/W	**microwave(s)**	—	microonda(s)
nav	**navigation**	nav	navegación
navaid	**navigational aid**	—	ayudas a la navegación
NBFM	**narrow band frequency modulation**	—	modulación de frecuencia de banda estrecha
neg	**negative**	neg	negativo
net	**network**	—	red
nF	**nanofarad**	nF	nanofaradio
NF	**noise figure**	—	factor de ruido
NI	**noise index**	—	índice de ruido
NLR	**noise load ratio**	—	relación de carga a ruido
nmi	**nautical mile**	Mn	milla náutica
Np	**neper**	Np	neper, neperio
npn	**negative–positive–negative (transistor)**	NPN	negativo–positivo–negativo (transistor)
NPR	**noise power ratio**	—	relación de potencia a ruido
NRZ	**non-return to zero (binary coding)**	—	no regreso a cero (codificación en binario)
ns	**nanosecond**	ns	nanosegundo
NTC	**negative temperature coefficient**	—	coeficiente de temperatura negativa
OD	**outside diameter**	DE	diámetro exterior
Oe	**oersted**	Oe	oested, oerstedio

OEM	**original equipment manufacturer**	—	fabricante de equipo original
OG	**or gate**	—	compuerta 'O'
OJT	**on-the-job training**	—	entrenamiento práctico
O & M	**operation and maintenance**	—	operación y mantenimiento
OPM	**operations per minute**	—	operaciones por minuto
opr	**operator**	opr	operador(a)
osc	**oscillator**	osc	oscilador
OT	**stations open exclusively to operational traffic of the services concerned (ITU);**	OT	estaciones abiertas exclusivamente al tráfico operacional para sus propios servicios (UIT);
	operating time	—	tiempo de operación
O/W	**orderwire**	—	línea o hilo de órdenes
OWF	**optimum working frequency**	—	frecuencia óptima de trabajo
pA	**picoampere**	pA	picoamperio
PABX	**private automatic branch exchange**	(PABX)	instalación automática de abonado con extensiones
PAM	**pulse amplitude modulation**	—	modulación por amplitud de impulsos
paramp	**parametric amplifier**	—	amplificador paramétrico
PBX	**private branch exchange**	(PBX)	instalación de abonado con extensiones
PCM	**pulse code modulation**	(PCM)	modulación por codificación de impulsos, modulación por impulsos codificados
PDM	**pulse duration modulation**	—	modulación por variar la duración del impulso
PDP	**programmed data processor**	—	elaborador de datos programados
PEP	**peak envelope power**	—	potencia de cresta o pico (de envoltura o envolvente)
PERT	**program evaluation and review technique**	(PERT)	técnica de valoración y repaso (análisis) de programa
pF	**picofarad**	pF	picofaradio
PF	**power factor;**	—	factor de potencia;
	pulse frequency	—	frecuencia de impulsos
PFR	**part failure rate**	—	fallas de parte(s) por tiempo fijo
ph	**phase**	—	fase
PIV	**peak inverse voltage**	—	voltaje de pico inverso
PL	**radio positioning land station (ITU)**	PL	estación terrestre de radiolocalización (UIT)
PLL	**phase lock loop**	—	bucle de enganche de fase o sincronizado a fase
PLO	**phase-locked oscillator**	—	oscilador sincronizado a fase
PM	**phase modulation;**	Mf	modulación de fase;
	preventive maintenance	—	mantenimiento preventivo
PN	**positive–negative (transistor)**	PN	positivo–negativo (transistor)
PNP	**positive–negative–positive (transistor)**	PNP	positivo–negativo–positivo (transistor)
P/P	**point-to-point**	P/P	punto a punto
PPI	**plan position indicator (radar)**	—	presentación panorámica (*radar*)
PPM	**pulse position modulation;**	—	modulación por impulsos con variación de tiempo;
	pulses per minute	—	pulsos (impulsos) por minuto
PPS	**pulses per second**	—	pulsos (impulsos) por segundo
preamp	**preamplifier**	preamp	preamplificador
PRF	**pulse repetition frequency**	—	frecuencia de repetición de impulsos
PRN	**pseudo-random noise**	—	ruido pseudo al azar, ruido pseudo aleatorio
PRR	**pulse repetition rate**	—	cadencia de repetición de impulsos
PRT	**pulse repetition time**	—	tiempo de repetición de impulsos
psi	**pounds per square inch**	—	libras por pulgada cuadrada
PSK	**phase shift keying**	—	manipulación por desplazamiento de fase

PTM	**pulse time modulation**	—	modulación por impulsos de duración variable
PTR	**paper tape reader**	—	lector (dispositivo de lectura) de cinta papel
PTT	**posts, telephone and telegraph**	(PTT)	correos, telefonía y telegrafía
PU	**power unit**	—	unidad de poder
P/V	**peak to valley ratio**	—	relación de pico a valle, relación cresta a valle
PWAC	**present worth of annual charges**	—	valor presente de cargas anuales
PWM	**pulse width modulation**	—	modulación por anchura de impulso
QC	**quality control**	—	control de calidad
QFM	**quantized frequency modulation**	—	modulación cuantificada de frecuencia
QPM	**quantized pulse modulation**	—	modulación cuantificada de impulsos
QPSK	**quaternary phase-shift keying**	—	manipulación por deplazamiento de fase cuaternaria
QUASER	**quantum amplification by stimulated emission of radiation**	—	amplificación de cuantum (quantum) por emisión estimulada de radiación
RADA	**random access discrete address**	—	acceso al azar dirección concreta
RADAR	**radio detection and ranging**	(radar)	detección y poner en posición por radio
RATT, Ratty	**radioteletype**	—	radioteletipo
RC	**resistance–capacitance;**	RC	resistencia–capacitancia;
	non-directional radio beacon (ITU)	RC	radiofaro no direccional (UIT)
rcvr	**receiver**	—	receptor
RCX	**remote control exchange**	CCR	central de control remoto
RD	**direction radio beacon (ITU)**	RD	radiofaro de dirección (UIT)
R & D	**research and development**	—	investigaciones y desarrollo
RDF	**radio direction finder**	(RDF)	estación o dispositivo de radiogoniometría
rec	**receiver**	rec	receptor
RF	**radio frequency**	RF	radiofrecuencia
RFI	**radio frequency interference**	—	interferencia (perturbación) de radiofrecuencia
RG	**radio direction finding station (ITU)**	RG	estación de radiogoniometría (UIT)
RL	**resistance–inductance;**	RL	resistencia–inductancia;
	radionavigation land station using two separate loop antennas, using a single transmitter and operating at a power of 150 watts or more (ITU)	RL	estación terrestre de radio-navegación utilizando dos antenas de lazo separadas, utilizando un transmisor solo y operando con una potencia de 150 vatios o más (UIT)
RLA	**aeronautical marker beacon (ITU)**	RLA	radiofaro para marcación aeronáutica, radiobaliza aeronáutica (UIT)
RLB	**racon station (ITU)**	RLB	estación (de) racón (UIT)
RLC	**resistance–inductance–capacitance**	RLC	resistencia–inductancia–capacitancia
RLG	**glidepath slope station (ITU)**	RLG	equipo (radio) de senda de planeo (UIT)
RLL	**localizer station (ITU)**	RLL	estación de localización, localizador (UIT)
RLM	**marine radiobeacon station (ITU)**	RLM	estación de radiofaro marítimo (UIT)
RLN	**loran station (ITU)**	RLN	estación (de) loran
RLO	**omnidirectional range station (ITU)**	RLO	estación omnidireccional para determinar el alcance (UIT)
RLR	**radio range station (ITU)**	RLR	estación de radio para la determinación de alcance (UIT)
RLS	**surveillance radar station (ITU);**	RLS	estación de radar para reconocimiento o de vigilancia (UIT);
	radar line-of-sight	—	línea de vista de radar

rms	**root mean square**	(RMS)	valor eficaz, raíz cuadrada de la media de los cuadrados
RO	**radionavigation mobile station (ITU);**	RO	estación móvil de radio-navegación (UIT);
	radio operator, radio officer	—	operador, operadora de radio, oficial de radio
R/O	**receive only (tty)**	—	recibir solamente (*tty*)
ROA	**altimeter station (ITU)**	ROA	estación altimétrica (UIT)
rpm	**revolutions per minute**	RPM	revoluciones por minuto
rps	**revolutions per second**	RPS	revoluciones por segundo
RSS	**route sum square**	—	raíz de la suma de los cuadrados
RT	**revolving radiobeacon (ITU)**	RT	radiofaro rotativo o giratorio (UIT)
RTL	**resistor–transistor logic**	—	lógico de resistor–transistor
RTT, RTTY	**radioteletypewriter**	—	radioteleimpresora, radioteletipo
RZ	**return-to-zero (binary coding)**	—	regreso a cero (codificación binaria)
SCR	**silicon controlled rectifier**	—	rectificador controlado a silicio
SDF	**supergroup distribution frame**	—	repartidor de supergrupo, bastidor de distribución de supergrupo
SELSYN	**self-synchronous**	—	autosíncrono
SHF	**super high frequency**	FSE	frecuencia superelevada
SID	**sudden ionospheric disturbance**	—	perturbación ionosférica brusca
sig	**signal**	—	señal
SMO	**stabilized master oscillator**	—	oscilador patrón estabilizado, oscilador maestro estabilizado
S/N	**signal-to-noise ratio**	S/R	relación de señal a ruido
SNI	**sequence number indicator**	—	indicador de número de secuencia
SNR	**signal-to-noise ratio**	(S/R)	relación de señal a ruido
S/O	**send only**	—	transmitir solamente
SOLB	**start-of-line block (data)**	—	bloque de comienzo de línea (*datos*)
SOM	**start of message (tty, data)**	—	comienzo de mensaje (*tty, datos*)
SOW	**start of word (tty, data);**	—	comienzo de palabra (*tty, datos*);
	statement of work	—	memoria o declaración de trabajo
SPA	**sudden phase anomaly**	—	anomalía brusca de fase
SPS	**samples per second**	—	muestras por segundo
SS	**standard frequency station (ITU)**	SS	estación de frecuencia patrón (UIT)
SSB	**single sideband**	BLU	banda lateral única
SSE	**solid state electronics**	—	electrónica de estado sólido
ST	**shop telegraph station (ITU)**	ST	estación telegráfica de taller
S/T	**search-track**	—	seguimiento-rastreo
STC	**sensitivity time control;**	—	control de tiempo de sensibilidad;
	short time constant	—	constante de tiempo corto
STL	**studio-to-transmitter link**	—	enlace estudio a transmisor
swbd	**switchboard**	—	mesa de conmutación
SWR	**standing wave ratio**	ROE	relación de onda(s) estacionaria(s)
sync	**synchronous, synchronizing**	sinc	síncrono, sincrónico
SYNCOM	**synchronous communication satellite**	—	satélite síncrono de comunicaciones
TACAN	**tactical air navigation**	(TACAN)	navegación aeronáutica táctica
TASI	**time assignment speech interpolation**	(TASI)	asignación de tiempo por interpolación de voz
TAT	**Transatlantic Telephone Cable**	(TAT)	cable transatlántico de telefonía
TCS	**transportable communication system**	—	sistema transportable de telecomunicaciones
TD	**transmitter–distributor (tty, data)**	—	transmisor–distribuidor (*tty, datos*)
T/D	**telemetry data**	—	datos de telemetría
TDM	**time division multiplex**	—	multiplex por división de tiempo
TDMA	**time division multiple access**	—	acceso múltiple por división de tiempo
TE	**transverse electric (wave)**	TE	onda transversal eléctrica
TELEX	**international teleprinter exchange service**	(TELEX)	servicio internacional de centrales teleimpresoras
TEM	**transverse electromagnetic (mode)**	TEM	modo onda transversal electromagnética

TFT	**thin film transistor**	—	transistor de membrana delgada
TLP	**transmission level point**	—	punto de nivel de transmisión
TOR	**tape over radio (see ARQ)**		
TR	**transmit–receive**	TR	transmitir–recibir (tubo TR)
trans	**transformer**	trans	transformador
TRF	**tuned radio frequency**	—	radiofrecuencia sintonizada
tstr	**transistor**	tstr	transistor
T/T	**timing and telemetry**	—	cronometración y telemetría
TTC	**tape-to-card (data)**	—	cinta-a-tarjeta (*datos*)
TTM	**two-tone modulation**	—	modulación con dos tonos
TTY, tty	**'Teletype' – refers in general to teleprinter service**	TTY, tty	'Teletipo': se refiere en general al servicio teleimpresor
tv	**television**	tv	televisión
TVI	**television interference**	—	interferencia a televisión
TWT	**traveling wave tube**	—	válvula de onda progresiva
TWX	**teletypewriter exchange service**	(TWX)	servicio de conmutación o centrales de teleimpresoras
tx	**transmit**	—	transmitir
UHF	**ultra high frequency**	FUE	frecuencia ultraelevada
USB	**upper sideband**	BLS	banda lateral superior
UT	**universal time**	TU	tiempo universal
VA	**volt-ampere**	VA	volt-amperio
VCO	**voltage controlled oscillator**	OCV	oscilador controlado a voltaje
VCXO	**voltage controlled crystal oscillator**	—	oscilador cristal controlado a voltaje
VF	**voice frequency**	FV	frecuencia vocal, frecuencia de voz
VFCT	**voice frequency carrier telegraph**	TH	telegrafía (h)armónica, telegrafía de tonos
VFO	**variable frequency oscillator**	OFV	oscilador de frecuencia variable
VFTG	**voice frequency telegraph**	TH	telegrafía (h)armónica, telegrafía de tonos
VHF	**very high frequency**	(VHF), FMA	frecuencia muy alta, FME, frecuencia muy elevada
VLF	**very low frequency**	FMB	frecuencia muy baja
VOCODER	**voice coder, voice coding device**	VOCODER	codificador de voz
VODAS	**voice operated device anti-sing**	(VODAS)	dispositivo operado por la voz contra el canto o el silbido
VOGAD	**voice operated gain adjust device**	(VOGAD)	regulador vocal, dispositivo operado por voz para el control de la ganancia
VOX	**voice operated transmission**	(VOX)	transmisión operada (a) (por) voz
VSB	**vestigial sideband**	BLR	banda lateral vestigial; banda lateral residual
VSWR	**voltage standing wave ratio**	(VSWR), (ROE)	relación de voltajes de ondas estacionarias
VTR	**video-tape recorder**	—	grabador de cinta-video
VTVM	**vacuum tube voltmeter**	—	voltímetro electrónico, voltímetro a válvula
VU	**volume unit**	UV, (VU)	unidad de volumen
VXO	**variable crystal oscillator**	—	oscilador de cristal variable
wg	**waveguide**	—	guía onda
Wh	**watt-hour**	—	vathora, vatio-hora
WPM	**words per minute**	—	palabras por minuto
WPS	**words per second**	—	palabras por segundo
WVDC	**working voltage direct current**	—	voltaje de trabajo de corriente continua
WXD	**meteorological radar station (ITU)**	WXD	estación de radar del servicio meteorológico (UIT)
WXR	**radiosonde station (ITU)**	WXR	estación (de) radiosonda (UIT)

Abbreviations - Abreviaturas Español-Inglés

Abrev.	Español	Abbr.	English
AF	**audio frecuencia**	AF	audio frequency
AIE	**Asociación de la Industria Electrónica**	EIA	Electronic Industries Association
ALGOL	**lenguaje (de computador) algorítmico**	ALGOL	algorithmic language (computer)
AT	**alta tensión**	HV	high voltage
(BALUN)	**red balanceada a imbalanceada**	BALUN	balance-to-unbalance network
(BCD), DCB	**decimal codificado en binario**	BCD	binary coded decimal
BCT	**estación televisora de disfusión (UIT)**	BCT	television broadcast station (ITU)
B/D	**binario-a-decimal**	B/D	binary-to-decimal
BDP	**bastidor (de) distribución principal**	MDF	main distribution frame
BEV	**billón electrón-voltio(s)**	BEV	billion electron-volt(s)
BF	**baja frecuencia**	LF	low frequency
(BIT, bites)	**digito binario**	BIT	binary digit
BLD	**banda lateral doble**	DSB	double sideband
BLI	**banda lateral independiente**	ISB	independent sideband
BLS	**banda lateral superior**	USB	upper sideband
BLU	**banda lateral única**	SSB	single sideband
bps	**bites por segundo**	bps	bits per second
CAF	**control automático de frecuencia**	AFC	automatic frequency control
CAG	**control automático de ganancia**	AGC	automatic gain control
CAL	**calibrar**	CAL	calibrate
CAN	**control automático de nivel**	ALC	automatic level (load) control
cap	**capacitor**	cap	capacitor
CAV	**control automático de volumen**	AVC	automatic volume control
CC	**corriente continua**	dc	direct current
CCIR	**Comité Consultivo Internacional de Radio (comunicaciones) (UIT)**	CCIR	International Consultive Committee on Radio (communications) (ITU)
CCITT	**Comité Consultivo Internacional de Telégrafo y Teléfono (UIT)**	CCITT	International Consultive Committee on Telegraph and Telephone (ITU)
CCR	**central de control remoto**	RCX	remote control exchange
CGS (sistema de)	**sistema de centímetro–gramo–segundo**	CGS system	centimeter–gram–second system
CI	**circuito integrado**	IC	integrated circuit
CITEL	**Comisión Interamericana de Telecomunicaciones (OEA)**	CITEL	Interamerican Telecommunications Commission (OAS)
ckt	**circuito**	ckt	circuit
cps	**ciclos por segundo**	cps	cycles per second
CT	**estación telegráfica costera (UIT)**	CT	coastal telegraph station (ITU)
CV	**caballo (de) vapor**	hp	horse power
dB	**decibelio**	dB	decibel
dBm	**decibelios relacionados a un milivatio**	dBm	decibels relative to one milliwatt

dBw	**decibelios relacionados a un vatio**	dBw	decibels relative to one watt
DCB	**decimal codificado en binario**	BCD	binary-coded decimal
DDD	**discado directo a distancia**	DDD	direct distance dial(ing)
DE	**diámetro exterior**	OD	outside diameter
ERR	**equivalente de referencia de transmisión**		sending reference equivalent
ERT	**equivalente de referencia de recepción**		receiving reference equivalent
EV	**electrón-voltio(s)**	eV	electron-volt(s)
EX	**estación experimental (UIT)**	EX	experimental station (ITU)
FAX	**estación fija aeronáutica (UIT)**	FAX	aeronautical fixed station (ITU)
fax	**facsímil, facsímile**	fax	facsimile
FB	**base-estación (UIT)**	FB	base station (ITU)
FC	**estación costera (UIT)**	FC	coast station (ITU)
FCB	**estación radiodifusora para barcos (marítima) (UIT)**	FCB	marine broadcast station (ITU)
FEA	**frecuencia extremadamente alta**	EHF	extremely high frequency
FEB	**frecuencia extremadamente baja**	ELF	extremely low frequency
fem	**fuerza electromotriz**	EMF, e.m.f.	electromotive force
FI	**frecuencia intermedia**	IF	intermediate frequency
fil.	**filamento(s)**	fil.	filament(s)
FLH	**estación terrestre para el servicio meteorológico e hidrológico (UIT)**	FLH	hydrological and meteorological land station (ITU)
FM	**modulación de frecuencia**	FM	frequency modulation
FMB	**frecuencia muy baja**	VLF	very low frequency
FOT	**frecuencia óptima de tráfico**	FOT	optimum traffic frequency
FR	**estación de recepción solamente, conectada con una red general de telecomunicaciones (UIT)**	FR	receiving station only, connected with general network of communication channels (ITU)
frec.	**frecuencia**	freq.	frequency
FS	**estación terrestre establecida solamente para salvamento (UIT)**	FS	land station established solely for safety of life (ITU)
FSE	**frecuencia sumamente elevada, frecuencia superelevada**	SHF	super high frequency
FV	**frecuencia vocal, frecuencia de voz**	VF	voice frequency
FX	**estación fija (UIT)**	FX	fixed station (ITU)
GA	**generador (de) (h)armónica**		harmonic generator
GAA	**galga (norte)Americana para alambres**	AWG	American wire gauge
gen	**generador**	gen	generator
GEV	**giga-electrón-voltio(s)**	GeV	giga-electron-volt(s)
GHz	**gigahertz(ios)**	GHz	gigahertz
GMT	**hora (promedia) de Greenwich, hora solar media**	GMT	Greenwich mean time
G/T	**(ganancia sobre temperatura), el factor de mérito, la relación de la ganancia a la temperatura en °K expresada en dB (empleada en aplicaciones espaciales)**	G/T	gain over temperature in °K, the figure of merit, expressed in dB (normally employed in space applications)
(HF)	**alta frecuencia (2–30 mHz)**	HF	high frequency
(HP)	**caballo (de) vapor, caballo de potencia o caballo de fuerza**	hp	horse power
HX	**una estación sin horario especificado (UIT)**	HX	a station having no specific working hours (ITU)
Hz	**hertz(ios)**	Hz	hertz

(ICSC)	**Comité Interino de Comunicaciones por Satélite**	ICSC	Interim Communications Satellite Committee
(IFRB)	**Junta Internacional de Registro de Frecuencias (UIT)**	IFRB	International Frequency Registration Bureau (ITU)
IM	**intermodulación (distorsión)**	IM	intermodulation
(INTELSAT)	**Satélite para Comunicaciones Internacionales**	INTELSAT	International Telecommunication Satellite
i/s	**impulsos por segundo**	i/s	impulses per second
KEV	**kilo-electrón-voltio(s)**	kev	kilo-electron-volt(s)
kv, KV	**kilo-voltio(s)**	kv, KV	kilovolt(s)
KVA	**kilo-volt-amperios**	kVA	kilovoltampere(s)
KW	**kilowatio, kilovatio**	kW	kilowatt
KWH	**kilowatio-hora**	kWh	kilowatt-hour
lat	**latitud**	lat	latitude
LC	**inductancia–capacitancia**	LC	inductance–capacitance
LP	**log periódico (ant)**	LP	log periodic (*ant*)
mA	**miliamperio(s)**	mA	milliampere(s)
MA	**modulación de amplitud**	AM	amplitude modulation
mag	**magneto**	mag	magneto
mant	**mantenimiento**	maint	maintenance
meg	**megohmio(s)**	meg	megohm(s)
megV	**megavoltio(s)**	megV	megavolt(s)
MF	**(FM) modulación de frecuencia**	FM	frequency modulation
Mf	**(PM) modulación de fase**	PM	phase modulation
mH	**milihenrio**	mH	millihenry
mHz	**megahertzio(s)**	mHz	megahertz
mic	**micrófono**	mic	microphone
MKS	**(sistema de) sistema de metro–kilogramo–segundo**	MKS (system)	meter–kilogram–second
mksa	**metro–kilogramo–segundo, absoluto**	mksa	meter–kilogram–second, absolute
mm	**milímetro**	mm	millimeter, millimetre
ms	**milisegundo**	ms	millisecond
msg	**mensaje**	msg	message
mux	**multiplex**	mux	multiplex
nav	**navegación**	nav	navigation
nF	**nanofaradio**	nF	nanofarad
NPN	**negativo–positivo–negativo**	npn	negative–positive–negative
ns	**nanosegundo**	ns	nanosecond
OACI	**Organización (de) Aviación Civil Internacional**	ICAO	International Civil Aviation Organization
OC	**onda continua**	CW	continuous wave, carrier wave
OFP	**oscilador de frecuencia de pulsación**	BFO	beat frequency oscillator
OFV	**oscilador de frecuencia variable**	VFO	variable frequency oscillator
OL	**oscilador local**	LO	local oscillator
opr	**operador(a)**	opr	operator
osc	**oscilador**	osc	oscillator
OT	**estaciones abiertas exclusivamente al tráfico operacional para sus propios servicios (UIT)**	OT	stations open exclusively to operational traffic of the services concerned (ITU)
(PERT)	**técnica de valoración y repaso de programa**	PERT	program evaluation and review technique
pF	**picofaradio**	pF	picofarad
PL	**estación terrestre de radiolocalización (UIT)**	PL	radio positioning land station (ITU)

PN positivo–negativo (transistor)
PNP positivo–negativo–positivo
P/P punto-a-punto
P/R portadora-a-ruido (relación)
RC resistencia–capacitancia; radiofaro no direccional (UIT)
RD radiofaro de dirección (UIT)
rec receptor
RF radiofrecuencia
RG estación de radiogoniometría (UIT)
RL estación terrestre de radionavegación utilizando dos antenas de lazo separadas, utilizando un transmisor solo y operando con una potencia de 150 vatios o más (UIT)
resistencia–inductancia
RLA radiofaro para marcación aeronáutica, radiobaliza aeronáutica (UIT)
RLB estación (de) racon (UIT)
RLG equipo de senda de planeo (UIT)
RLL estación de localización, localizador (UIT)
RLM estación de radiofaro marítimo (UIT)
RLN estación loran (UIT)
RLO estación omnidireccional para determinar el alcance (UIT)
RLR estación de radio para la determinación de alcance (UIT)
RLS estación de radar para reconocimiento o de vigilancia (UIT)
(RMS) valor eficaz, raiz cuadrada de la media de los cuadrados
RO estación móvil de radionavegación (UIT)
ROA estación altimétrica (UIT)
ROE relación (de) onda estacionaria
RPM revoluciones por minuto
RPS revoluciones por segundo
RT radiofaro rotativo o giratorio (UIT)

sinc síncrono, sincrónico
S/R señal–ruido (relación de)
SS estación de frecuencia patrón (UIT)
ST estación telegráfica de taller (UIT)

(TASI) asignación de tiempo por interpolación de voz
(TELEX) servicio internacional de centrales de teleimpresoras
TH telegrafía (h)armónica

TR transmitir–recibir (tubo TR)
trans transformador
TRC tubo (de) rayos catódicos
tstr transistor
TTY, tty 'Teletipo': se refiere en general al servicio teleimpresor

PN positive–negative (transistor)
PNP positive–negative–positive
P/P point-to-point
C/N carrier-to-noise (ratio)
RC resistance–capacitance; non-directional radiobeacon (ITU)
RD direction radiobeacon (ITU)
rec receiver
RF radio frequency
RG radio direction finding station (ITU)
RL radionavigation land station using two separate loop antennas, using a single transmitter and operating at a power of 150 watts or more (ITU);
— resistance–inductance
RLA aeronautical marker beacon (ITU)
RLB racon station (ITU)
RLG glidepath slope station (ITU)
RLL localizer station (ITU)
RLM marine radiobeacon station (ITU)
RLN loran station (ITU)
RLO omnidirectional range station (ITU)
RLR radio range station (ITU)
RLS surveillance range station (ITU)
rms root mean square
RO radionavigation mobile station (ITU)
ROA altimeter station (ITU)
SWR standing wave ratio
RPM revolutions per minute
rps revolutions per second
RT revolving radiobeacon (ITU)

sync synchronous, synchronizing
S/N signal-to-noise (ratio)
SS standard frequency station (ITU)
ST shop telegraph station (ITU)

TASI time assignment speech interpolation
TELEX International Teleprinter Exchange
VFCT, VFTG voice frequency carrier telegraph

TR transmit–receive
trans transformer
CRT cathode ray tube
tstr transistor
TTY, tty 'Teletype': refers, in general, to teleprinter service

TU	**tiempo universal**	UT	universal time
tv	**televisión**	tv	television
UD	**unidad de diafonía**	CU	cross-talk unit
UIT	**Unión Internacional de Telecomunicaciones**	ITU	International Telecommunications Union
UV, (VU)	**unidad de volumen**	VU	volume unit
(VODAS)	**dispositivo operado por la voz contra canto o silbido**	VODAS	voice operated device anti-sing
(VOGAD)	**regulador vocal, dispositivo operador por voz para el control de ganancia**	VOGAD	voice operated gain adjust device
WXD	**estación de radar de servicio meteorológico (UIT)**	WXD	meteorological radar station (ITU)
WXR	**estación (de) radiosonda (UIT)**	WXR	radiosonde station (ITU)

Terminología Derivada de la Palabra 'Decibelio' y Otras Expresiones

dB El decibelio expresa logarítmicamente relaciones de potencia. El número de decibelios entre la relación de dos potencias, P_1 y P_2, es:

$$\text{el número de dB} = 10 \log_{10} (P_1/P_2).$$

Las relaciones de voltajes o corrientes (entre puntos de la misma impedancia) es:

$$\text{dB} = 20 \log_{10} (V_1/V_2) \quad \text{(voltaje)},$$

$$\text{dB} = 20 \log_{10} (I_1/I_2) \quad \text{(corriente)}.$$

dBrn 'Decibelios above reference noise'. (Decibelios sobre el nivel de ruido de referencia.) Es una unidad de potencia absoluta de ruido. (*a*) Se utiliza como medida con compensación tipo línea 144 (Western Electric Company). Ruido de referencia equivale al efecto de perturbación de un tono de 1000 Hz a −90 dBm. (*b*) También se utiliza como medida con compensación de mensaje C (C-message). Se expresa entonces 'dBrn línea 144' o 'dBrn mensaje C', y abreviadamente 'dBrn (144)' o 'dBrnc'.

dBrnc 'dBrnc C-message'. Decibelios sobre el ruido de referencia (−90 dBm, tono de 1000 Hz) medido con la compensación de mensaje C.

dBm Nivel de potencia expresada en decibelios con relación a un milivatio o 0 dBm. Es una medida de potencia absoluta.

dBmo Potencia absoluta en dBm, medida o relacionada con el punto de nivel cero de transmisión (0 TLP o 0 dBr).

dBmop Potencia absoluta de ruido, relacionada con o medida a un punto de nivel cero de transmisión, compensado sofométricamente.

dBmp (propuesto) Sugerido por dBmop. Una abreviatura para la potencia absoluta de ruido en dBm compensada sofométricamente.

dBr 'dB relativo' nivel de transmisión. Es la relación de la potencia en cualquier punto en un circuito a la potencia al origen del circuito. Para circuitos de larga distancia, se toma el origen en el punto de nivel cero de transmisión (0 TLP o 0 dBr). No usa niveles absolutos y es simplemente el efecto neto de todas las ganancias y pérdidas en el circuito desde el origen al punto especificado.

dBa ('dBrn adjustado'). Es una unidad para medir el ruido relacionado con el funcionamiento del aparato telefónico tipo 302 de Western Electric Company. El aparato de medida en la rama de recepción requiere la compensación F1A y tiene una calibración tal que 0 dBm, 1000 Hz produce una lectura de +85 dBa.

dBao Potencia de ruido en dBa relacionada con o medida en el punto de nivel relativo de transmisión cero (punto o TLP o 0 dBr).

dBrnoc (propuesto) Por analogía a dBmop, es la potencia de ruido en dBrnc o dBrn mensaje C, medida a o relacionada con el punto de nivel cero de transmisión relativa.

dBw Es la potencia absoluta relacionada con un vatio. 0 dBw = +30 dBm.

dBmV El nivel en cualquier punto en un sistema expresado en dB relacionado con un milivoltio/75 ohmios.

$$\text{número de dBmV} = 20 \log_{10} \frac{\text{voltaje en milivoltios}}{1 \text{ milivoltio}}$$

(sobre una impedancia de 75 ohmios).

dBV Es dB con referencia a un voltio (siempre con la misma impedancia de los puntos de comparación).

dBx Usado para medir el acoplamiento de diafonía. Corresponde a dB sobre el acoplamiento de referencia. Define el acoplamiento de referencia como la diferencia entre la pérdida de 90 dB y la cantidad de acoplamiento verdadero.

Neper Es análogo al decibelio, usado con el mismo propósito en Europa, reconocido por CCITT y CCIR. Está basado en el concepto de la atenuación de corriente o voltaje en líneas largas y uniformes. El neper es el logaritmo en base neperiana (*e*) de la relación de corriente o voltaje o la mitad de la relación para potencia:

$$\begin{aligned} N = \text{Neper} &= \log_e V_1/V_2 \quad \text{(voltaje)} \\ &= \log_e I_1/I_2 \quad \text{(corriente)} \\ &= \tfrac{1}{2}\log_e P_1/P_2 \quad \text{(potencia).} \end{aligned}$$

$$1\text{dB} = 0.115N \qquad 1N = 8.686 \text{ dB.}$$

pWp La potencia absoluta en picowatios, medida con un sofómetro con compensación CCIF 1951. Corresponde a −90 dBm compensado sofométricamente, o −90 dBmp. Se puede conseguir el pWp de la lectura del sofómetro en milivoltios mediante la relación:

$$\text{pWp} = \frac{(\text{voltaje del sofómetro en mV})^2}{6} \times 10^4.$$

pW Picowatt, picovatio La potencia absoluta de 10^{-12} vatios o −90 dBm. Puede ser compensado o no compensado.

pWc Es análogo a pWp. Es la potencia absoluta de ruido en picovatios medida con compensación mensaje C (C-message). Corresponde a 0 dBrn mensaje C o 0 dBrnc.

pWf Es análogo a pWp. Es la potencia absoluta de ruido en picovatios, medida con compensación F1A.

Nivel relativo de transmisión o 'nivel de transmisión' en cualquier punto en el circuito, es su nivel con respecto a lo que es en el punto de nivel cero de transmisión. Está expresado en dBr y equivale a tales expresiones como 'el punto de nivel de −9 dBr' o 'el punto de −9' en el uso común.

Tono normal de prueba Usado en el alineamiento y para medidas rutinarias de mantenimiento. El nivel normal tiene la potencia de un milivatio en 600 ohmios. Si se aplica al circuito en este punto de nivel que no es cero, hay que ajustarlo al nivel correspondiente. La frecuencia del tono es 1000 Hz en los Estados Unidos y 800 Hz en Europa.

0 TLP Punto de referencia de transmisión (de) nivel cero. El punto de transmisión (de) nivel cero para referencia, 0 TLP, es un punto en un circuito de telecomunicaciones establecido arbitrariamente, a que se refieren todos los niveles en otros puntos del circuito. Su nivel relativo es 0 dBr. Se toma normalmente en el cuadro de conmutadores interurbano de transmisión, anteriormente en circuitos bifilares. Para los circuitos que terminan en cuatro hilos tal vez sería más conveniente operar el punto de acceso de transmisión a un nivel distinto como −4 dBr. En tales casos se debe establecer un punto virtual de nivel cero de transmisión tal que los niveles de transmisión y niveles de potencia en todas partes del circuito equivalgan al punto cero de un circuito bifilar.